递归算法与项目实战
基于Python与JavaScript

THE RECURSIVE BOOK OF RECURSION
ACE THE CODING INTERVIEW WITH PYTHON AND JAVASCRIPT

[美] 阿尔·斯维加特（Al Sweigart）◎ 著　　爱飞翔 ◎ 译

人民邮电出版社

北京

图书在版编目（CIP）数据

递归算法与项目实战 : 基于Python与JavaScript /
（美）阿尔·斯维加特（Al Sweigart）著 ; 爱飞翔译
. -- 北京 : 人民邮电出版社, 2023.11
ISBN 978-7-115-61676-0

Ⅰ . ①递… Ⅱ . ①阿… ②爱… Ⅲ . ①软件工具—程
序设计②JAVA语言—程序设计 Ⅳ . ①TP311.561
②TP312.8

中国国家版本馆CIP数据核字(2023)第074706号

版 权 声 明

◆ 著　　　　[美] 阿尔·斯维加特（Al Sweigart）
　　译　　　　爱飞翔
　　责任编辑　谢晓芳
　　责任印制　王 郁　焦志炜
◆ 人民邮电出版社出版发行　　北京市丰台区成寿寺路 11 号
　　邮编　100164　电子邮件　315@ptpress.com.cn
　　网址　https://www.ptpress.com.cn
　　大厂回族自治县聚鑫印刷有限责任公司印刷
◆ 开本：800×1000　1/16
　　印张：18.25　　　　　　　　2023 年 11 月第 1 版
　　字数：445 千字　　　　　　　2023 年 11 月河北第 1 次印刷
　　著作权合同登记号　图字：01-2022-2553 号

定价：99.80 元
读者服务热线：**(010)81055410**　印装质量热线：**(010)81055316**
反盗版热线：**(010)81055315**
广告经营许可证：京东市监广登字 20170147 号

内容提要

　　本书凝聚了作者多年的 Python 教学经验，内容通俗易懂，旨在剖析递归及其本质。本书不仅结合 Python 程序和 JavaScript 程序讲述编程的基础知识，还讲述如何利用递归算法计算阶乘，计算斐波那契数列，遍历树，求解迷宫问题，实现二分搜索，完成快速排序和归并排序，计算大整数乘法，计算排列和组合，解决八皇后问题等。

　　本书不仅适合开发人员阅读，还可供计算机相关专业的师生参考。

序

  Al 联系我给本书写一篇序，我看到书的内容后，相当激动，这竟然是一本讲递归的书！这样的书不太常见。许多人认为递归是一种"神秘"的编程技术，而且一般不建议使用这种技术。奇怪的是，各种稀奇古怪的面试题之中始终出现递归。

  其实学递归有很多实际的好处。递归式的思考确实是解决问题的一种手段。递归的本质就是把大问题拆解成多个小问题。在拆解的过程中，原来那个比较困难的大问题或许会演变成一种易于解决的形式。这种思维对软件设计相当有用，即使不在设计中使用递归，学会这样思考也是有益的。各种水平的程序员都应该学递归。

  谈到递归，我有许许多多的话要说，刚开始写这篇序时，我想写好几个小故事，是几个发生在我朋友身上的故事，他们都学会了递归，尽管各自的递归方式不同，但最终都能得到相似的结果。首先，我想讲的是 Ben 的故事，他精通递归的应用，他当时在正式的产品中写下了非常复杂的 Python 代码。这段代码难以理解。Ben 后来不知道去了哪里。

```
result = [(lambda r: lambda n: 1 if n < 2 else r(r)(n-1) + r(r)(n-2))(
          lambda r: lambda n: 1 if n < 2 else r(r)(n-1) + r(r)(n-2))(n)
          for n in range(37)]
```

  接下来，我想讲的是 Chelsea 的故事，她学了递归之后，不管遇到什么问题都想用递归解决，所以很快就被解雇了。你可能不知道 No Starch 出版社的编辑多么害怕我在序里讲这种故事。"可不敢把这些故事放在书前面，这会把读者都吓跑！"他们的担忧确实有道理。事实上，现在你看到的序的第 2 段文字原本打算放在这两个故事之后，我本来想先用两个故事让你大吃一惊，再说那段话，安慰你。假如我还像当初想的那样写，那你可能在看过 Ben 与 Chelsea 的故事之后，就直接被吓跑，选择读一本讲解设计模式的书了。

  写序是一件严肃的事情，所以很抱歉，Ben 与 Chelsea 的故事只好下次再讲。现在回到正题：在日常的编程工作中，大多数问题确实用不到递归。于是，这项技术就蒙上了神秘的面纱。本书应该能够揭开递归的面纱。

  最后要说的是，开始学递归之前，请记住，递归要求我们用新的方式思考原来的问题。别担心，你会慢慢习惯这样的思考方式。总之，递归应该很有意思才对，或者递归是有一点儿意思的。所以，深入学习递归吧！

——戴维·贝兹利（David Beazley）

Python Cookbook 与 *Python Distilled* 的作者

技术审校者简介

　　Sarah Kuchinsky，理学硕士，企业培训师及顾问。她用 Python 实现卫生系统建模、游戏开发与任务自动化等。她不仅是 North Bay Python 会议的联合创始人和 PyCon US 的指导委员会主任，还是 PyLadies Silicon Valley 的主要组织者。

致　　谢

　　封面上不应该只写我一个人的名字。我要感谢出版人 Bill Pollock、编辑 Frances Saux、技术审校者 Sarah Kuchinsky、责任印制 Miles Bond、印制经理 Rachel Monaghan，以及 No Starch 出版社的其他员工，他们给了我极大的帮助。

　　最后，感谢家人、朋友与读者给我提供建议和支持。

前　　言

　　递归是一种编程技术，能够产生相当优雅的代码，但它也经常会把写代码和看代码的程序员给弄糊涂。这并不是说程序员可以或者应该忽略递归。尽管大家都知道递归比较难，但是这是计算机科学领域的一个重要话题，它能让你敏锐地观察到编程问题的解法。了解递归至少能够令你在编程面试中取得好成绩。

　　如果你是学生，而且对计算机专业感兴趣，那么必须先攻克递归这个难点，然后才能理解其他常见的算法。如果你在毕业后参加编程培训或者通过自学而了解编程，那么可能不需要像计算机专业的人那样，必须学习一些偏理论的计算机知识，但即使如此，你也需要了解递归，因为在参加编程面试时，你仍然可能会遇到要在白板上写递归代码的情况。如果你已经是一位有经验的软件开发者，但是从来没有接触过递归算法，那么你接下来可能会发现不学递归实在太可惜了。

　　其实不必担心。虽然递归讲起来比较困难，但是理解起来并没有那么困难。许多人对递归有误解是因为他们没有得到很好的指导，而不是因为递归本身有多么困难。另外，递归函数在日常编程中用得不频繁，因此许多人即使不懂或不使用递归，也能写程序。

　　递归算法背后的理念是相当精彩的，即便你在编程中很少使用递归，这种理念也能够帮助你更深入地理解编程。另外，递归之美还体现在图形上面。这指的是一种名为分形（fractal）的数学艺术，这种形状与它自身的一部分是相似的。

　　然而，本书并非一味吹捧递归。本书会对这项技术的某些用法提出严厉的批评。许多问题明明有更简单的解法，但有些人偏要使用递归，这是一种滥用。递归算法理解起来可能比较困难，性能或许比较差，而且容易引发导致程序崩溃的栈溢出（stack overflow）错误。有些程序员之所以用递归，并不是因为他们觉得某个问题应该通过递归解决，而是想写出其他程序员很难看懂的代码，从而显得自己很聪明。计算机科学家约翰·维兰德（John Wilander）博士说过："读完计算机科学专业的博士之后，他们会把你带到一间特别的房间，告诉你千万不要真的使用递归，这只是用来吓唬那些大学生的，让他们觉得编程很难。"

　　你可能想轻松应对编程面试，也可能想画出漂亮的数学图形，还有可能想深入理解递归，无论如何，本书都能带你进入递归的奇妙世界（如果把递归比作兔子洞，那么其中还有很多小的兔子洞，而那些小的兔子洞中又有许多更小的兔子洞）。递归是计算机领域里能让人从新手变成老手的一门技术。读过学习本书，你不仅会掌握这项优秀的技术，还能了解到许多人不清楚的一件事：递归其实没有我们想象中的那么复杂。

本书读者对象

本书是写给那些害怕递归算法或对递归算法感兴趣的人的。对于程序员新手或计算机科学专业大一的学生而言，递归好像是魔法。许多递归课程很难懂，这让许多人非常沮丧，甚至望而生畏。对于这些读者，我希望本书直白的解读和大量的示例能让递归更容易理解。

要看懂本书，你必须会编写基本的 Python 程序或 JavaScript 程序，因为正文中的示例代码是用这两种语言编写的。本书中的代码去除了多余的部分，只保留了精华。你只要知道怎么创建并调用函数，而且明白全局变量与局部变量有什么区别，就能够看懂书中的所有示例。

本书内容

本书有 14 章。

第 1 部分包含第 1～9 章。

第 1 章解释什么叫递归，并说明编程语言中函数的实现方式与函数调用方式为什么会很自然地形成递归。该章还会说明递归为什么不像想象中那样神奇。

第 2 章深入讨论递归与迭代的区别及相似之处。

第 3 章讲解经典的递归算法。

第 4 章讨论一种很适合用递归解决的问题，也就是树状结构的遍历问题，例如，当走迷宫或浏览目录时，有可能需要做这样的遍历。

第 5 章讨论如何用递归把大问题拆分成多个小问题，并讲解常见的分治算法。

第 6 章讨论涉及排列与组合的递归算法，以及适合用这些算法解决的常见编程问题。

第 7 章讲解在用递归解决实际问题时提高编码效率的一些简单的技巧——记忆化与动态规划。

第 8 章讲解尾调用优化及其原理。

第 9 章展示一些可以用递归算法绘制的图形。在该章中，我们使用 turtle 模块生成这些图形。

第 2 部分包含第 10～14 章。

第 10 章介绍如何实现文件查找器项目，用于根据用户提供的搜索参数搜索计算机中的文件。

第 11 章讨论如何实现迷宫生成器项目——用递归回溯算法自动生成任意大小的迷宫。

第 12 章讲述如何实现滑块拼图项目，用于解决滑块拼图（这种拼图通常由 15 个可以横竖滑动的方块构成）问题。

第 13 章讨论如何实现分形图案制作器项目，生成指定的分形图案。

第 14 章讨论如何实现画中画制作器项目：用 Pillow 这个图像操纵模块，生成递归式的画中画效果。

动手编程才能学会

仅仅把本书读一遍是不可能知道怎样用代码实现递归的。本书包含许多用 Python 与

JavaScript 语言编写的示例代码，以方便你练习编程。如果你是编程新手，建议了解一般的编程知识以及 Python 编程语言。

建议你用调试器（debugger）把本书的程序逐行执行一遍。调试器允许每次只执行程序中的一行代码，让你查看程序状态在执行过程中的变化情况。

本书大多数章会同时展示 Python 代码与 JavaScript 代码。Python 代码保存在.py 文件中，JavaScript 代码保存在.html 文件（而不是.js 文件）中。例如，下面是一段 Python 代码，它保存在 hello.py 文件中。

```
print('Hello, world!')
```

下面是对应的 JavaScript 代码，它保存在 hello.html 文件中。

```
<script type="text/javascript">
document.write("Hello, world!<br />");
</script>
```

这两段代码是编写 Python 程序及 JavaScript 程序的基础，它们展示了如何用两种不同的编程语言，实现相同的效果。

提示：

hello.html 文件里的
 标记用于换行，如果不换行，所有的内容就会输出到同一行中。Python 的 print() 函数会在文本末尾自动换行，而 JavaScript 的 document.write() 函数不会，所以需要手动添加
标记。

建议你动手输入这些程序代码，而不是直接把源代码复制并粘贴到源文件里。自己输入代码能够促进你深入理解其中的每行内容，从而像骑自行车一样形成肌肉记忆。

上面那种.html 文件的写法严格来说并不是完全正确的，因为其中缺少几个必备的 HTML 标记，例如<html>与<body>等，但是浏览器可以识别此类文件并解读其内容。笔者故意没把那几个标记写上去，这样可以让书中的代码简洁易读。因为这毕竟不是一本专门讨论 Web 开发的书，所以没必要严格遵守编写.html 文件时的一些原则。

安装 Python

每台计算机应该都有网页浏览器，所以书中那些包含 JavaScript 代码的.html 文件应该都是能够查看的。但要运行 Python 代码，你必须单独安装 Python 开发环境。你可以从 Python 官网下载适用于 Windows 系统、macOS 以及 Linux 系统的 Python。注意，一定要下载 Python 3（如 3.10），而不要下载 Python 2，因为 Python 3 做了一些与 Python 2 不兼容的改动，本书里的程序是按照 Python 3 的标准编写的，这些程序无法正确地在 Python 2 环境中运行，有些程序甚至根本就无法执行。

启动 IDLE 并运行书中的 Python 示例代码

你可以使用安装 Python 时附带的 IDLE 编辑器来写 Python 代码，也可以另外安装一款免费的编辑器，如 Mu、PyCharm 社区版或 Visual Studio Code。

在 Windows 系统中，单击屏幕左下角的 Start（开始）菜单，然后在搜索框中输入 IDLE，最后选择搜索结果之中的 IDLE (Python 3.10 64-bit)，就能启动 IDLE。

在 macOS 中，打开 Finder 窗口并选择 Applications → Python 3.10，然后单击 IDLE 图标，就能启动 IDLE。

在 Linux 系统中，首先选择 Applications → Accessories → Terminal，然后输入并执行 idle3 命令，就能启动 IDLE。你也可以单击屏幕顶端的 Applications，并选择 Programming，然后单击 idle 3。

IDLE 有两种窗口。一种是带>>> 提示符的交互式 shell 窗口，这种窗口每次可以执行一条指令。如果你只需要运行少量 Python 代码，那么这种窗口比较有用。另一种是文件编辑器窗口，可以在其中输入完整的 Python 程序并将其存为.py 文件。本书中的 Python 源代码适合用这种窗口来运行。选择 IDLE 中的 File → New File 选项，会出现一个新的文件编辑器窗口。选择 IDLE 中的 Run → Run Module 选项，就可以运行该窗口中的代码。另外，你也可以直接按 F5 键来运行代码。

在浏览器里运行书中的 JavaScript 示例代码

计算机里的网页浏览器可以运行 JavaScript 程序，并显示其所输出的内容。然而，为了编写 JavaScript 代码，你还需要使用文本编辑器。你可以选择 Notepad（记事本）或 TextMate 这种简单的编辑器，也可以安装专门用来写代码的编辑器，如 IDLE 或 Sublime Text。

把 JavaScript 程序的代码输入好之后，将其另存为.html 文件。在浏览器中打开这样的文件并观察运行结果。任何新的网页浏览器都能运行.html 文件中的 JavaScript 代码。

资源与支持

配套资源

要获得本书的源代码，请在异步社区本书页面中单击"配套资源"，跳转到下载界面，按提示进行操作即可。注意，为保证购书读者的权益，该操作会给出相关提示，要求输入本书第87页的配套资源验证码。

如果您是教师，希望获得教学配套资源，请在社区本书页面中直接联系本书的责任编辑。

提交勘误信息

作者和编辑尽最大努力来确保书中内容的准确性，但难免会存在疏漏。欢迎您将发现的问题反馈给我们，帮助我们提升图书的质量。

当您发现错误时，请登录异步社区（https://www.epubit.com），按书名搜索，进入本书页面，单击"发表勘误"，输入相关信息，单击"提交勘误"按钮即可（见下图）。本书的作者和编辑会对您提交的勘误进行审核，确认并接受后，您将获赠异步社区的100积分。积分可用于在异步社区兑换优惠券、样书或奖品。

与我们联系

我们的联系邮箱是 contact@epubit.com.cn。

如果您对本书有任何疑问或建议，请您发邮件给我们，并请在邮件标题中注明本书书名，以便我们更高效地做出反馈。

　　如果您有兴趣出版图书、录制教学视频，或者参与图书翻译、技术审校等工作，可以发邮件给我们。

　　如果您所在的学校、培训机构或企业，想批量购买本书或异步社区出版的其他图书，也可以发邮件给我们。

　　如果您在网上发现有针对异步社区出品图书的各种形式的盗版行为，包括对图书全部或部分内容的非授权传播，请您将怀疑有侵权行为的链接发邮件给我们。您的这一举动是对作者权益的保护，也是我们持续为您提供有价值的内容的动力之源。

关于异步社区和异步图书

　　"异步社区"（www.epubit.com）是由人民邮电出版社创办的 IT 专业图书社区，于 2015 年 8 月上线运营，致力于优质内容的出版和分享，为读者提供高品质的学习内容，为作译者提供专业的出版服务，实现作者与读者在线交流互动，以及传统出版与数字出版的融合发展。

　　"异步图书"是异步社区策划出版的精品 IT 图书的品牌，依托于人民邮电出版社在计算机图书领域几十年的发展与积淀。异步图书面向 IT 行业以及各行业使用 IT 的用户。

目　　录

第 1 部分　理解递归

第 1 章　递归 ···················· 3

1.1　如何定义递归 ··············· 3

1.2　函数 ························ 5

1.3　栈 ·························· 7

1.4　调用栈 ····················· 9

1.5　递归函数和栈溢出 ·········· 11

1.6　基本情况与递归情况 ········ 13

1.7　位于递归调用之前与之后的代码 ···· 15

1.8　小结 ······················ 18

延伸阅读 ······················· 18

练习题 ························· 18

第 2 章　递归与迭代 ············ 20

2.1　计算阶乘 ··················· 20

　　2.1.1　迭代式的阶乘算法 ···· 21

　　2.1.2　递归式的阶乘算法 ···· 21

　　2.1.3　用递归计算阶乘为什么
　　　　　很不合适 ············ 23

2.2　计算斐波那契数列 ·········· 24

　　2.2.1　用迭代法计算斐波那契数列 ···· 24

　　2.2.2　用递归法计算斐波那契数列 ···· 25

　　2.2.3　用递归法计算斐波那契数列
　　　　　为什么很不合适 ········ 27

2.3　把递归算法转换成迭代算法 ···· 27

2.4　把迭代算法转换成递归算法 ···· 29

2.5　案例研究：指数运算 ········ 32

　　2.5.1　用递归函数实现指数运算 ···· 33

　　2.5.2　用递归算法的思路实现迭代
　　　　　式的指数计算函数 ···· 34

2.6　在什么场合下需要使用递归 ···· 37

2.7　如何编写递归算法 ·········· 39

2.8　小结 ······················ 39

延伸阅读 ······················· 40

练习题 ························· 40

实践项目 ······················· 40

第 3 章　经典的递归算法 ········ 42

3.1　求数组中各元素之和 ········ 42

3.2　反转字符串 ················· 45

3.3　判断某字符串是否为回文 ···· 48

3.4　汉诺塔问题 ················· 50

3.5　洪泛填充算法 ··············· 56

3.6　阿克曼函数 ················· 60

3.7　小结 ······················ 62

延伸阅读 ······················· 63

练习题 ························· 63

实践项目 ······················· 63

第 4 章 回溯与树的遍历算法 ················· 65

4.1 树的遍历 ····································· 65

　　4.1.1 Python 与 JavaScript 中的
　　　　　树状数据结构 ················· 66

　　4.1.2 遍历树状结构 ················· 68

　　4.1.3 树的先序遍历 ················· 68

　　4.1.4 树的后序遍历 ················· 70

　　4.1.5 树的中序遍历 ················· 71

4.2 在树中寻找由 8 个字母构成的名字 ··· 72

4.3 计算树的深度 ······················· 74

4.4 走迷宫 ································· 76

4.5 小结 ··································· 83

延伸阅读 ··································· 84

练习题 ····································· 84

实践项目 ··································· 85

第 5 章 分治算法 ························· 86

5.1 二分搜索 ····························· 86

5.2 快速排序 ····························· 89

5.3 归并排序 ····························· 96

5.4 求数组中各整数之和 ··············· 103

5.5 卡拉楚巴乘法 ······················· 104

5.6 卡拉楚巴算法背后的数学原理 ······ 109

5.7 小结 ··································· 110

延伸阅读 ··································· 111

练习题 ····································· 112

实践项目 ··································· 112

第 6 章 排列与组合 ····················· 114

6.1 集合论的术语 ······················· 114

6.2 如何寻找每一种无重复元素的
　　排列 ································· 117

6.3 用多层循环获取各种排列方式 ······ 120

6.4 编写密码破解器 ····················· 122

6.5 通过递归计算 k 组合 ················ 125

6.6 获取各种正确的括号匹配形式 ······ 130

6.7 幂集 ··································· 134

6.8 小结 ··································· 137

延伸阅读 ··································· 138

练习题 ····································· 138

实践项目 ··································· 139

第 7 章 记忆化与动态规划 ··············· 140

7.1 记忆化 ································· 140

　　7.1.1 自上而下的动态规划 ········· 140

　　7.1.2 函数式编程中的记忆化 ······ 141

　　7.1.3 对递归式的斐波那契算法
　　　　　做记忆化处理 ··············· 143

7.2 Python 的 functools 模块 ············ 146

7.3 对非纯函数做记忆化会怎样 ········· 147

7.4 小结 ··································· 148

延伸阅读 ··································· 148

练习题 ··································· 149

第 8 章 尾调用优化 ····················· 150

8.1 尾递归与尾调用优化的原理 ········· 150

8.2 如何通过累加器参数做尾递归 ······ 152

8.3 尾递归的局限 ······················· 153

8.4 尾递归案例研究 ····················· 154

　　8.4.1 用尾递归反转字符串 ········· 154

　　8.4.2 用尾递归寻找子字符串 ······ 155

　　8.4.3 用尾递归做指数运算 ········· 156

　　8.4.4 用尾递归判断某数是奇数
　　　　　还是偶数 ··················· 156

8.5　小结 ················· 158

延伸阅读 ··················· 159

练习题 ····················· 159

第 9 章　绘制分形 ·············160

9.1　海龟绘图 ············· 160

9.2　基本的海龟函数 ···· 162

9.3　谢尔宾斯基三角形 ·· 163

9.4　谢尔宾斯基地毯 ···· 167

9.5　分形树 ··············· 170

9.6　科赫曲线及科赫雪花 · 174

9.7　希尔伯特曲线 ······· 176

9.8　小结 ················· 179

延伸阅读 ··················· 179

练习题 ····················· 180

实践项目 ··················· 180

第 2 部分　项目

第 10 章　文件查找器 ········185

10.1　文件搜索程序的完整代码 ········· 185

10.2　用匹配函数来表示特定的搜索
标准 ················ 186

10.2.1　寻找偶数字节的文件 ···· 187

10.2.2　寻找名称包含所有元音
字母的文件 ········· 188

10.3　用递归式的 walk() 函数走查
文件夹 ············· 188

10.4　用特定的匹配函数调用 walk()
函数以执行搜索 ······ 190

10.5　用 Python 标准库中的函数处理
文件 ·············· 191

10.5.1　寻找与文件名有关的
信息 ············· 191

10.5.2　寻找与文件的时间戳
有关的信息 ········· 192

10.5.3　修改文件 ······ 194

10.6　小结 ··············· 195

延伸阅读 ··················· 195

第 11 章　迷宫生成器 ········· 196

11.1　完整的迷宫生成程序 ··· 196

11.2　设定迷宫生成器所使用的常量 ··· 201

11.3　创建表示迷宫的数据结构 ········ 202

11.4　输出表示迷宫的数据结构 ········ 203

11.5　用递归回溯算法在迷宫中挖路 ··· 204

11.6　触发递归调用链 ··· 208

11.7　小结 ··············· 209

延伸阅读 ··················· 209

第 12 章　解决滑块拼图问题 ········ 210

12.1　递归地解决 15 滑块拼图问题 ····· 210

12.2　完整的滑块拼图解决程序 ········ 212

12.3　设定程序需要使用的常量 ········ 220

12.4　用适当的数据结构表示滑块
拼图的状态 ········· 221

12.4.1　显示拼图 ······ 221

12.4.2　创建一个新的
数据结构 ········· 222

12.4.3　寻找拼图中的空白格子
所在的位置 ········· 223

12.4.4　移动滑块 ······ 223

12.4.5　撤销某次移动 ·· 225

12.5　设定新的拼图谜题 ··· 225

12.6　递归地解决滑块拼图谜题 ········ 228

12.6.1 用 solve() 函数触发算法
并演示算法给出的答案···229

12.6.2 在 attemptMove() 函数
中实现核心算法 ········230

12.7 反复启动 solve() 函数并逐渐
放宽步数限制···········233

12.8 小结 ··················235

延伸阅读 ···················235

第 13 章 分形图案制作器 ·········236

13.1 程序内置的几种分形 ······236

13.2 分形图案制作器程序所采用的
算法 ··················238

13.3 分形图案制作器程序的完整
代码 ··················240

13.4 设定常量并配置海龟的参数 ····243

13.5 编写图形绘制函数 ·········244
13.5.1 drawFilledSquare()
函数 ···········245
13.5.2 drawTriangleOutline()
函数 ···········247

13.6 在递归过程中反复执行图形绘制
函数 ··················248
13.6.1 准备工作 ·········249
13.6.2 解析字典之中的递归
规则 ···········250
13.6.3 根据字典所描述的规则
执行递归 ········252

13.7 设计递归的规则与参数·········254

13.7.1 四角分形 ··········254
13.7.2 螺旋方块 ··········255
13.7.3 双螺旋方块 ········255
13.7.4 三角螺旋 ··········255
13.7.5 康威生命游戏的滑翔机 ···256
13.7.6 谢尔宾斯基三角形 ···256
13.7.7 波浪 ············257
13.7.8 号角 ············257
13.7.9 雪花 ············258
13.7.10 作为基本图形的正方形或
等边三角形 ······259

13.8 自己设计分形 ············259

13.9 小结 ··················260

延伸阅读 ···················261

第 14 章 画中画制作器 ·········262

14.1 安装 Pillow 库 ···········262

14.2 把基本图像准备好 ·········263

14.3 画中画制作器程序的完整代码 ···265

14.4 在执行递归替换之前先做一些
准备工作 ···············266

14.5 寻找有品红色像素出现的矩形
区域 ··················268

14.6 缩小基本图像 ············269

14.7 递归地替换图中的品红色像素···272

14.8 小结 ··················274

延伸阅读 ···················274

Part 1

理解递归

本 部 分 内 容

- 第 1 章　递归
- 第 2 章　递归与迭代
- 第 3 章　经典的递归算法
- 第 4 章　回溯与树的遍历算法
- 第 5 章　分治算法
- 第 6 章　排列与组合
- 第 7 章　记忆化与动态规划
- 第 8 章　尾调用优化
- 第 9 章　绘制分形

递归

递归听起来令人望而生畏。许多人觉得递归比较难懂，但实际上它只依赖两个东西，一个是函数调用，另一个是栈（stack，这是一种数据结构）。

大多数程序员按照执行顺序追踪程序行为。以这种方式阅读代码比较容易，你只需要先指着程序的第 1 行代码，把这行代码看完，然后指向第 2 行，把那行代码也看完，接下来依次向下即可。有时，你可能要跳到原来已经看过的某一行代码上面，或者进入某个函数之中，把那个函数的代码看完之后，再返回当初进入该函数的地方。无论程序怎么执行，我们都可以像这样，把程序所做的事情以及它做事的步骤弄明白。

然而，要想理解递归，你还必须熟悉一种不太显眼的数据结构——调用栈（call stack），这种栈用来控制程序的执行流程（flow of execution）。大多数编程新手不太了解栈，因为编程教材在讨论函数调用时，通常并不会提起这个概念。另外，这种自动管理函数调用的调用栈，并未出现在源代码之中，因此许多初学者没有意识到它。

如果你根本就看不见它，而且也不知道有这样一个东西存在，那么自然很难理解它究竟是怎么回事。本章要做的就是开门见山地告诉大家，递归并不是一个特别复杂的概念，它其实相当优雅。

1.1 如何定义递归

开始定义递归之前，先讲几个与递归有关的笑话，讲完之后，我们就进入正题。第 1 个笑话是"要理解什么是递归，你必须先理解什么是递归才行"。

根据笔者这几个月写书的经历，我保证，以后你会觉得这个笑话越想越有意思。

第 2 个笑话如下：如果你在搜索引擎中搜索 recursion（递归），那么显示搜索结果的页面里可能会出现"Did you mean: *recursion*"字样，问你是不是要查 *recursion*，当你单击这个词所在的链接之后，又会继续在搜索引擎之中搜索 recursion 一词，并再次看到图 1-1 所示的页面。

图 1-2 展示了第 3 个笑话，这张图选自 xkcd 网络漫画。

科幻电影——*Inception*（《盗梦空间》）中的许多情节是递归的。电影中的人物在一个梦里做另一个梦，又在那个梦里继续做梦。

最后，学计算机的人怎能忘了拿希腊神话里的半人马（centaur）开个玩笑呢？图 1-3 所示为递归版的半人马（recursive centaur），它的下半部分是马，上半部分是由下半部分递归而成的。

图 1-1　在搜索引擎中搜索 recursion

图 1-2　I'M SO META, EVEN THIS ACRONYM [IS META]（就连这句话的首字母缩略语
也是 IS META）（图片来源：Randall Munroe）

图 1-3　递归版的半人马（图片来源：Joseph Parker）

看了这些笑话，你可能觉得递归是一种元概念，是一种引用自身的东西，是一种梦中梦或镜中镜之类的东西。其实我们应该给递归的（recursive）这个形容词下一个明确的定义：某事物是递归的意味着需要用该事物本身来定义它自己。也就是说，这样的东西会在它的定义里引用它自己。

图 1-4（a）～（c）展示了谢尔宾斯基三角形，这种三角形是等边三角形，其内部包含一个

倒置的小等边三角形，这个倒置的小等边三角形让大的等边三角形里出现了另外 3 个小的等边三角形，而那 3 个小的等边三角形本身也是谢尔宾斯基三角形。从这个定义可以看出，谢尔宾斯基三角形用其自身定义它自己。

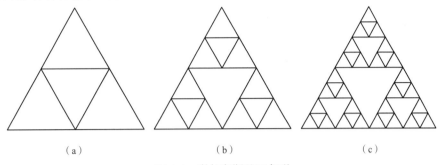

（a）　　　　　　　　（b）　　　　　　　　（c）

图 1-4　谢尔宾斯基三角形

　　编程语境中的递归主要用来形容函数。递归函数（recursive function）就是那种调用其自身的函数。开始研究递归函数之前，我们先退一步，看看普通的函数是怎么运作的。许多程序员认为函数调用是本来就应该有的东西，但是看了 1.2 节之后，即使相当有经验的程序员也会觉得函数确实有必要重新审视。

1.2　函数

　　函数可以描述为程序中的小型程序。几乎每一种编程语言都支持函数。如果你想在程序的 3 个地方分别运行某组指令，那么可以把这组指令写成一个函数，然后在这 3 个地方分别调用该函数，这样你就不用将这套指令复制并粘贴 3 份。函数能够精简程序的代码，使这些代码更加清晰。另外，这样写出来的程序也比较容易修改。如果你要修复 bug 或添加新的功能，那么只需修改一个地方（也就是那个函数）即可，而不用把 3 个地方全改一遍。

　　所有的编程语言都为函数提供如下 4 个特性。

　　❑ 函数可以拥有一套代码，程序在调用该函数时，会执行这套代码。

　　❑ 程序调用函数时，可以给它传递参数（argument，其实就是一些值）。这些参数是这次调用该函数时的输入（input）数据。函数可以拥有零个或多个参数。

　　❑ 函数可以带有返回值。这是这次调用该函数时的输出（output）数据。有些编程语言允许函数不返回任何值，或者允许其返回空值（null value），如 undefined 或 None 这样的值。

　　❑ 程序能够记住它这次是在执行到哪一行代码时调用这个函数的，等到程序调用完函数之后，它会返回那行代码所在的位置，继续往下执行。

　　虽然有些编程语言之中的函数可能还支持其他特性，或者允许程序用另外一些方式调用函数，但是以上 4 个特性是每一种编程语言中的函数都应该支持的。在编写源代码的过程中，我们应该能够直观地体会到前 3 个特性，但第 4 个特性值得思考。也就是说，我们要问一问：当函数返回时，程序是怎么知道这次应该返回什么地方的？

为了更好地理解这个问题，编写 *functionCalls.py* 程序，并在其中定义 3 个函数，也就是 a()、b() 与 c()，程序本身会调用 a()，a() 会调用 b()，b() 又会调用 c()。

Python

```python
def a():
    print('a() was called.')
    b()
    print('a() is returning.')

def b():
    print('b() was called.')
    c()
    print('b() is returning.')

def c():
    print('c() was called.')
    print('c() is returning.')

a()
```

与这段代码等效的 JavaScript 代码写在 *functionCalls.html* 程序中。

JavaScript

```javascript
<script type="text/javascript">
function a() {
    document.write("a() was called.<br />");
    b();
    document.write("a() is returning.<br />");
}

function b() {
    document.write("b() was called.<br />");
    c();
    document.write("b() is returning.<br />");
}

function c() {
    document.write("c() was called.<br />");
    document.write("c() is returning.<br />");
}

a();
</script>
```

运行这个程序，会看到下面这样的输出结果。

```
a() was called.
b() was called.
c() was called.
c() is returning.
b() is returning.
a() is returning.
```

由输出的内容可见，程序依次启动了 a()、b()、c() 这 3 个函数。然而，返回顺序与启动顺序相反，程序先从 c() 中返回，然后从 b() 中返回，最后从 a() 中返回。注意观察程序输出的这些文字有何规律。程序调用完 c() 函数之后，返回 b() 函数中，然后显示 b() is returning.。显示完这句，意味着程序调用完了 b() 函数，于是它返回 a() 函数中，然后显示 a()is returning.。显示完这句，意味着程序调用完了 a() 函数，而调用 a() 函数所用的那行代码（也就是 Python 版的 a() 与 JavaScript 版的 a();）是主程序的最后一行代码，所以执行完这行之后，整个程序就结束了。由于程序可以在执行过程中调用函数，因此它并不一定是按照源文件中的代码顺序单纯从上往下执行的，而有可能在各函数之间辗转。

问题在于，程序是如何知道 c() 到底是由 a() 函数还是由 b() 函数调用的呢？这种细节需要由调用栈来处理。为了搞清楚调用栈是怎么知道执行完函数之后，应该返回什么地方的，我们首先必须理解栈这个概念。

1.3 栈

前面讲过几个笑话，其中一个是"要理解什么是递归，你必须先理解什么是递归才行"。其实这句话不对，要想把递归真正弄懂，你首先必须理解的应该是栈。

栈是计算机科学中一种极其简单的数据结构。它能够像列表那样，存储多个值，但与列表不同，你只能从栈的顶部（top）添加或移除元素。如果你是用列表（list）或数组（array）来实现栈的，这个顶部指的就是该列表或该数组的最后一个元素所在的位置。如果该列表或数组是按照从左到右的方向增长的，栈顶就位于此列表或此数组的最右端。往栈中添加元素称为将值压入栈中（即入栈），从栈中移除元素称为将值从栈中弹出（即出栈）。

举一个示例，假设你与某人之间有一段漫长的对话。一开始，你在说你的朋友 Alice，说着说着，你想起来同事 Bob 的事情，但为了解释这个事情，你又得提到亲戚 Carol。说完 Carol 之后，你继续说 Bob 的事情，说完 Bob 的事情，你又继续说 Alice 的事情。然而，还没说完，你又想起了你的兄弟 David，于是又开始讲 David。讲完 David 的事情之后，你才总算把一开始要说的那个 Alice 的故事彻底说完。

这样的对话在结构上与栈很像，如图 1-5 所示。说它像，是因为当前讨论的话题始终位于结构的顶部，也就是位于栈顶。

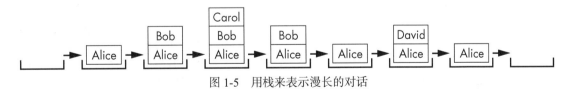

图 1-5 用栈来表示漫长的对话

在这个对话栈中，新提到的话题会添加到栈顶，而且会在讨论完之后，从栈顶移走。前面提到还没有讨论完的那些话题会压在当前讨论的话题下面，这就是栈这种结构"记忆"数据的方式。

在 Python 语言中，用列表实现栈，但是我们必须约束自己只能通过列表的 append() 和 pop() 方法执行入栈与出栈操作，以修改栈的内容。JavaScript 语言可以通过数组实现栈，并分别使用 push() 和 pop() 方法执行入栈与出栈操作。

提示

Python 用的术语是列表（list）与项（item），在 JavaScript 中，与之对应的则是数组（array）与元素（element），对于这里要讲的内容来说，这两组称呼实际上均是一个意思。笔者采用列表与项称呼这两种语言中的此类容器以及其中的每一个单元[①]。

下面举一个示例，我们写一个名为 *cardStack.py* 的程序，让它用字符串表示相应的牌，并将其压入名为 cardStack 的栈（这个栈是用列表实现的）中，再从栈顶弹出一张牌。

Python

```
  cardStack = ❶ []
❷ cardStack.append('5 of diamonds')
  print(','.join(cardStack))
  cardStack.append('3 of clubs')
  print(','.join(cardStack))
  cardStack.append('ace of hearts')
  print(','.join(cardStack))
❸ cardStack.pop()
  print(','.join(cardStack))
```

等效的 JavaScript 代码写在 *cardStack.html* 程序中。

JavaScript

```
  <script type="text/javascript">
  let cardStack = ❶ [];
❷ cardStack.push("5 of diamonds");
  document.write(cardStack + "<br />");
  cardStack.push("3 of clubs");
  document.write(cardStack + "<br />");
  cardStack.push("ace of hearts");
  document.write(cardStack + "<br />");
❸ cardStack.pop()
  document.write(cardStack + "<br />");
  </script>
```

运行这段代码，会看到下面的输出信息。

```
5 of diamonds
5 of diamonds,3 of clubs
5 of diamonds,3 of clubs,ace of hearts
5 of diamonds,3 of clubs
```

栈一开始是空的（❶）。然后，程序把 3 个字符串依次压入栈中（❷），以表示 3 张牌。接下来，程序从栈中弹出一张牌，也就是把栈顶的红桃 A 拿走（❸），这样原来压在它下面的梅花 3 就会重新出现在栈顶。图 1-6 按照从左到右的顺序演示了在程序执行的过程中 cardStack 的状态是如何变化的。

你只能看到栈顶的那张牌，从程序的角度来讲，这意味着你只能看到栈顶的那个值。在这种最简单的实现方式之中，我们无法得知栈里总共有多少张牌（或者说，我们不知道栈里总共有多少个值）。我们只能知道这个栈是不是空的。

---

① 在不引发歧义的前提下，译文酌情灵活换用各种说法。——译者注

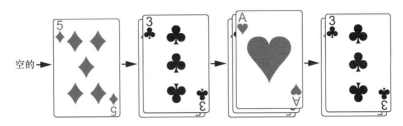

图 1-6　栈起初是空的，然后程序向栈中压入 3 张牌，最后又从栈中弹出一张牌

　　栈是一种 LIFO 型数据结构，LIFO 的全称是 Last In, First Out（后进先出），因为最后压入栈中的值始终首先从栈中弹出。这有点像网页浏览器的 Back（后退）按钮。浏览器的历史记录就好比一个栈，它会把你访问过的每张网页按顺序记录下来。浏览器始终显示在历史记录之中位于"栈顶"的那张网页。如果单击网页中的某个链接，那么浏览器会把该链接所指向的新网页压入栈中；如果单击后退按钮，那么浏览器会把当前的网页从历史记录之中弹出，并开始显示压在它下面的那张网页。

1.4　调用栈

　　除刚才举的漫长对话与浏览器历史记录的例子之外，计算机程序也在使用栈。程序的调用栈可以直接简称为栈，这种栈由帧对象（frame object）构成，这些帧对象简称帧（frame）。在每一帧中，都有与某次函数调用有关的信息，例如，程序在执行到哪一行代码时调用该函数。有了这些信息，程序从函数中返回之后，就可以从之前调用该函数的那个地方继续往下执行。

　　帧对象是在程序调用函数时创建并压入调用栈之中的。当程序从函数中返回时，相应的帧对象也会从栈中弹出。如果程序调用某个函数，该函数又调用另一个函数，而那个函数又继续调用别的函数，那么栈中会出现 3 个帧对象。等程序执行完这些函数并返回之后，调用栈会变空（或者说，调用栈中的帧对象个数会降为 0）。

　　程序员不需要专门写代码来处理这种帧对象，因为这种帧对象是由编程语言自动处理的。不同的编程语言会用不同的方式处理帧对象，但总的来说，帧中都会有下列内容。

- ❑ 返回地址（return address），或者程序从函数中返回之后，应该从哪一个地方继续往下执行。
- ❑ 这次调用该函数时，程序向函数传递的参数。
- ❑ 在函数调用过程中创建的一组局部变量。

　　例如，查看 *localVariables.py* 程序，这个程序与之前的 *functionCalls.py* 与 *functionCalls.html* 程序一样，也定义了 3 个函数。

Python

```
def a():
❶ spam = 'Ant'
❷ print('spam is ' + spam)
❸ b()
   print('spam is ' + spam)
```

```python
def b():
❹ spam = 'Bobcat'
   print('spam is ' + spam)
❺ c()
   print('spam is ' + spam)

def c():
❻ spam = 'Coyote'
   print('spam is ' + spam)

❼ a()
```

等效的 JavaScript 程序写在 *localVariables.html* 文件中。

JavaScript

```javascript
<script type="text/javascript">
function a() {
❶ let spam = "Ant";
❷ document.write("spam is " + spam + "<br />");
❸ b();
   document.write("spam is " + spam + "<br />");
}

function b() {
❹ let spam = "Bobcat";
   document.write("spam is " + spam + "<br />");
❺ c();
   document.write("spam is " + spam + "<br />");
}

function c() {
❻ let spam = "Coyote";
   document.write("spam is " + spam + "<br />");
}

❼ a();
</script>
```

运行这段代码，会看到这样的输出结果。

```
spam is Ant
spam is Bobcat
spam is Coyote
spam is Bobcat
spam is Ant
```

程序调用 a() 函数时（❼），会创建一个帧对象并将其放在调用栈的顶部。在这一帧中，不仅保存着程序传给函数 a() 的各种参数（在本例中，函数 a() 不需要参数，因此程序没有给它传递参数），还保存着这次调用函数 a() 时创建的局部变量 spam（❶），以及程序在执行完该函数之后应该回到的位置。

在调用 a() 函数时，会显示出局部变量 spam 的值，也就是 Ant（❷）。然后，它会调用 b() 函数，这时程序会新建一个帧对象，并将其放置在调用栈的顶部，于是这一帧就出现在刚才为调用 a() 函数而创建的那一帧之上。在调用 b() 函数时，会创建它自己的局部变量 spam（❹），然后调用 c() 函数（❺）。这时，程序又会为这次的调用操作创建一个新的帧对象，并将其放置在调用栈顶部，在这个帧对象中，记录 c() 函数中的那个局部变量 spam（❻）。程序从某个函数返回时，会把相应的帧对象从调用栈中弹出来。由于帧对象之中记录着与返回位置有关的信息，因此程序知道自己接下来应该从哪里继续执行。等到程序把这 3 个函数全调用完之后（或者说，等到程序依次从这 3 个函数返回之后），调用栈就变空了。

图 1-7 演示了程序调用各函数并从这些函数中返回的过程中调用栈的状态是如何变化的。注意，这 3 个函数中的 3 个局部变量全叫作 spam，这是为了强调，即使某函数中的某个局部变量与其他函数中的局部变量重名，也不会引起冲突，因为这些变量各自独立，它们可以拥有不同的值。

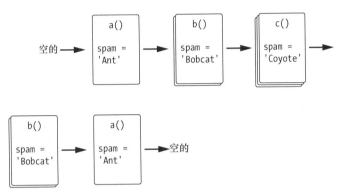

图 1-7　调用栈的状态在 `localVariables.html` 程序的执行过程中如何变化

由此可见，编程语言是允许各函数之间的局部变量重名的，本例中局部变量都叫 spam。这是因为这些变量分别保存在不同的帧对象中。当程序提到源代码中的某个局部变量时，它所指的其实是当前位于调用栈顶部的帧对象中保存的变量。

每个运行着的程序都有它的调用栈，如果这是个多线程的程序，那么其中每个线程会分别拥有各自的调用栈。然而，这并未反映在程序的源代码中，你从代码中是看不出调用栈的。不像其他数据结构那样，调用栈需要保存在变量之中，它由系统在后台自动处理。

调用栈没有出现在源代码中，这正是初学者很难理解递归的主要原因。要理解递归，必须理解调用栈，而程序员无法直接在代码中看到这种机制。我们已经把栈这种数据结构与调用栈的工作原理讲完了，所以接下来理解递归应该就容易多了。单独来看，函数与栈都是相当简单的概念，将这两个概念结合起来可以帮助我们理解递归究竟是怎么一回事。

1.5　递归函数和栈溢出

递归函数（recursive function）就是调用其自身的函数。下面这个 *shortest.py* 程序是 Python 中篇幅最短的递归函数。

Python

```
def shortest():
    shortest()

shortest()
```

等效的 JavaScript 代码写在 *shortest.html* 文件中。

JavaScript

```
<script type="text/javascript">
function shortest() {
  shortest();
}

shortest();
</script>
```

shortest() 函数不做其他事情，它唯一要做的就是调用自身。而这又会让程序继续调用 shortest() 函数，这次调用又会触发下一次调用，于是程序好像会一直这样调用下去。这与那个神奇的说法有点类似，地球下面有一只巨大的乌龟，那只乌龟下面又有另一只乌龟，在那只乌龟下面还有其他的乌龟……

这种"一只乌龟出现在另一只乌龟背上"的理论并不能很好地解释整个宇宙，而且同样无助于我们理解递归函数。调用栈需要占据计算机的内存，而计算机的内存是有限的，因此程序不可能像真正的无限循环那样，一直运行下去。这种程序到最后肯定会崩溃，并显示出一条错误消息。

提示

为了观察 JavaScript 程序的错误消息，你必须打开浏览器的开发者工具，大多数浏览器的开发者工具界面可以通过按键盘上的 F12 键显示。然后，你需要选择其中的 Console 选项卡，以观察错误消息。

Python 版的 *shortest.py* 程序会给出下面的错误消息。

```
Traceback (most recent call last):
 File "shortest.py", line 4, in <module>
  shortest()
 File "shortest.py", line 2, in shortest
  shortest()
 File "shortest.py", line 2, in shortest
  shortest()
 File "shortest.py", line 2, in shortest
  shortest()
 [Previous line repeated 996 more times]
RecursionError: maximum recursion depth exceeded
```

用 Google Chrome 浏览器运行 JavaScript 版的 *shortest.html* 程序，会看到下面这样的错误消息（用其他浏览器运行，也会看到类似的错误消息）。

```
Uncaught RangeError: Maximum call stack size exceeded
  at shortest (shortest.html:2)
  at shortest (shortest.html:3)
  at shortest (shortest.html:3)
  at shortest (shortest.html:3)
  at shortest (shortest.html:3)
  at shortest (shortest.html:3)
  at shortest (shortest.html:3)
  at shortest (shortest.html:3)
  at shortest (shortest.html:3)
  at shortest (shortest.html:3)
```

这种 bug 就是栈溢出（stack overflow）。那个相当流行的技术问答网站——Stack Overflow 正得名于此。如果程序始终像这样一直调用函数，而这些函数又一直都没有返回，调用栈就会持续增长，直至耗尽计算机的全部内存。为了防止出现这种现象，Python 与 JavaScript 解释器如果发现程序经过一定数量的函数调用操作之后，依然没有返回，那么会令该程序崩溃。

这个限度称为最大递归深度（maximum recursion depth）或最大调用栈尺寸（maximum call stack size）。对于 Python 语言来说，这指的是 1000 次函数调用。对于 JavaScript 语言来说，调用栈能够达到的最大深度与运行代码所用的浏览器有关，一般来讲，至少是 10000 次。栈溢出可以理解为调用栈堆得太高了（也可以说调用栈消耗的计算机内存量太大了），如图 1-8 所示。

图 1-8　调用栈堆得太高就会造成栈溢出

栈溢出并不会令计算机受损。计算机如果发现程序调用函数的次数超限，并且一直没有返回，它就会令程序终止。最坏的后果就是该程序之中尚未保存的工作会丢失。要防止程序发生栈溢出错误，你需要知道什么叫作基本情况，这会在 1.6 节讲解。

1.6　基本情况与递归情况

刚才那个发生栈溢出错误的程序会调用 shortest() 函数，而这个函数只会反复调用自身，永远不会返回。为了不让程序崩溃，我们必须设定一种情况或者一组条件，让函数在满足这种情况时能够返回，而不再继续调用自身。这样的情况就称为基本情况（base case）。与之相对，那种让函数继续调用其自身的情况则称为递归情况（recursive case）。

所有的递归函数都需要有至少一种基本情况与至少一种递归情况。如果没有基本情况，函数就会一直递归调用下去，从而导致栈溢出。如果没有递归情况，函数就不会调用其自身，从而变成一个普通函数，因此无法成为递归函数。在开始编写递归函数时，最好能先确定基本情况与递归情况。

请看下面这个 *shortestWithBaseCase.py* 程序，该程序重新设计了刚才的 shortest() 函数，把它定义成一个不会引发栈溢出的递归函数。

Python

```python
def shortestWithBaseCase(makeRecursiveCall):
    print('shortestWithBaseCase(%s) called.' % makeRecursiveCall)
    if not makeRecursiveCall:
        # 基本情况
        print('Returning from base case.')
```

```
  ❶ return
  else:
      # 递归情况
  ❷ shortestWithBaseCase(False)
      print('Returning from recursive case.')
      return

  print('Calling shortestWithBaseCase(False):')
❸ shortestWithBaseCase(False)
  print()
  print('Calling shortestWithBaseCase(True):')
❹ shortestWithBaseCase(True)
```

等效的 JavaScript 代码写在 *shortestWithBaseCase.html* 文件之中。

JavaScript

```
<script type="text/javascript">
function shortestWithBaseCase(makeRecursiveCall) {
    document.write("shortestWithBaseCase(" + makeRecursiveCall +
     ") called.<br />");
    if (makeRecursiveCall === false) {
        // 基本情况
        document.write("Returning from base case.<br />");
      ❶ return;
    } else {
        // 递归情况
      ❷ shortestWithBaseCase(false);
        document.write("Returning from recursive case.<br />");
        return;
    }
}

document.write("Calling shortestWithBaseCase(false):<br />");
❸ shortestWithBaseCase(false);
document.write("<br />");
document.write("Calling shortestWithBaseCase(true):<br />");
❹ shortestWithBaseCase(true);
</script>
```

运行这段代码，应该会看到这样的结果。

```
Calling shortestWithBaseCase(False):
shortestWithBaseCase(False) called.
Returning from base case.

Calling shortestWithBaseCase(True):
shortestWithBaseCase(True) called.
shortestWithBaseCase(False) called.
Returning from base case.
Returning from recursive case.
```

　　这个函数并不打算执行有意义的操作，它只用来简要地展示怎样编写递归函数（假如把那些用来输出文字的语句去掉，那么函数的代码还能变得更少，但这里需要这些文字，以解释函数的运行情况）。当用 False 作为参数调用这个函数时（也就是主程序执行 shortestWithBaseCase(False) 时，❸），函数遇到的是基本情况，因此会直接返回（❶）。然而，接下来，主程序又以 True 作为参数调用这个函数（也就是 shortestWithBaseCase(True)，❹），这次函数遇到的是递归情况，在这种情况下，它会以 False 作为参数继续调用自身（也就是执行 shortestWithBaseCase

（False），❷）。

注意一个重要的现象：函数在以 False 为参数递归调用完自身之后（也就是执行完 shortestWithBaseCase(False) 之后，❷），并不会直接返回程序最初调用此函数的那个地方（❹），而会继续执行上一次遇到递归情况之后还未执行完的那些代码，因此程序会输出 Returning from recursive case.字样。函数从基本情况中返回，并不意味着早前还没有执行完的那些递归调用也会立即结束。你必须记住这一点，才能理解 1.7 节要讲的 countDownAndUp()。

1.7　位于递归调用之前与之后的代码

函数在递归情况下所要执行的代码可以分成两部分：一部分是进入下一轮递归之前所要执行的代码；另一部分是执行完下一轮递归之后所要执行的代码。有些函数在递归情况下需要执行两次递归调用，例如，第 2 章会讲到计算斐波那契数列（Fibonacci sequence）第 N 项的函数，那个函数在递归情况下就需要执行两次递归：一次是递归计算第 N–1 项，另一次是递归计算第 N–2 项。那个函数在递归情况下所要执行的代码则需要分成三部分：第一部分是进入下一轮的第一次递归之前所要执行的代码；第二部分是执行完下一轮的第一次递归且尚未进入第二次递归时所要执行的代码；第三部分是执行完下一轮的第二次递归之后所要执行的代码。这里我们还用比较简单的递归函数来举例。

这样划分是想强调，函数遇到了基本情况并不一定意味着处理完这种情况之后，整个递归算法就结束。这只意味着函数不会继续递归调用。

下面举一个示例，这个 *countDownAndUp.py* 程序定义了一个递归函数，该函数能够从某个正整数开始倒数，直至数到 0，然后正着数，直至数到原来那个数本身。

Python

```
def countDownAndUp(number):
  ❶ print(number)
    if number == 0:
        # 基本情况
      ❷ print('Reached the base case.')
        return
    else:
        # 递归情况
      ❸ countDownAndUp(number - 1)
      ❹ print(number, 'returning')
        return

❺ countDownAndUp(3)
```

等效的 JavaScript 代码写在 *countDownAndUp.html* 文件中。

JavaScript

```
<script type="text/javascript">
function countDownAndUp(number) {
  ❶ document.write(number + "<br />");
    if (number === 0) {
```

```
        // 基本情况
    ❷ document.write("Reached the base case.<br />");
      return;
    } else {
        // 递归情况
    ❸ countDownAndUp(number - 1);
    ❹ document.write(number + " returning<br />");
      return;
    }
}

❺ countDownAndUp(3);
</script>
```

运行这段代码，会看到这样的输出结果。

```
3
2
1
0
Reached the base case.
1 returning
2 returning
3 returning
```

　　要记住，程序每次调用函数时，都会新建一帧，并将此帧压入调用栈。这一帧中，保存着这次调用该函数时所使用的参数（本例中的 number 就是一个参数），以及这次调用时所建立的局部变量。因此，调用栈的每一帧中，都有各自的 number 变量。这又是解读递归式代码时一个容易弄错的地方：尽管源代码中只有一个 number 变量，但由于这是个局部变量[①]，因此每次调用 countDownAndUp() 函数时，都会产生与这次调用相对应的 number 变量，这些变量彼此是不同的。

　　程序执行 countDownAndUp(3) 时（❺），会创建一帧，这一帧中 number 局部变量的值是 3。函数会把 number 变量的值输出到屏幕上（❶）。只要 number 不是 0，countDownAndUp() 函数就会以 number -1 为参数，递归调用自己（❸）。在这次递归中，程序执行的是 countDownAndUp(2)，为此，程序会新建一帧，并将其压入栈中，这一帧中的 number 局部变量的值是 2。接下来，函数遇到的还是递归情况，因此会以 1 作为参数，递归调用自身（也就是说，程序会执行 countDownAndUp(1)）。在这次递归中，函数遇到的仍是递归情况，于是又会以 0 作为参数，递归调用自身（也就是说，程序会执行 countDownAndUp(0)）。

　　程序能够实现倒着数与正着数的效果，因为它首先连续执行递归调用，然后又逐层从这些调用之中返回。当程序执行到 countDownAndUp(0) 时，会遇到基本情况（❷），因而不会再递归调用自身。可是整个程序并未就此结束。当遇到基本情况时，number 局部变量的值是 0。然后，程序会从这种情况之中返回，并将栈顶的那一帧从栈中弹出，于是，刚才压在它下面的那一帧现在就重新出现在栈顶了，该帧之中的 number 局部变量仍然是 1。程序会使用调用栈中的这一帧，从它刚才递归调用 countDownAndUp(0) 的地方开始，继续往下执行（❹）。这就会把 number 变量当前的值再次输出，并在后面补上"returning"字样，从而实现到达 0 之

[①] 参数也可以视为局部变量。——译者注

后又正着数的效果。图 1-9 演示了程序在递归执行 countDownAndUp() 并逐层返回的过程中调用栈的状态是如何变化的。

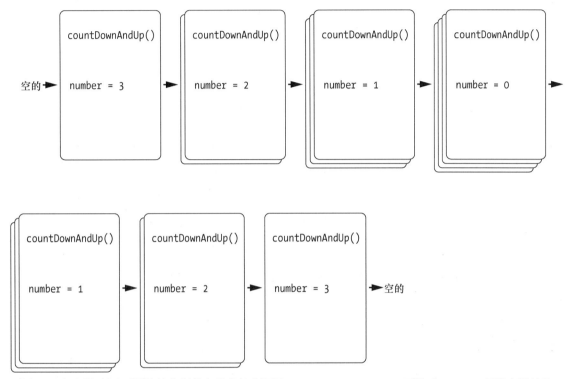

图 1-9　调用栈会用不同的帧分别保存程序每次调用 countDownAndUp() 函数时 number 局部变量的值

　　程序遇到基本情况之后，并不会立刻终止，第 2 章要讲解如何计算阶乘，你必须记住这一点，才能理解相关算法。总之，遇到基本情况之后，程序还要从它刚才进入此情况的那个地方开始，继续把之前的递归情况执行完。

　　这时你可能在想，用递归来写这个 countDownAndUp() 函数会让代码变得过于复杂。为什么不用迭代式的写法输出这些数字呢？迭代式的写法会用一个循环反复执行某项任务（本例中的输出数字），直至整套任务执行完毕，这种写法通常与递归式的写法相对应。

　　如果你觉得某个问题用循环来解决可能更简单，你基本上就应该弃用递归，转而以循环来实现。无论是初学者还是有经验的程序员，递归用起来可能都比较麻烦，而且递归式的代码也不一定始终比迭代式的代码更好或更优雅。写出易读且好懂的代码要比追求优雅的递归式代码更重要。然而，在某些场合，我们要实现的算法会很自然地把我们引向递归式的方案。涉及树状数据结构并要求回溯的算法尤其适合用递归来实现。我们会在第 2 章与第 4 章中研究这样的写法。

1.8 小结

递归很容易让编程新手迷惑，其实它建立在一个相当简单的概念（函数可以调用其自身）之上。程序每次调用函数时，都会新建一个与这次的函数调用操作相对应的帧对象（简称帧），并将其添加到调用栈之中（这一帧中有相关的信息，例如，这次调用时建立的局部变量，以及程序调用完之后应该返回哪个地址继续执行等）。调用栈是一种栈型的数据结构，使用者只能从栈的"顶部"（也就是栈顶）添加或移除数据。这两种行为分别称为将数据压入栈中（入栈），以及从栈中弹出数据（出栈）。

调用栈由程序自行管理，因此代码中不会明确出现用来表示调用栈的变量。调用函数会促使程序将相应的帧压入调用栈，从函数中返回会促使程序将相应的帧从调用栈中弹出。

递归函数需要有递归情况与基本情况。递归情况是指会让该函数递归调用其自身的情况，基本情况是指会让函数返回并不再调用自身的情况。如果递归函数没有基本情况，或者代码有 bug 导致程序一直无法遇到基本情况，就会出现栈溢出（stack overflow）错误，进而令程序崩溃。

递归是很有用的技巧，但递归式的写法未必始终会让代码变得更好或更加优雅。这个道理会在第 2 章详细讲解。

延伸阅读

除本章讲的这些内容之外，其他一些资料也介绍了递归。例如，笔者在 2018 年的 North Bay Python 会议上面做过一段讲解，参见*"Recursion for Beginners: A Beginner's Guide to Recursion"*。V. Anton Spraul 在他的 *Think Like a Programmer*（No Starch 出版社）一书中提到了递归。另外，维基百科的 Recursion 词条写得很详细。

你可以安装 Python 模块——ShowCallStack。这个模块提供了 showcallstack() 函数，你可以在代码中的任何地方调用该函数，以显示程序在执行到这一点时调用栈所处的状态。这个模块的下载及安装方式参见 PyPI 网站。

练习题

1. 一般意义上的递归指的是什么？
2. 编程中的递归函数是什么样的函数？
3. 函数具备哪 4 个特性？
4. 什么是栈？
5. 把数据添加到栈顶和从栈顶移除数据分别与哪个术语相对应？
6. 假设首先把字母 J 压入栈中，然后压入字母 Q，再弹出栈顶的字母，接着压入字母 K，最后再度从栈顶弹出一个字母。现在这个栈是什么样子的?

7. 程序向调用栈中压入并从中弹出的东西叫什么?

8. 栈溢出是由什么问题引发的?

9. 什么叫作递归函数的基本情况?

10. 什么叫作递归函数的递归情况?

11. 正常的递归函数需要具备几种基本情况与几种递归情况?

12. 如果递归函数没有(或无法遇到)基本情况,会出现什么问题?

13. 如果递归函数没有(或无法遇到)递归情况,会出现什么问题?

<table>
<tr><td>第 2 章</td></tr>
</table>

递归与迭代

总的来说，递归与迭代这两种技术之间没有优劣之分。实际上，所有的递归代码都可以通过循环与栈改写为迭代式的代码。递归并没有什么特别的能力，让它可以执行迭代算法所不能解决的计算问题。正如递归代码可以改写为迭代代码一样，迭代式的循环可以改写为递归函数。

本章要对比递归与迭代。我们会讲解经典的阶乘与斐波那契数列的计算，并展示用递归算法实现这样的函数会有哪些严重的缺点。另外，本章还会讨论递归式的写法在实现指数算法时能够给我们带来什么样的新思路。总之，本章的目的是说明递归算法是不是像传说中的那样优雅，并展示什么时候适合用递归，什么时候不适合使用它。

2.1 计算阶乘

许多计算机课程有这样一个经典的示例，也就是用递归函数来计算阶乘。整数 n 的阶乘是 1 至 n 之间所有整数的乘积。例如，4 的阶乘等于 $4 \times 3 \times 2 \times 1$，也就是 24。数学上用感叹号表示阶乘，4! 的意思就是 4 的阶乘。表 2-1 列出了前几个正整数的阶乘。

表 2-1 前几个正整数的阶乘

$n!$	展开式	阶乘的值
1!	1	1
2!	1×2	2
3!	$1 \times 2 \times 3$	6
4!	$1 \times 2 \times 3 \times 4$	24
5!	$1 \times 2 \times 3 \times 4 \times 5$	120
6!	$1 \times 2 \times 3 \times 4 \times 5 \times 6$	720
7!	$1 \times 2 \times 3 \times 4 \times 5 \times 6 \times 7$	5040
8!	$1 \times 2 \times 3 \times 4 \times 5 \times 6 \times 7 \times 8$	40320

许多运算中会用到阶乘。例如，当计算排列（permutation）数时，就会用到它。假设有 Alice、Bob、Carol、David 这 4 个人，那么他们之间按顺序排成一行的方式总共有 4! 种，也就是 24 种。为什么是这个答案呢？首先，排在首位的人，可能是这 4 个人中的一个，因此总共有 4 种情况。

对于这 4 种情况中的每一种情况来说，排在第二位的人可能是剩下那 3 个人中的一个，因此总共有 4 × 3 种情况。对于这 4 × 3 种情况中的每一种情况来说，排在第三位的人可能是剩下那两个人中的一个，因此总共有 4 × 3 × 2 种情况。对于这 4 × 3 × 2 种情况中的每一种情况来说，排在第 4 位（也就是末位）的人只可能是最后剩下的那一个人，因此总共有 4 × 3 × 2 × 1（也就是 4!）种情况。于是我们得出，n 个人按顺序排成一行，总共有 $n!$ 种排列方式。

现在我们看看如何分别用迭代式与递归式的写法计算阶乘。

2.1.1 迭代式的阶乘算法

用迭代式的写法计算阶乘写起来相当直白，只需要利用循环，从 1 开始一直乘到整数 n 就行。迭代式的算法始终会用到循环。下面这个 *factorialByIteration.py* 程序演示了这种写法。

Python

```python
def factorial(number):
    product = 1
    for i in range(1, number + 1):
        product = product * i
    return product
print(factorial(5))
```

等效的 JavaScript 代码写在 *factorialByIteration.html* 文件中。

JavaScript

```javascript
<script type="text/javascript">
function factorial(number) {
    let product = 1;
    for (let i = 1; i <= number; i++) {
        product = product * i;
    }
    return product;
}
document.write(factorial(5));
</script>
```

运行这段代码，会显示程序计算出的 5!。

```
120
```

用迭代式的写法来计算阶乘并没有问题，这样写很直观，也确实能够完成任务。然而，我们还应该了解一下递归算法，深入理解阶乘的性质以及递归技术本身。

2.1.2 递归式的阶乘算法

注意，4 的阶乘是 4 × 3 × 2 × 1，而 5 的阶乘是 5 × 4 × 3 × 2 × 1，因此 5! 可以定义为 5 × 4!。这是递归的定义，因为我们在定义 5 的阶乘时，用到了 4 的阶乘。或者说，我们在定义任何一个大于 1 的正整数 n 的阶乘时，用到了 $n-1$ 的阶乘。按照这种定义方式，4! 可以定义为 4 × 3!，3! 又可以定义为 3 × 2!，以此类推，直到需要计算 1!。这时，我们就遇到了基本情况，从而无须继续向下递归，因为 1! 就等于 1。

下面这个 *factorialByRecursion.py* 程序用 Python 语言实现了递归式的阶乘算法。

Python

```python
def factorial(number):
    if number == 1:
        # 基本情况
        return 1
    else:
        # 递归情况
    ❶ return number * factorial(number - 1)
print(factorial(5))
```

等效的 JavaScript 代码写在 *factorialByRecursion.html* 文件中。

JavaScript

```javascript
<script type="text/javascript">
function factorial(number) {
    if (number == 1) {
        // 基本情况
        return 1;
    } else {
        // 递归情况
    ❶ return number * factorial(number - 1);
    }
}
document.write(factorial(5));
</script>
```

运行这段代码，以便用递归算法计算5!。计算结果与 2.1.1 节的迭代程序的运行结果一样。

```
120
```

许多程序员会觉得这种递归式的写法很奇怪。以 5 作为参数调用 factorial() 函数肯定需要计算 5 × 4 × 3 × 2 × 1，因为只有这样，才能给出正确的结果。然而，在刚才这段递归式的代码中，我们很难看到乘法计算究竟是在什么地方进行的。

这个函数的代码难懂是因为它的递归情况只有一行代码（❶），但是这行代码的一半需要在程序进入下一轮递归之前执行，另一半则需要在程序从下一轮递归中返回之后执行。我们可能还没有习惯这种前一半和后一半不在一起执行的代码。

需要在进入下一轮递归之前执行的那一半指的是 factorial(number - 1) 中的那个 number - 1。程序需要计算出 number - 1 的值，并以该值作为参数，递归调用 factorial() 函数，这会促使程序新建一帧，并将其压入调用栈。准备好这样一帧之后，程序才开始执行这次递归调用。

原来位于栈顶的那一帧要等到程序从 factorial(number - 1) 返回之后，才能重新出现在栈顶。以 factorial(5) 为例，这就意味着，程序必须计算完 factorial(4) 之后，才能重新使用那一帧，继续执行。到了那时，程序就要开始执行刚才说的另外一半代码，那一半代码是 "return number * 已经算好的 factorial(number - 1)"，由于 number 是 5，而已经计算出来的 factorial(4) 是 24，因此这就相当于 return 5 * 24，也就是 return 120。这正是 factorial(5) 应该返回的结果。

图 2-1 演示了调用栈的状态变化过程。在这个过程中，程序会向调用栈之中压入新的帧（这

发生在程序准备执行下一轮递归时)，也会从调用栈中弹出用过的帧（这发生在程序准备从某一轮递归中返回时)。注意，每次的乘法都是等程序从下一轮递归调用中返回之后才执行的，而不是先执行乘法，然后执行下一轮递归（因为乘法操作所需要的另一个操作数——factorial(number - 1)的值必须等到执行完下一轮递归之后，才知道)。

等到主程序中调用 factorial() 函数的那行语句返回之后，我们就知道了这次计算出的阶乘是多少。

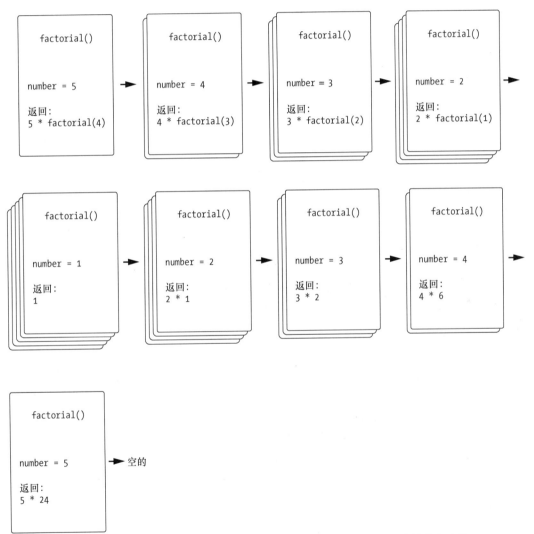

图 2-1 调用栈在程序递归调用factorial()并逐层返回的过程中的状态变化

2.1.3 用递归计算阶乘为什么很不合适

用递归计算阶乘有一个严重的缺点。要计算 5 的阶乘，必须把函数递归调用 5 次才行。也就是说，程序必须在调用栈上面堆 5 帧，然后才能遇到基本情况。这样的函数无法适应较大的数字。

如果要计算的不是 5 的阶乘，而是 1001 的阶乘，那么这个递归式的 `factorial()` 函数就必须执行 1001 次递归调用。但问题是，程序可能还没有执行完，就因为栈溢出而崩溃了，连续执行递归调用并且一直都不返回可能导致栈的深度超过解释器所允许的最大值。这是很不应该的，在给实际的应用程序编写代码时，绝对不要用递归实现阶乘函数。

与递归式的写法相比，迭代式的算法则能够迅速而高效地算出阶乘的结果。当然，某些编程语言中有一种尾调用优化（tail call optimization）技术，它能够避免递归式的算法出现栈溢出。第 8 章要讨论这个话题。然而，这个技术会让递归函数实现起来更复杂。对于计算阶乘这一任务来说，迭代式的写法是最简单、最直观的。

2.2　计算斐波那契数列

在介绍递归时，还有一个经典的示例，就是斐波那契数列。从数学角度来讲，该数列的前两项都是 1（有时也可以分别定义成 0 和 1），其后每一项均为前两项之和。根据这个定义，斐波那契数列的前几项是 1, 1, 2, 3, 5, 8, 13, 21, 34, 55, 89, 144，后面的项可以按规律依次算出。

图 2-2 演示了这个数列的增长方式，其中，*a* 与 *b* 指的是当前刚计算出来的两项。

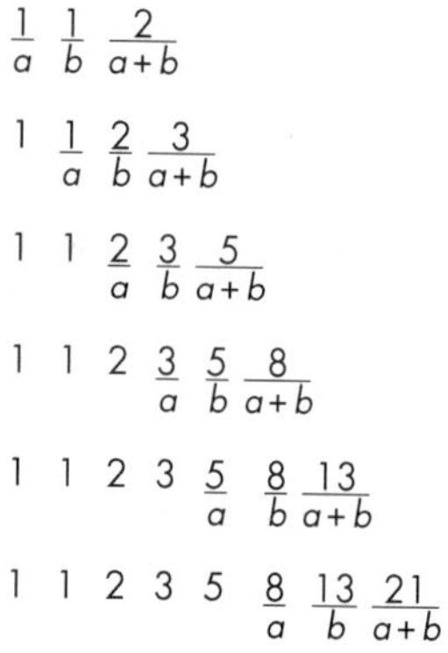

下面我们看看怎样分别用迭代与递归式的写法计算斐波那契数列的各项。

2.2.1　用迭代法计算斐波那契数列

迭代式的写法很简单，只需要用一个循环与两个变量就可以了。下面这个 *fibonacciByIteration.py* 程序演示了如何用 Python 语言实现迭代式的斐波那契算法。

图 2-2　斐波那契数列的增长方式

Python

```
def fibonacci(nthNumber):
❶  a, b = 1, 1
   print('a = %s, b = %s' % (a, b))
   for i in range(1, nthNumber):
❷     a, b = b, a + b # 计算下一个斐波那契数
      print('a = %s, b = %s' % (a, b))
   return a

print(fibonacci(10))
```

等效的 JavaScript 代码写在 *fibonacciByIteration.html* 文件中。

JavaScript

```
<script type="text/javascript">
function fibonacci(nthNumber) {
❶ let a = 1, b = 1;
  let nextNum;
  document.write('a = ' + a + ', b = ' + b + '<br />');
  for (let i = 1; i < nthNumber; i++) {
    ❷nextNum = a + b; // 计算下一个斐波那契数
    a = b;
    b = nextNum;
    document.write('a = ' + a + ', b = ' + b + '<br />');
  }
  return a;
};

document.write(fibonacci(10));
</script>
```

运行这段代码，以计算第 10 个斐波那契数。程序会输出这样的结果。

```
a = 1, b = 1
a = 1, b = 2
a = 2, b = 3
--省略--
a = 34, b = 55
55
```

程序只需要同时记录最近找到的两项就好。由于斐波那契数列的前两项可以直接定义成 1，因此我们就让 a 与 b 这两个变量均等于 1（❶）。然后，进入 for 循环，每次执行循环，都将当前的 a 与 b 相加（❷），以求出数列的下一项，并将该项赋给 b，同时把 b 变量原有的值赋给 a。整个循环结束时，变量 a 所保存的就是第 *n* 个斐波那契数。

2.2.2 用递归法计算斐波那契数列

斐波那契数的定义方式容易让人想到递归。例如，如果要计算斐波那契数列的第 10 项（也就是第 10 个斐波那契数），你可能会想到把第 9 项与第 8 项相加。而为了分别计算这两项，你又会将第 8 项与第 7 项相加（以求出第 9 项），并且将第 7 项与第 6 项相加（以求出第 8 项）。这种方式会促使你把许多项重复计算好几遍，例如，在计算第 9 项的过程中，你其实已经把第 8 项算出来了，但由于你一开始将第 10 项拆成第 9 项与第 8 项之和，因此你还要把第 8 项再算一遍。你需要一直递归，直到遇见基本情况，也就是第 2 项或第 1 项（这两项都是 1）。

fibonacciByRecursion.py 程序用 Python 语言实现了递归版的斐波那契函数。

```
def fibonacci(nthNumber):
    print('fibonacci(%s) called.' % (nthNumber))
    if nthNumber == 1 or nthNumber == 2: ❶
        # 基本情况
        print('Call to fibonacci(%s) returning 1.' % (nthNumber))
        return 1
    else:
        # 递归情况
        print('Calling fibonacci(%s) and fibonacci(%s).' % (nthNumber - 1, nthNumber - 2))
        result = fibonacci(nthNumber - 1) + fibonacci(nthNumber - 2)
```

```
    print('Call to fibonacci(%s) returning %s.' % (nthNumber, result))
    return result

print(fibonacci(10))
```

等效的 JavaScript 代码写在 *fibonacciByRecursion.html* 文件中。

```
<script type="text/javascript">
function fibonacci(nthNumber) {
    document.write('fibonacci(' + nthNumber + ') called.<br />');
    if (nthNumber === 1 || nthNumber === 2) { ❶
        // 基本情况
        document.write('Call to fibonacci(' + nthNumber + ') returning 1.<br />');
        return 1;
    }
    else {
        // 递归情况
        document.write('Calling fibonacci(' + (nthNumber - 1) + ') and fibonacci(' + (nthNumber - 2)
        + ').<br />');
        let result = fibonacci(nthNumber - 1) + fibonacci(nthNumber - 2);
        document.write('Call to fibonacci(' + nthNumber + ') returning ' + result + '.<br />');
        return result;
    }
}

document.write(fibonacci(10) + '<br />');
</script>
```

运行这段代码，以计算第 10 个斐波那契数。你会看到以下输出。

```
fibonacci(10) called.
Calling fibonacci(9) and fibonacci(8).
fibonacci(9) called.
Calling fibonacci(8) and fibonacci(7).
fibonacci(8) called.
Calling fibonacci(7) and fibonacci(6).
fibonacci(7) called.
--省略 --
Call to fibonacci(6) returning 8.
Call to fibonacci(8) returning 21.
Call to fibonacci(10) returning 55.
55
```

这段代码中的许多行是为了显示输出信息而编写的，如果不计算这些行，那么 fibonacci() 函数本身的代码其实相当少。它的基本情况出现在 nthNumber 等于 1 或 2 时（❶），在这种情况下，程序不需要继续触发递归调用。由于斐波那契数列的前两项始终为 1，因此函数直接返回 1 即可。在递归情况下，函数要返回 fibonacci(nthNumber - 1) 与 fibonacci(nthNumber - 2) 之和。只要最初调用函数时，传入的 nthNumber 参数是一个大于 0 的整数，函数在执行过程中所触发的历次递归调用就总能够遇到基本情况，因此整个函数不会无限地递归调用下去。

前面我们在讲递归计算阶乘的那个示例时说过，有些代码是在执行下一层递归调用之前执行的，有些代码则是执行完下一层递归调用之后执行的。然而，现在的这个示例中，函数在遇到递归情况时，需要执行两次递归调用，因此其中的代码就要分成 3 部分。也就是说，有些代码是在执行下一层的第一个递归调用之前执行的，有些代码是在执行完下一层的第一个递归调用但还没开始执行第二个递归调用时执行的，还有一些则是在执行完下一层的第二个递归调用之后执行的。虽然划分得不一样，但是原理是相同的。另外，注意，遇到了基本情况并不意味着尚未执行完毕的那些递归调用就都不用再执行了。只有当程序把最初触发递归函数的那次调用操作（如本例中的 `fibonacci(10)`）执行完毕时，整个递归过程才算彻底结束。

用迭代法计算斐波那契数列不是比递归法更简单吗？没错。递归法不但比较复杂，而且它的性能相当低。

2.2.3 用递归法计算斐波那契数列为什么很不合适

与用递归法计算阶乘类似，用递归法计算斐波那契数列也有一个相当严重的缺点——反复计算数列中的许多项。图 2-3 演示了调用 `fibonacci(6)` 时的情况，这次调用会触发 `fibonacci(5)` 与 `fibonacci(4)`。重复触发的函数调用以灰色表示。为了把图画得简单一些，我们将 `fibonacci` 简写为 `fib`。

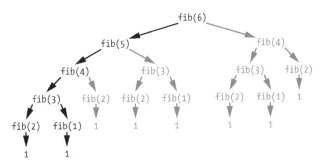

图 2-3 调用 `fibonacci(6)` 时的情况

最初的一次调用会触发一连串调用，直至其中所有的递归调用遇到基本情况，也就是 `fibonacci(2)` 或 `fibonacci(1)`，这两种情况始终返回 1。注意，`fibonacci(4)` 调用了两次（第二次调用是多余的，因为第一次调用已经把 `fibonacci(4)` 的值算出来了），`fibonacci(3)` 调用了 3 次（后两次调用同样是多余的），数列中的其他一些项也重复计算了好多次。总之，这个算法会把运算过程中已经求出的一些项毫无必要地计算许多遍。如果你一开始要求的那一项比较靠后，那么这个问题更加严重。迭代式的斐波那契函数计算第 100 项只需要不到 1s，而递归式的斐波那契函数可能用 100 万年也算不完。

2.3 把递归算法转换成迭代算法

递归算法始终能够转化成迭代算法。因为递归算法是通过反复调用自身来完成运算的，所以这种反复运算的过程可以通过循环实现。另外，在程序执行递归函数的过程中，还会用到调用栈，而这也可以通过自编的栈型数据结构模拟。因此，我们可以通过循环与栈以迭代方式模拟递归算法。

下面就举一个示例。这个 *factorialEmulateRecursion.py* 程序是用 Python 语言写的，它通过迭代算法模拟递归算法。

```python
callStack = []  # 手动制作一个调用栈，以存放模拟的帧对象 ❶
callStack.append({'returnAddr': 'start','number':5})  # 模拟调用"factorial() 函数"的效果（这个
                                                      # 函数不是编程语言中的函数，而是我们设计的一个概念）❷

returnValue = None

while len(callStack) > 0:
    # 这是"factorial() 函数"的主体部分

    number = callStack[-1]['number']  # 设定number变量的值，该变量相当于递归调用时的nthNumber参数
    returnAddr = callStack[-1]['returnAddr']

    if returnAddr == 'start':
        if number == 1:
            # 基本情况
            returnValue = 1
            callStack.pop()  # "Return" from "function call". ❸
            continue
        else:
            # 递归情况
            callStack[-1]['returnAddr'] = 'after recursive call'
            # "Call" the "factorial() function":
            callStack.append({'returnAddr': 'start', 'number': number - 1})  ❹
            continue
    elif returnAddr == 'after recursive call':
        returnValue = number * returnValue
        callStack.pop()  # 此处是在模拟程序从这次"函数调用"中返回的效果 ❺
        continue

print(returnValue)
```

等效的 JavaScript 代码写在 *factorialEmulateRecursion.html* 文件中。

```javascript
<script type="text/javascript">
let callStack = [];  // 手动制作一个调用栈，以存放模拟的帧对象 ❶
callStack.push({"returnAddr": "start", "number": 5});  // 模拟调用"factorial() 函数"的效果❷
let returnValue;

while (callStack.length > 0) {
// 这是"factorial() 函数"的主体部分：
    // 设定number变量的值，该变量相当于递归调用时的nthNumber参数
    let number = callStack[callStack.length - 1]["number"];
    let returnAddr = callStack[callStack.length - 1]["returnAddr"];

    if (returnAddr == "start") {
        if (number === 1) {
            // 基本情况
            returnValue = 1;
            callStack.pop();  // 模拟程序从这次"函数调用"中返回的效果 ❸
            continue;
        } else {
            // 递归情况
            callStack[callStack.length - 1]["returnAddr"] = "after recursive call";
            // 模拟调用"factorial() 函数"的效果
            callStack.push({"returnAddr": "start", "number": number - 1});  ❹
            continue;
        }
    } else if (returnAddr == "after recursive call") {
        returnValue = number * returnValue;
        callStack.pop();  // 模拟程序从这次"函数调用"中返回的效果 ❺
        continue;
    }
}
```

```
document.write(returnValue + "<br />");
</script>
```

注意，程序中并没有出现递归函数，它甚至连函数都没有定义。我们用列表（list）实现栈型的数据结构，以模拟程序在执行递归调用时所使用的调用栈，这个列表在程序中用 `callStack` 变量表示（❶）。列表中的元素是字典（dictionary）结构用来模拟程序在执行历次递归调用时所创建的帧对象，每一个这样的"帧"中都包含 `returnAddr` 字段及 `number` 字段，前者用来模拟返回地址①，后者用来模拟递归算法的 `factorial()` 函数中的 `nthNumber` 变量（❷）。程序把这样的"帧对象"压入"调用栈"，以模拟调用函数的效果（❹），执行完这次"函数调用"后，又会把该"帧"从"调用栈"中弹出，以模拟从函数调用中返回的效果（❸ ❺）。

任何一个递归函数都可以按这种方式改编成迭代算法。虽然这样写出来的代码相当难懂，而且我们在实际编程中也不会用这种写法计算阶乘，但是这个示例旨在告诉我们，并没有哪一种递归代码的效果是不能用迭代式的写法实现的。

2.4 把迭代算法转换成递归算法

递归算法可以转换成迭代算法，迭代算法也可以转换成递归算法。迭代算法其实就是一个循环结构，我们可以把需要反复执行的这部分代码（也就是循环体中的代码）放到自定义的函数之中。迭代算法会反复执行这段代码，这意味着，我们需要反复执行这个自定义的函数。要想实现这样的效果，只需要让该函数调用其自身即可，这样这个函数就成了递归函数。

下面这个 *hello.py* 程序用 Python 代码首先演示了怎样通过循环结构将 Hello, world! 输出 5 遍，然后演示了怎样用递归函数实现相同的效果。

Python

```python
print('Code in a loop:')
i = 0
while i < 5:
    print(i, 'Hello, world!')
    i = i + 1

print('Code in a function:')
def hello(i=0):
    print(i, 'Hello, world!')
    i = i + 1
    if i < 5:
        hello(i) # 递归情况
    else:
        return # 基本情况
hello()
```

等效的 JavaScript 代码写在 *hello.html* 文件之中。

---

① 如果 returnAddr 是 "start"，就表示这一"帧"所对应的这次"调用"还没有触发下一层递归。如果 returnAddr 是 "after recursive call"，就表示这一"帧"所对应的这次"调用"已经触发了下一层递归。——译者注

JavaScript

```javascript
<script type="text/javascript">
document.write("Code in a loop:<br />");
let i = 0;
while (i < 5) {
    document.write(i + " Hello, world!<br />");
    i = i + 1;
}

document.write("Code in a function:<br />");
function hello(i) {
    if (i === undefined) {
        i = 0; // 如果未指定i的值，则将其视为0
    }

    document.write(i + " Hello, world!<br />");
    i = i + 1;
    if (i < 5) {
        hello(i); // 递归情况
    }
    else {
        return; // 基本情况
    }
}
hello();
</script>
```

这个程序会输出这样的结果。

```
Code in a loop:
0 Hello, world!
1 Hello, world!
2 Hello, world!
3 Hello, world!
4 Hello, world!
Code in a function:
0 Hello, world!
1 Hello, world!
2 Hello, world!
3 Hello, world!
4 Hello, world!
```

在第一段代码（也就是迭代式的代码）中，while 循环的条件是 i < 5，如果满足这个条件，那么程序会继续执行循环体。递归式的代码也用到了这一条件，它要以此判断程序是否应该进入递归情况，如果条件成立，那么函数会继续调用自身，这会促使程序进入下一层递归，进而执行函数开头的那行代码，以显示 Hello, world! 字样。

下面举一个更贴近现实的示例。下面这段代码实现了一个递归函数与一个迭代函数，这两个函数都会在由 haystack 参数表示的字符串中寻找由 needle 参数表示的子字符串。如果能找到，就返回相应的下标；如果找不到，则返回−1。它们的效果与 Python 字符串的 find() 方法及 JavaScript 字符串的 indexOf() 方法类似。Python 版的代码写在 *findSubstring.py* 文件之中。

Python

```python
def findSubstringIterative(needle, haystack):
    i = 0
```

```
    while i < len(haystack):
        if haystack[i:i + len(needle)] == needle:
            return i # 找到了
        i = i + 1
    return -1 # 没找到

def findSubstringRecursive(needle, haystack, i=0):
    if i >= len(haystack):
        return -1 # 基本情况（没找到这样的子字符串）

    if haystack[i:i + len(needle)] == needle:
        return i # 另一种基本情况（找到了这样的子字符串）
    else:
        # 递归情况
        return findSubstringRecursive(needle, haystack, i + 1)

print(findSubstringIterative('cat', 'My cat Zophie'))
print(findSubstringRecursive('cat', 'My cat Zophie'))
```

等效的 JavaScript 代码写在 *findSubstring.html* 文件中。

JavaScript

```
<script type="text/javascript">
function findSubstringIterative(needle, haystack) {
    let i = 0;
    while (i < haystack.length) {
        if (haystack.substring(i, i + needle.length) == needle) {
            return i; // 找到了
        }
        i = i + 1
    }
    return -1; // 没找到
}

function findSubstringRecursive(needle, haystack, i) {
    if (i === undefined) {
        i = 0;
    }

    if (i >= haystack.length) {
        return -1; // # 基本情况（没找到这样的子字符串）
    }

    if (haystack.substring(i, i + needle.length) == needle) {
        return i; // # 另一种基本情况（找到了这样的子字符串）
    } else {
        // 递归情况
        return findSubstringRecursive(needle, haystack, i + 1);
    }
}

document.write(findSubstringIterative("cat", "My cat Zophie") + "<br />");
document.write(findSubstringRecursive("cat", "My cat Zophie") + "<br />");
</script>
```

示例程序会调用 findSubstringIterative() 与 findSubstringRecursive() 函数，这两个函数返回的结果都是 3，因为这正是 cat 在 My cat Zophie 字符串中出现的位置。

```
3
3
```

本节的示例程序告诉我们，循环始终能够改写成等效的递归函数。理论上，用递归取代循环确实可行，但并不建议这么做。这相当于为了递归而递归（而不是因为某个需求真的很适合用递归来实现），由于递归代码通常比迭代式的代码难懂，因此这样做会让代码读起来比较费解。

2.5　案例研究：指数运算

虽然用递归法编写程序未必能让代码变得比原来更好，但是有时这种方法能够给编程问题带来新的解决思路。下面我们就研究这样一个案例，也就是指数运算（或者说，计算某个数的某次方是多少）。

指数运算需要把某数与其自身相乘。例如，为了计算 3^6，我们需要让 3 自乘 6 次，也就是 $3 \times 3 \times 3 \times 3 \times 3 \times 3 = 729$。由于指数运算是相当常用的运算，因此 Python 提供了 ** 运算符，JavaScript 也提供了内置的 Math.pow() 函数，用于执行指数运算（或者说，幂运算）。3^6 在 Python 中可以用 3**6 算出来，在 JavaScript 中可以用 Math.pow(3, 6) 算出来。

不过，我们可以自己写一段完成指数运算的代码。办法很简单，用一个循环，把某个数字反复与其自身相乘，并在执行完循环后返回最终的乘积。下面这个 *exponentByIteration.py* 文件演示了如何用 Python 语言编写这样的代码。

Python

```python
def exponentByIteration(a, n):
    result = 1
    for i in range(n):
        result *= a
    return result

print(exponentByIteration(3, 6))
print(exponentByIteration(10, 3))
print(exponentByIteration(17, 10))
```

等效的 JavaScript 代码写在 *exponentByIteration.html* 文件中。

JavaScript

```javascript
<script type="text/javascript">
function exponentByIteration(a, n) {
    let result = 1;
    for (let i = 0; i < n; i++) {
        result *= a;
    }
    return result;
}

document.write(exponentByIteration(3, 6) + "<br />");
document.write(exponentByIteration(10, 3) + "<br />");
document.write(exponentByIteration(17, 10) + "<br />");
</script>
```

运行程序，会看到这样的输出结果。

```
729
1000
2015993900449
```

用这种方式执行指数运算是相当直观的，我们只需要通过循环来实现就可以。然而，这种写法有个缺点：指数越大，函数算得越慢。计算 3^{12} 所花的时间是计算 3^6 所花的时间的两倍，计算 3^{600} 所花的时间是计算 3^6 所花的时间的 100 倍。在下一节中，我们就改用递归式的思路，克服这个缺陷。

2.5.1 用递归函数实现指数运算

现在思考怎么用递归实现指数运算，例如，计算 3^6。根据乘法结合律，$3 \times 3 \times 3 \times 3 \times 3 \times 3$ 与 $(3 \times 3 \times 3) \times (3 \times 3 \times 3)$ 的结果相同，而这可以写为 $(3 \times 3 \times 3)^2$，其中，$3 \times 3 \times 3$ 又可以写为 3^3，因此 3^6 就等于 $(3^3)^2$。这印证了数学上的一个公式：$(a^m)^n = a^{mn}$ $(a \neq 0)$。在数学中，关于幂的乘法，有一个法则，即同底数幂相乘，底数不变，指数相加，公式为 $a^n \times a^m = a^{n+m}$ $(a \neq 0)$，如果 $m = 1$，就变成 $a^n \times a = a^{n+1}$。

根据这些运算法则，编写名叫 exponentByRecursion() 的递归函数。如果程序调用 exponentByRecursion(3, 6)，就相当于执行 exponentByRecursion(3, 3) *exponentByRecursion(3, 3)。当然，不会真的把 exponentByRecursion(3, 3) 计算两次，而会把其中一次的计算结果保存到变量中，然后让这个变量与它自己相乘。

指数是偶数的情况可以这样处理，但如果指数是奇数，该怎么办呢？例如，3^7 相当于 $3 \times 3 \times 3 \times 3 \times 3 \times 3 \times 3$，它可以写成 $(3 \times 3 \times 3 \times 3 \times 3 \times 3) \times 3$，或者 $3^6 \times 3$。于是，就可以用递归法算出 3^6 的值，再将其与 3 相乘，从而得出最终的结果。

提示

判断某个整数是偶数还是奇数有一个简单的编程技巧，这就是使用 % 运算符（modulus operator，模运算符/求余运算符），数学上写为 mod。偶数 mod 2 的结果是 0，正的奇数 mod 2 的结果是 1。

以上考虑的都是递归情况，那么什么时候会遇到基本情况呢？按照数学上的定义，除 0 之外，任何数的 0 次方都是 1，任何数的 1 次方都是该数本身。因此，对于 exponentByRecursion(a, n) 来说，只要 n 是 0 或 1，就可以直接返回 1 或 a，因为在 a 不等于 0 的情况下，a^0 必定是 1，a^1 必定是 a。

想明白这些之后，我们就可以把这个 exponentByRecursion() 函数写出来了。下面是 Python 版的 *exponentByRecursion.py* 程序。

Python

```python
def exponentByRecursion(a, n):
    if n == 1:
        # 基本情况
        return a
    elif n % 2 == 0:
        # （n是偶数时的）递归情况
```

```
        result = exponentByRecursion(a, n // 2)
        return result * result
    elif n % 2 == 1:
        # （n是奇数时的）递归情况
        result = exponentByRecursion(a, n // 2)
        return result * result * a

print(exponentByRecursion(3, 6))
print(exponentByRecursion(10, 3))
print(exponentByRecursion(17, 10))
```

等效的 JavaScript 代码写在 *exponentByRecursion.html* 文件中。

JavaScript

```
<script type="text/javascript">
function exponentByRecursion(a, n) {
    if (n === 1) {
        // 基本情况
        return a;
    } else if (n % 2 === 0) {
        // （n是偶数时的）递归情况
        result = exponentByRecursion(a, n / 2);
        return result * result;
    } else if (n % 2 === 1) {
        // （n是奇数时的）递归情况
        result = exponentByRecursion(a, Math.floor(n / 2));
        return result * result * a;
    }
}

document.write(exponentByRecursion(3, 6)) +"<br />";
document.write(exponentByRecursion(10, 3)) +"<br />";
document.write(exponentByRecursion(17, 10)) +"<br />";
</script>
```

运行这个程序，会看到与迭代式的写法相同的结果。

```
729
1000
2015993900449
```

每次递归都会把问题的规模（也就是指数）减半。因此，递归式的指数运算要比迭代式的快。用迭代法计算 3^{1000}，需要执行 1000 次乘法，而用递归法计算，需要执行的乘法与除法合起来只有 23 次。把 Python 代码放到性能分析器（performance profiler）中测一下，我们会发现，用迭代法将 3^{1000} 计算 100000 次，需要 10.633s，而用递归法计算，只需要 0.406s。这说明，用递归法实现指数计算的性能比用迭代法的性能高很多。

2.5.2 用递归算法的思路实现迭代式的指数计算函数

原来那个迭代式的指数计算函数采用的办法相当直接，也就是利用循环反复做乘法，一直做到符合要求的次数为止。但是，那种办法并不能高效地应对指数较大的情况。与之相比，刚才的递归实现方案则能够促使我们把原问题拆解成规模较小的多个子问题。在速度上，这种办法要比迭代式的办法高得多。

由于每个递归算法都可以转化成等效的迭代算法，因此我们可以根据递归算法所用的思路（也就是通过指数计算公式减小指数），实现另外一种迭代式的指数计算函数。下面的 *exponentWithPowerRule.py* 程序演示如何用 Python 语言实现这样的函数。

Python

```python
def exponentWithPowerRule(a, n):
    # 第一步，判断需要执行的是什么运算
    opStack = []
    while n > 1:
        if n % 2 == 0:
            # n是偶数
            opStack.append('square')
            n = n // 2
        elif n % 2 == 1:
            # n是奇数
            n -= 1
            opStack.append('multiply')

    # 第二步，按照逆序依次执行这些运算
    result = a # 把result变量的值设为a，这表示我们从a本身算起
    while opStack:
        op = opStack.pop()

        if op == 'multiply':
            result *= a
        elif op == 'square':
            result *= result

    return result

print(exponentWithPowerRule(3, 6))
print(exponentWithPowerRule(10, 3))
print(exponentWithPowerRule(17, 10))
```

等效的 JavaScript 代码写在 *exponentWithPowerRule.html* 文件之中。

JavaScript

```javascript
<script type="text/javascript">
function exponentWithPowerRule(a, n) {
    // 第一步，判断需要执行的是什么运算
    let opStack = [];
    while (n > 1) {
        if (n % 2 === 0) {
            // n是偶数
            opStack.push("square");
            n = Math.floor(n / 2);
        } else if (n % 2 === 1) {
            // n是奇数
            n -= 1;
            opStack.push("multiply");
        }
    }

    // 第二步，按照逆序依次执行这些运算
    let result = a; // 把result变量的值设为a，这表示我们从a本身算起
    while (opStack.length > 0) {
```

```
        let op = opStack.pop();

        if (op === "multiply") {
            result = result * a;
        } else if (op === "square") {
            result = result * result;
        }
    }

    return result;
}

document.write(exponentWithPowerRule(3, 6) + "<br />");
document.write(exponentWithPowerRule(10, 3) + "<br />");
document.write(exponentWithPowerRule(17, 10) + "<br />");
</script>
```

这个算法首先要减小指数 n，把它一直减小到 1 为止：如果 n 是偶数，就将其减小到当前的一半；如果 n 是奇数，则将其减 1。等到将来计算结果时，我们需要分别针对这两种情况，执行"对结果取平方"（square）以及"将结果与 a 相乘"（multiply）这两种运算。完成这一步（也就是把指数 n 减小为 1）之后，我们按照逆序执行刚才记录下来的这些运算。这个算法以通用的栈结构记录这些运算（这个栈结构是我们自己模拟的，不是程序为了执行函数调用而使用的调用栈），这种栈结构是先进后出的（或者说，是后进先出的），因此很容易实现逆序运算。我们在第一步（也就是减小指数的那一步）中，把每次需要执行的运算（square 表示取平方，multiply 表示与 a 相乘）压入 opStack 变量所表示的栈结构之中。到了第二步（也就是计算结果的这一步），我们把栈结构中的运算依次弹出，并予以执行（这样就能保证这些运算的执行顺序与我们在第一步中记录的顺序刚好是相反的）。

举一个示例，以 6 和 5 作为参数 a 与 n 的值，调用这个函数（也就是调用 exponentWithPowerRule(6, 5)），以计算 6^5。函数首先发现 n 是奇数，于是将其减 1，令 n 减小到 4，并向 opStack 栈中压入 multiply 运算，以表示将来需要把结果与 a 相乘。然后，函数发现 n 的当前值 4 是偶数，于是将其除以 2，把除法的商（也就是 2）设为 n 的新值，并向 opStack 栈中压入 square 运算，以表示将来需要对结果取平方。新的 n 值 2 依然是偶数，于是函数继续将其除以 2，把除法的商（也就是 1）设为 n 的新值，并向 opStack 栈中压入另一个 square 运算，以表示将来需要对结果取平方。最后，函数发现 n 已经减小为 1，这表示第一步（也就是减小指数的这一步）做完了。

当执行第二步时，首先把表示结果的 result 变量设为 a 本身（也就是 6）。然后，从 opStack 栈中弹出一个运算，这个运算是 square，这意味着程序会对 result 取平方，并把平方的结果（36，也就是 result * result）设为新的 result 值。接下来，程序又从 opStack 栈中弹出一个运算，这个运算还是 square 运算，这意味着程序会对 result（也就是 36）取平方，并把结果（1296，也就是 36^2）设为新的 result 值。最后，程序把栈中仅有的一个运算从 opStack 中弹出来，这个运算是 multiply 运算，于是程序会把 result 的值（也就是 1296）与 a（也就是 6）相乘，并把乘积（也就是 7776）设为新的 result 值。由于 opStack 中已经没有运算需要执行，因此这次函数调用操作就执行完毕。我们验算一下：6 的 5 次方确实是 7776（这说明函数的计算结果是正确的）。

图 2-4 演示了在程序执行 exponentWithPowerRule(6, 5) 函数调用的过程中，函数中那个由 opStack 变量表示的栈结构是如何变化的。

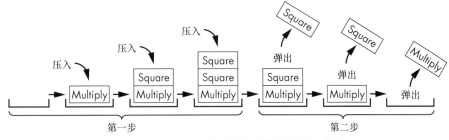

图 2-4　opStack 表示的栈结构是如何变化的

运行这段程序，你会看到与前面那几个指数计算程序相同的结果。

```
729
1000
2015993900449
```

现在这个迭代式的指数计算函数利用指数运算法则，实现了与刚才那个递归算法相同的效果，它的性能比之前的高，而且我们这次不用再担心栈溢出的问题了。假如当初不思考如何以递归实现这个函数，现在我们就写不出这个改良版的迭代算法。

2.6　在什么场合下需要使用递归

根本就不需要使用递归。没有哪个编程问题非用递归解决不可。与那种以循环和栈型数据结构写出的迭代式代码相比，递归并没有什么魔力，能够实现出前者无法实现的效果。用递归实现函数可能会把一个本来比较简单的方案弄得过于复杂。

然而，前面几节讲的指数运算说明，递归可以为我们解决编程问题提供新的思路。如果某个编程问题具备以下 3 个特征，那么它尤其适合以递归式的思路处理。

❑ 涉及树状结构。

❑ 涉及回溯。

❑ 递归层数不会太多，因而不太会发生栈溢出。

树状结构是一种自相似（self-similar）结构：某节点在整个结构之中是分叉点（branching point），但是在由该点所衍生的子树（subtree）中，它又像是树根（root）。自相似的问题以及那些可以逐层缩减规模的问题通常适合用递归处理。树根就好比程序一开始触发的那次递归调用，分叉点相当于程序在触发那次调用之后所遇到的各种递归情况，而树叶（即叶节点）相当于基本情况，也就是说，程序在遇到这样的情况之后，就不会继续触发下一层递归调用。

迷宫也是一个很好的示例，这是一种树状结构，而且走迷宫的过程中需要回溯。对于迷宫来说，分叉点指的是有岔路的点，当遇到这样的点时，你必须从几条路径中选一条走下去。如果走到死路（或者死胡同），则意味着你遇到一种基本情况。此时你必须回溯到前一个分叉点，以便选择另外一条路径，并沿着那条路径继续往下走。

图 2-5 演示了迷宫中的路径如何与自然界的树木相呼应。尽管两者看起来不太一样，但是无论是迷宫中的路径，还是自然界的树木，都有分叉点（或者说分枝点）这一概念，这样的点在这两种结构之中所具备的意义是可以彼此对照的。因此，这两种图（graph）在数学上等价。

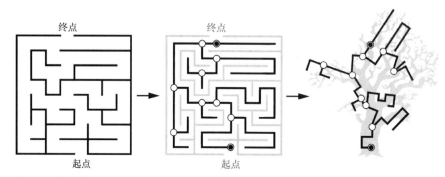

图 2-5　把迷宫（参见左图）中的路径（参见中图）与自然界的树木（参见右图）在形状上对应起来

许多编程问题本质上也可以归结为这种树状结构。例如，文件系统就是树状结构的，其中，子文件夹（subfolder）本身又可以视为一个小文件系统的根目录（这就好比树中的分叉点本身，又可以视为由该点衍生的那棵子树的根）。图 2-6 展示了文件系统与树的对比。

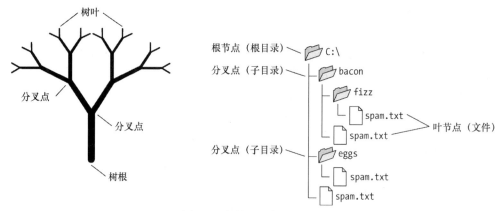

图 2-6　文件系统与树的对比

在文件夹中搜索包含某一名称的文件就是一个递归问题：你可以先在这个文件夹中搜索，如果找不到，就递归地搜索该文件夹的各个子文件夹。如果其中某个子文件夹本身已经没有下级的子文件夹，那么你就遇到一种基本情况，这意味着，你的递归搜索算法不需要由这个子文件夹再往下递归。此时，如果找不到待查的文件，那么你需要回溯到上一层文件夹，然后继续对该文件夹下的其他子文件夹执行递归搜索。

上文所述的第 3 个特征是从实际角度考虑的。如果树状结构的许多层分枝导致递归函数有可能在到达树叶（也就是叶节点）之前发生栈溢出，那么这样的问题恐怕不适合用递归来解决了。

另外，如果要针对某种编程语言创建编译器（compiler），那么递归应该是最好的办法。如何设计编译器本身是一个相当大的话题，并不在本书的讨论范围内。这里需要指出的是，编程语言的语法规则能够将源代码拆分成树状结构，而这种结构与我们以自然语言（如英语）的语法规则拆分句子所得到的树形图其实是相似的。因此，递归这种编程技巧很适合用在编译器上面。

本书还会介绍许多种递归算法，这些算法通常都具备树状结构，或者要求我们实现回溯，因此很适合用递归解决。

2.7 如何编写递归算法

学习本章后，你应该能够深入理解递归函数与更常见的迭代算法之间有什么区别。本书其余章要详细讲解各种递归算法。然而，在这之前，你必须先搞清楚如何自己编写递归函数。

第一步始终是确定递归情况与基本情况。你可以采用自顶向下的方式（或者自上而下的方式）把原问题拆分成与之相似的多个子问题（subproblem）或者小问题，如果某问题可以这样拆分，这就是你在解决问题的过程中所遇到的一种递归情况。然后，你要考虑这些子问题需要拆分到何种程度，才能出现显而易见的答案。如果某个子问题已经拆分到这样的程度，这就是你在解决问题的过程中所遇到的一种基本情况。递归函数可能有一种以上的递归情况或基本情况，但无论如何，所有（能够正常终止的）递归函数都必须拥有至少一种递归情况与至少一种基本情况。

举一个示例，假设我们要用递归函数实现斐波那契算法。由于每个斐波那契数都是前两个斐波那契数之和，因此我们可以把"寻找某个斐波那契数"这一问题拆分成"寻找位置比它靠前一个的斐波那契数"与"寻找位置比它靠前两个的斐波那契数"这样两个子问题。另外，由于前两个斐波那契数都是 1，因此一旦某个子问题拆分到这种程度，就说明我们遇到基本情况，于是可以直接给出这个子问题的答案，而无须继续往下拆分。

有时，还可以采用自底向上的方式，也就是首先考虑基本情况，然后逐渐增加问题的规模，以观察复杂的问题是如何由比较简单的问题演化而成的。例如，我们要用递归函数实现阶乘。首先，我们考虑最简单的阶乘问题，也就是求 1!，这可以直接给出答案，也就是 1，于是我们找到该函数的基本情况。然后，我们考虑下一个阶乘问题，也就是如何求 2!，它可以拆分成 1! 与 2 之积。接下来，我们继续考虑问题，也就是如何求 3!，它可以拆分成 2! 与 3 之积，以此类推。从这条规律中，我们能观察出这个函数的递归情况是什么。

2.8 小结

本章讲述了两个经典的递归编程问题，也就是如何计算阶乘以及如何求斐波那契数列。对于每一个问题，我们都分别用迭代法与递归法解决。这两个问题是讲解递归时的经典示例。然而，用递归算法解决这些问题是有严重缺陷的。用递归法计算阶乘容易发生栈溢出。用递归法计算斐波那契数容易出现许多重复运算，从而大幅增加算法的执行时间，导致它很难在实际程序之中得到应用。

我们还演示了如何根据迭代算法，实现等效的递归算法，以及如何根据递归算法，实现等效的迭代算法。迭代算法要求我们以循环结构完成运算，因此只要把循环与自己制作的栈型数据结构搭配起来（以模拟程序通过调用栈执行递归算法的过程），就可以将递归算法所要执行的操作以迭代方式实现。用递归解决编程问题，通常会导致解决方案较复杂，但对于某些涉及树状结构且要求回溯的问题来说，用递归算法解决或许相当合适。

你必须反复练习并不断积累经验，才能提升自己的递归函数编写水平。本书后面的章会讲解一些知名的递归示例，并讨论用递归法解决此种问题有哪些优点与缺点。

延伸阅读

如果你想比较迭代函数与递归函数的性能，那么需要学会使用性能分析器。笔者写了一本书，叫作 *Beyond the Basic Stuff with Python*（No Starch 出版社），其中第 13 章讲了 Python 的性能分析器。Python 的官方文档也谈了性能分析器的用法。至于如何在 Firefox 浏览器中测评 JavaScript 代码的性能，参见 Mozilla 网站。其他浏览器的性能分析器的用法与 Firefox 的性能分析器的用法差不多。

练习题

1. 4!是什么意思？
2. 怎样用（$n-1$）的阶乘计算 n 的阶乘？
3. 递归式的阶乘函数有什么样的严重缺陷？
4. 斐波那契数列的前 5 项是什么？
5. 为了求第 n 个斐波那契数，你需要将哪两个数相加？
6. 递归式的斐波那契函数有什么样的严重缺陷？
7. 迭代算法必须用到哪种编程结构？
8. 迭代算法是不是总能够转化成递归算法？
9. 递归算法是不是总能够转化成迭代算法？
10. 哪两种机制让我们能够以迭代方式完成递归算法所要执行的运算？
11. 具备哪 3 个特征的编程问题适合用递归解决？
12. 在什么样的场合下必须使用递归解决编程问题？

实践项目

针对下列任务，分别编写函数，以练习迭代与递归。
1. 用迭代法计算整数 1 ～ n 之和。sumSeries() 函数与计算阶乘的 factorial() 函数类似，只不过它要做的是加法，而非乘法。例如，sumSeries(1) 应该返回 1，sumSeries(2) 应该返回 3（也就是 1+2），sumSeries(3) 应该返回 6（也就是 1+2+3）。此函数应采用迭代（循环结构）实现，而不应使用递归。你可以参考前面的 *factorialByIteration.py* 程序，以了解这个函数的写法。

2. 用递归的方式实现 sumSeries()。这个函数应该通过递归调用实现，而不应该通过循环结构实现。参考前面的 *factorialByRecursion.py* 程序，以了解这个函数的写法。

3. 写一个名叫 sumPowersOf2() 的函数，以迭代法计算前 n 个 2 的正整数次幂之和。例如，前 5 个 2 的正整数次幂分别是 2（即 2^1）、4（即 2^2）、8（即 2^3）、16（即 2^4）、32（即 2^5）。在 Python 语言中，这可以分别通过 2 ** 1、2 ** 2、2 ** 3、2 ** 4、2 ** 5 表示，而在 JavaScript 语言中，则可以分别通过 Math.pow(2, 1)、Math.pow(2, 2) 这样的函数调用计算。sumPowersOf2(1) 应该返回 2，sumPowersOf2(2) 应该返回 6（也就是 2+4），sumPowersOf2(3) 应该返回 14（也就是 2+4+8）。

4. 用递归的方式实现 sumPowersOf2() 函数。这个函数应该通过递归调用实现，而不应该通过循环结构实现。

## 第 3 章

经典的递归算法

3

对于计算机科学专业，讲递归的课程肯定会涵盖本章所要讲解的这几种经典递归算法。这些算法也有可能出现在编程面试之中（因为有时很难找到恰当的方式来评估应聘者的水平，于是面试者会从大一学生的计算机课程中选题）。本章总共讲解 6 个经典的递归问题，并给出它们的解法。

首先，讲解 3 种比较简单的算法，它们用于求数组中各元素之和、反转字符串，以及判断某字符串是否为回文。然后，我们要研究汉诺塔问题、实现洪泛填充算法，并计算那个复杂的递归函数——阿克曼函数。

在这个过程中，我们会看到怎样运用头尾分割技术，分割作为递归函数参数的那份数据。我们还会看到如何通过以下 3 个问题探寻递归式的解决方案。

☐ 什么是基本情况？

☐ 在递归函数调用中应该传入什么样的参数？

☐ 在递归函数调用中传入的参数是如何向基本情况靠近的？

积累一些经验之后，你应该就能够更加顺畅地思考这些问题了。

3.1　求数组中各元素之和

第一个示例很简单：给定一个由整数构成的（Python）列表或（JavaScript）数组，返回其中各个整数之和。例如，如果这个函数叫作 sum()，那么 sum([5, 2, 4, 8]) 应该返回 19。

这个函数很容易用循环算法实现，但要想改用递归算法来实现，需要仔细想想才行。读过第 2 章之后，你可能觉得，这样一种算法并不能将递归的优势发挥出来，因此不值得专门用比较复杂的递归算法来实现。然而，这种求数组各元素之和的问题（或者对某种线性数据结构中的各项数据做某一运算的问题）经常出现在编程面试中，因此还是值得讨论的。

为了用递归算法解决此问题，我们可以借助头尾分割技术（head-tail technique），又称为首尾相接技术。这项技术要求我们把传给递归函数的参数（也就是有待求和的数组）分成两部分，一部分叫作头部（head，这指的是数组的首元素），另一部分叫作尾部（tail，这指的是由首元素之外的那些元素构成的数组）。递归版的 sum() 函数的结果可以定义为数组的头部元素加上尾部的各元素之和。而为了求出尾部的各元素之和，我们可以递归地调用 sum() 函数，并把由这些元素构成的数组当成参数传进去。

由于每次由尾部元素构成的数组都比原来的数组少一个元素，因此这样递归调用下去，肯定能让参数最终变为一个空白的数组。在这样的数组中，各元素之和显然为 0，因此在这种情况下就不需要再递归调用，而可以直接返回 0。现在我们根据这些信息，回答本章开头提的 3 个问题。

- **什么是基本情况？** 参数变为空白数组，数组中各元素之和为 0。
- **在递归函数调用中应该传入什么样的参数？** 应该传入由原数组的尾部各元素构成的数组，这个数组的元素个数比原数组的元数个数少 1。
- **在递归函数调用中传入的参数是如何向基本情况靠近的？** 由于下一轮递归时使用的数组参数的元素个数比本轮少 1，因此最终肯定能变成长度为 0 的数组（也就是空白数组）。

下面这个 *sumHeadTail.py* 程序演示了如何用 Python 代码求列表中的各整数之和。

Python

```python
def sum(numbers):
    if len(numbers) == 0: # 基本情况
    ❶ return 0
    else: # 递归情况
    ❷ head = numbers[0]
    ❸ tail = numbers[1:]
    ❹ return head + sum(tail)

nums = [1, 2, 3, 4, 5]
print('The sum of', nums, 'is', sum(nums))
nums = [5, 2, 4, 8]
print('The sum of', nums, 'is', sum(nums))
nums = [1, 10, 100, 1000]
print('The sum of', nums, 'is', sum(nums))
```

等效的 JavaScript 代码写在 *sumHeadTail.html* 文件中。

JavaScript

```javascript
<script type="text/javascript">
function sum(numbers) {
    if (numbers.length === 0) { // 基本情况
    ❶ return 0;
    } else { // 递归情况
    ❷ let head = numbers[0];
    ❸ let tail = numbers.slice(1, numbers.length);
    ❹ return head + sum(tail);
    }
}

let nums = [1, 2, 3, 4, 5];
document.write('The sum of ' + nums + ' is ' + sum(nums) + "<br />");
nums = [5, 2, 4, 8];
document.write('The sum of ' + nums + ' is ' + sum(nums) + "<br />");
nums = [1, 10, 100, 1000];
document.write('The sum of ' + nums + ' is ' + sum(nums) + "<br />");
</script>
```

运行这个程序，会看到下面这样的输出。

```
The sum of [1, 2, 3, 4, 5] is 15
The sum of [5, 2, 4, 8] is 19
The sum of [1, 10, 100, 1000] is 1111
```

如果程序以空白数组作为参数，调用 sum() 函数，那么函数会进入基本情况，在这种情况下，它直接返回 0（❶）。如果数组中有内容，那么函数进入递归情况，它把 numbers 参数表示的原数组拆成头尾两部分，并分别用 head（❷）与 tail（❸）变量表示。请注意，tail 变量与 numbers 类似，也是一个由数字构成的数组，与之相对，head 变量仅仅是单个数字值，而不是由单个数字值构成的数组。sum() 函数的返回值是单个数字值，因此我们以 tail 这样的数组作为参数，递归调用 sum()，并将调用结果（也就是尾部各元素之和）与 head 表示的头部元素相加，二者之和正是递归情况下的返回值（❹）。

　　每次触发下一层递归调用时，程序中传入的那个数组都比这次的数组少一个元素，因此会越来越接近基本情况，也就是传入空白数组的那种情况。图 3-1 演示了在程序执行 sum([5, 2, 4, 8]) 的过程中调用栈的状态是如何变化的。

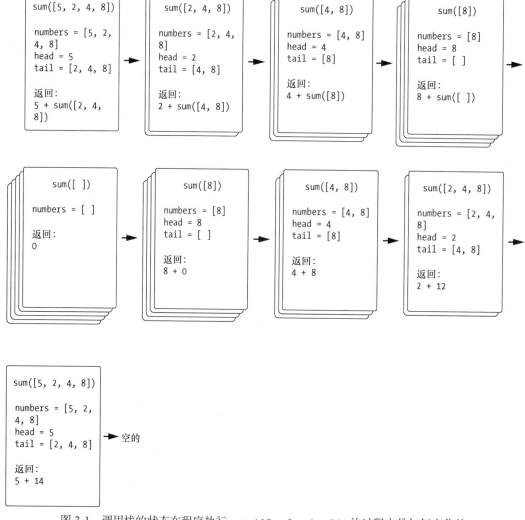

图 3-1　调用栈的状态在程序执行 sum([5, 2, 4, 8]) 的过程中是如何变化的

在这幅大图的每一幅小图中，栈中的每张卡片都表示一次函数调用。卡片顶部有函数的名字，以及这次调用函数时所传的参数。接下来是各个局部变量的值：首先是 numbers 参数，然后是调用过程中创建的 head 与 tail 变量。卡片底部写的是这次函数调用要返回的 head + sum(tail) 表达式。每触发一次递归调用，程序就会向栈里压入一张新的卡片。程序从某次调用中返回时，会弹出栈顶的那张卡片。

你可以把 sum() 函数的写法当作模板，将头尾分割技术运用到其他递归函数上。例如，你可以把 sum() 函数改成一个叫作 concat() 的函数，让它不要再求数组中各数字的和，而把数组中的各个字符串拼接起来。基本情况依然是指参数为空白数组的那种情况，此时只需要返回空白字符串即可。而在递归情况下，函数可以以尾部字符串作为参数，递归调用自身并将头部字符串与递归调用的返回值相连。

递归尤其适合处理涉及树状结构与回溯的问题。其实数组、字符串以及其他线性数据结构都可以视为树状结构，只不过在这样的树中从根节点与每个分叉点都只分出一条树枝，如图 3-2（a）与（b）所示。

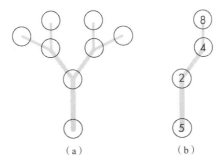

图 3-2　内容为 [5, 2, 4, 8] 的数组其实也是一种树状的数据结构

用递归函数对数组中的各元素求和是没有必要的，关键原因就在于处理数据的过程并不需要回溯（尽管数组也是一种树状结构，但由于求和过程不涉及回溯，因此无须使用递归）。我们只需要从头到尾遍历数组中的每个元素就行，这只用一个简单的循环就能实现。另外，Python 版的递归求和函数所花的时间是迭代算法的 100 倍。即使不考虑性能问题，我们也要意识到，如果待求和的数组中的元素比较多，那么 sum() 函数有可能发生栈溢出。递归是一种高级的方法，但未必始终是最合适的方法。

第 5 章会讨论另外一种递归式的写法，那时我们要用分治法来做，到了第 8 章中，我们还会通过尾调用优化技术再提出一种写法。那些递归式的写法能够弥补本节中这个递归函数的某些缺陷。

3.2　反转字符串

与求数组中各数字之和类似，反转字符串中各字符的出现顺序也是一个经常会讨论到的递归问题。当然，这个问题用迭代算法解决会更直观一些。字符串实际上是由字符构成的数组，因此我们可以仿照递归求和算法，把待反转的字符串拆成头尾两部分，以实现用来反转字符串的 rev() 函数。

首先，我们考虑字符串需要简单到什么程度，才可以直接处理（而不用继续递归）。空白字符串和只含一个字符的字符串本身都与反转后的结果相同。于是我们就确定了此函数的基本情况：如果字符串参数的值是像''这样的空白字符串或像 'A' 这样仅含单个字符的字符串，那么函数直接将该参数本身当成反转结果予以返回。

如果字符串比较长，就拆分成头尾两部分，头部由字符串的首字符构成，其余字符合起来构成尾部。对于有两个字符的字符串（如 'XY' ）来说，'X' 是头部，'Y' 是尾部。为了反转这个字符串，只要将头部放在尾部后面，就可得出反转后的结果，也就是 'YX'。

字符超过两个的字符串还能够这样处理吗？例如，对于'CAT'，先把它拆分成头部 'C' 与尾部 'AT'。然后我们发现，将头部直接放在尾部后面，会得出 'ATC'，然而，这并不是我们想要看到的结果。其实我们真正应该做的，是把头部放在反转之后的尾部后面（而不是像刚才那样，直接放在尾部后面）。换句话说，我们只有把 'C' 放在反转之后的 'AT'（也就是 'TA'）后面，才能得出正确结果，也就是 'TAC'。

那么，尾部应该如何反转呢？我们可以以尾部作为参数，递归调用 rev() 函数。我们暂且不要想如何实现这个函数，而关注函数的输入值与输出值。不管怎么实现，这个 rev() 函数都以一个字符串作为参数，将其中各字符的次序反转，返回反转后的字符串。

像 rev() 这样的递归函数应该如何实现，类似于先有鸡还是先有蛋的问题，这种问题解决起来可能比较麻烦。为了实现 rev() 的递归情况，我们必须先调用一个能够反转字符串的函数，但这个函数正是 rev() 自身。而为了实现 rev() 自身，我们又必须先把它的基本情况与递归情况全实现，因此有人可能会困惑——到底是先实现 rev() 本身，还是先实现 rev() 的递归情况？其实只要把递归函数的参数与返回值搞清楚，我们就可以实现思维跳跃。尽管 rev() 函数还没有写好，但是我们直接假设此函数在递归情况下要执行的这次调用（即该函数对其自身的这次递归调用）能够返回正确的值，这样就绕过了刚说的类似于先有鸡还是先有蛋的问题。

这种思维跳跃并没有什么魔力，它无法保证你写出来的代码一定没有 bug。这个技巧只是为了帮助程序员在考虑如何实现递归函数时绕过有可能出现的思维障碍。要想运用该技巧，你必须透彻理解你要写的递归函数，知道它应该接收什么样的参数并返回什么样的值。

注意，思维跳跃只能帮你更顺畅地考虑如何实现递归情况，至于这种情况下应该传入什么样的参数，还必须仔细设计，以确保这样传递参数能够让程序接近基本情况。你不应该把函数目前接收到的参数原封不动地当作递归情况下的参数来用，例如：

```
def rev(theString):
    return rev(theString)  # 别指望这么写能让这个函数神奇地运作起来
```

回到刚才那个 'CAT' 的示例，当把尾部 'AT' 传给 rev()时，程序进入递归，'A'变成头部，'T'变成尾部。按照我们设计的规则，这次程序需要把头部 'A' 放在反转的尾部后面。然而，由于尾部 'T' 只包含一个字符，因此程序进行下一轮递归调用时，肯定会遇到基本情况，进而直接返回 'T'（而不会继续触发递归调用）。于是，这次递归返回的就是 'TA'，而这也正是程序在上一轮递归（也就是程序上次触发 rev()）时想要得到的那个反转的尾部。图 3-3 演示了调用栈的状态在程序执行 rev()的过程中如何变化。

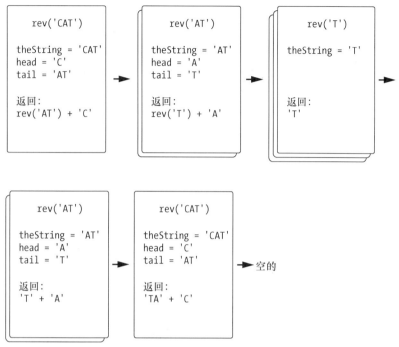

图 3-3　程序在通过 `rev()` 函数反转字符串 `'CAT'` 的过程中调用栈的状态是如何变化的

下面我们针对这次要编写的 `rev()` 函数，回答设计递归算法时应该考虑的 3 个问题。

❑ **什么是基本情况？** 要反转的字符串的长度为 0 或 1 的情况。

❑ **在递归函数调用中应该传入什么样的参数？** 应该传入原字符串的尾部，也就是把原来那个字符串中除首字符之外的字符合起来当作一个字符串，传给下一轮递归。

❑ **在递归函数调用中传入的参数是如何向基本情况靠近的？** 由于每次递归调用中传入的字符串都比原来少 1 个字符，因此最后肯定会变成长度为 0 或 1 的字符串。

下面就是 Python 版的 *reverseString.py* 程序，其中，`rev()` 函数用递归算法反转字符串。

Python

```
def rev(theString):
❶   if len(theString) == 0 or len(theString) == 1:
        # 基本情况
        return theString
    else:
        # 递归情况
❷       head = theString[0]
❸       tail = theString[1:]
❹       return rev(tail) + head

print(rev('abcdef'))
print(rev('Hello, world!'))
print(rev(''))
print(rev('X'))
```

等效的 JavaScript 代码写在 *reverseString.html* 文件中。

JavaScript

```
<script type="text/javascript">
function rev(theString) {
❶ if (theString.length === 0 || theString.length === 1) {
      // 基本情况
      return theString;
  } else {
      // 递归情况
    ❷ var head = theString[0];
    ❸ var tail = theString.substring(1, theString.length);
    ❹ return rev(tail) + head;
  }
}

document.write(rev("abcdef") + "<br />");
document.write(rev("Hello, world!") + "<br />");
document.write(rev("") + "<br />");
document.write(rev("X") + "<br />");
</script>
```

运行程序，会看到这样的输出结果。

```
fedcba
!dlrow ,olleH

X
```

这个递归式的 rev() 函数会返回一个字符顺序与 theString 参数的恰好相反的字符串。首先，我们看它如何反转最简单的字符串，也就是空白字符串与仅含一个字符的字符串（即单字符的字符串）。这两种都是基本情况，我们把这两种情况合起来写在一条语句中，并用 or 或者 || 运算符表达"或"的关系（❶）。在处理递归情况时，我们把 theString 的首字符当作头部，将其赋给变量 head（❷），并以其余字符串作为尾部，将其赋给变量 tail（❸）。在递归情况下，函数会把逆转之后的尾部（即 rev(tail)）与 head 表示的头部字符相连，并返回二者相连的结果（❹）。

3.3   判断某字符串是否为回文

回文（palindrome）是指那种正过来写和反过来写都一样的单词或短语。在不计空格与标点且不区分大小写的前提下，*Level*、*race car*、*taco cat* 以及 *" a man, a plan, a canal . . . Panama"* 都是回文。要想判断某字符串是否为回文，我们可以用递归法编写一个 isPalindrome() 函数。

基本情况指的是字符串长度为 0 或 1 的情况，对于这两种字符串，无论是从前往后写，还是从后往前写，都是同一个结果，因此它们必定是回文。至于递归情况，我们还会运用头尾分割技术来解决，只不过这次不是二分，而是三分，也就是要把字符串分成头部、中部与尾部这 3 个部分。如果头部字符与尾部字符相同，且由中部字符构成的那个字符串也是回文，那么整个字符串就是回文。为了判断由中部字符构成的字符串是否同样为回文，我们会用该字符串作为参数，递归调用 isPalindrome()。

下面我们针对这次要编写的 isPalindrome() 函数，回答设计递归算法时应该考虑的 3 个问题。

❑ **什么是基本情况？** 待判断的字符串的长度为 0 或 1 的情况。这样的字符串肯定是回文，因此函数在这种情况下直接返回 `True`。

❑ **在递归函数调用中应该传入什么样的参数？** 应该传入由目前这个字符串的中部字符（也就是除首尾两字符之外的其他字符）构成的字符串。

❑ **在递归函数调用中传入的参数是如何向基本情况靠近的？** 由于每次递归调用传入的字符串中的字符都比原来少两个，因此最后肯定会变成长度为 0 或 1 的字符串。

下面是 Python 版的 *palindrome.py* 程序，它用来检测某字符串是否为回文。

Python

```python
def isPalindrome(theString):
    if len(theString) == 0 or len(theString) == 1:
        # 基本情况
        return True
    else:
        # 递归情况
❶       head = theString[0]
❷       middle = theString[1:-1]
❸       last = theString[-1]
❹       return head == last and isPalindrome(middle)

text = 'racecar'
print(text + ' is a palindrome: ' + str(isPalindrome(text)))
text = 'amanaplanacanalpanama'
print(text + ' is a palindrome: ' + str(isPalindrome(text)))
text = 'tacocat'
print(text + ' is a palindrome: ' + str(isPalindrome(text)))
text = 'zophie'
print(text + ' is a palindrome: ' + str(isPalindrome(text)))
```

等效的 JavaScript 代码写在 *palindrome.html* 文件之中。

JavaScript

```html
<script type="text/javascript">
function isPalindrome(theString) {
    if (theString.length === 0 || theString.length === 1) {
        // 基本情况
        return true;
    } else {
        // 递归情况
❶       var head = theString[0];
❷       var middle = theString.substring(1, theString.length -1);
❸       var last = theString[theString.length - 1];
❹       return head === last && isPalindrome(middle);
    }
}

text = "racecar";
document.write(text + " is a palindrome: " + isPalindrome(text) + "<br />");
text = "amanaplanacanalpanama";
document.write(text + " is a palindrome: " + isPalindrome(text) + "<br />");
text = "tacocat";
document.write(text + " is a palindrome: " + isPalindrome(text) + "<br />");
text = "zophie";
document.write(text + " is a palindrome: " + isPalindrome(text) + "<br />");
</script>
```

程序会输出下面的结果。

```
racecar is a palindrome: True
amanaplanacanalpanama is a palindrome: True
tacocat is a palindrome: True
zophie is a palindrome: False
```

如果字符串中的字符有 0 个或 1 个，那么这样的字符串必定为回文，因此函数遇到的就是基本情况，它在这种情况下返回 True。在递归情况下，函数会把字符串拆成三部分，令首字符为头部（❶），令末字符为尾部（❸），把中间各字符合起来构成中部（❷）。

递归情况下的 return 语句（❹）利用布尔短路（Boolean short-circuiting）机制来提高效率，几乎每一种编程语言都支持这一特性。在由 and 或&&运算符连接的两个表达式中，如果左侧的表达式为 False，那么程序就不会判断右侧表达式的值，因为无论它是 True 还是 False，整个表达式的值都是 False。布尔短路是一种优化技术，用来在 and 左侧的表达式为 False 时，跳过对右侧表达式的求值操作。因此，在表达式 head == last and isPalindrome(middle) 中，如果 head == last 是 False，那么程序就不会递归调用 isPalindrome(middle)。这意味着，只要首字符与末字符不匹配，函数就不再递归，而直接返回 False。

这个递归算法与前面讲的求和与反转字符串算法类似，也按顺序执行操作（而不涉及回溯），只不过它并非从头走到尾，而从首尾两端同时走向中间。该算法的迭代版本只需要用一个简单的循环就能实现，因此理解起来更直观。这里之所以讨论递归版本，主要是因为在编程面试中经常遇到这个问题。

3.4　汉诺塔问题

汉诺塔（Tower of Hanoi，又称河内塔）问题是由一叠塔状的圆盘构成的谜题。在这一叠圆盘中，最大的位于底部，其余圆盘依次按从大到小的顺序往上叠放。每个圆盘中间都有孔，使这些圆盘能够从一根柱子上面移动到另一根柱子上面。图 3-4 展示了木制的汉诺塔。

图 3-4　木制的汉诺塔

为了解开谜题，玩家必须遵照以下 3 条规则，把这些圆盘全移动到某根柱子上面。

❏ 每次只能移动一个圆盘。

❏ 每次只能移动柱子顶部的圆盘。

❏ 不能把大的圆盘放在小的上面。

Python 内置的 turtledemo 模块能够演示汉诺塔问题的解决方式。在 Windows 操作系统中，你可以从命令行界面运行 python -m turtledemo 命令，在 macOS/Linux 操作系统中，你可以运行 python3 -m turtledemo 命令[①]。然后，在演示程序中选择 Examples 菜单下的 minimum_hanoi 命令，这样就能看到演示动画了。另外，你还可以在网上搜索 Tower of Hanoi，这样也能看到许多动画。

用来解决汉诺塔问题的这个递归算法思考起来可能有些复杂。先看最简单的情况，也就是只有一个圆盘的汉诺塔。在这种情况下，解决办法很简单，只需要把这个圆盘移动到另一个柱子上，整个问题就算解决了。两个圆盘的汉诺塔问题解决起来稍微有点复杂：先把小圆盘移动到某根柱子（我们把这根柱子叫作临时柱）上，然后把大圆盘移动到另一根柱子（我们把这根柱子叫作目标柱）上，最后，再把小圆盘从临时柱移动到目标柱上。于是，两个圆盘就按照正确的顺序出现在目标柱上面了。

等到解决 3 个圆盘的汉诺塔问题时，你就会发现，这个问题的解法有一个规律。为了把 n 个圆盘从起始柱移动到目标柱，我们必须分这样 3 步。

（1）将顶部的 $n-1$ 个圆盘从起始柱移动到临时柱上。

（2）将第 n 个圆盘从起始柱移动到目标柱上。

（3）将第（1）步中的那 $n-1$ 个圆盘从临时柱移动到目标柱上。

与斐波那契算法类似，递归式的汉诺塔算法也要做两次递归调用，而不是像其他某些递归算法那样，在递归情况下只需要做一次递归调用就好。把解决 4 个圆盘的汉诺塔问题时执行的操作绘制成树状图，看起来会是图 3-5 这个样子。由该图可见，想解决 4 个圆盘的汉诺塔问题，首先要按照解决 3 个圆盘的汉诺塔问题时所用的那套步骤，把前 3 个圆盘移动到临时柱上，然后移动第 4 个圆盘，最后把解决 3 个圆盘的汉诺塔问题时所用的那套步骤重复一遍，以便将那 3 个圆盘从临时柱移到目标柱上。同理，为了解决 3 个圆盘的汉诺塔问题，首先要按照解决两个圆盘的汉诺塔问题时所用的那套步骤，把前两个圆盘移动到临时柱上，然后移动第 3 个圆盘，最后把解决两个圆盘的汉诺塔问题时所用的那些步骤重复一遍。以此类推，直至遇到需要解决一个圆盘的汉诺塔问题，在这种情况下，只需要直接移动这个圆盘。

从图 3-5 所示的树状结构中可以看出，汉诺塔这样的问题应该比较适合用递归来解决。在这个树状结构中，程序会从顶部的根节点开始，按照从左至右的顺序，处理该节点下面的 3 个分叉点，而对于每一个分叉点来说，程序又会按照从左至右的顺序，依次处理该节点下面的 3 个分叉点，某节点的 3 个分支必须全处理完，该节点才算处理完毕。

手动解决 3 个或 4 个圆盘的汉诺塔问题还比较容易，但如果圆盘数变多，那么需要移动的总次数就会呈指数级增长。n 个盘子的汉诺塔问题至少需要移动 2^{n-1} 次。这意味着，解决 31 个

---

① 运行之前，可能需要安装 python3-examples、python3-tk 和 idle-python3.x 软件包。——译者注

圆盘的汉诺塔问题，需要移动的次数超过 10 亿。

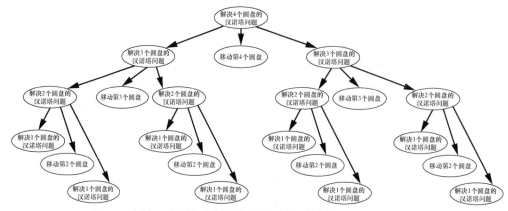

图 3-5   解决 4 个圆盘的汉诺塔问题时所要执行的一系列移动操作

我们回答编写递归算法时需要考虑的 3 个问题。

☐ **什么是基本情况？** 这指的是整个汉诺塔只有 1 个圆盘的情况。

☐ **在递归函数调用中应该传入什么样的参数？** 传入这样一组参数，让它们表示的那个汉诺塔问题中的圆盘总数比原来少 1。

☐ **在递归函数调用中传入的参数是如何向基本情况靠近的？** 由于每次递归调用时传入的参数表示的那个汉诺塔问题中的圆盘总数都比原来少 1，因此最后肯定能够变成仅含 1 个圆盘的汉诺塔问题。

下面这个 *towerOfHanoiSolver.py* 程序用 Python 语言解决汉诺塔问题，并用示意图表示每一步的状态。

```python
import sys

# 用3个列表来实现A、B、C这3根柱子（或者说，3个"塔"），位于列表末尾的元素指的是柱子顶部的圆盘
TOTAL_DISKS = 6 ❶

# 把圆盘都放在A柱上面
TOWERS = {'A': list(reversed(range(1, TOTAL_DISKS + 1))), ❷
          'B': [],
          'C': []}

def printDisk(diskNum):
    # 根据diskNum所表示的圆盘编号，用适当的半径绘制这个圆盘
    emptySpace = ' ' * (TOTAL_DISKS - diskNum)
    if diskNum == 0:
        # 0号圆盘表示的是柱子顶部那个圆盘上方的空白，因此只需要绘制柱子本身
        sys.stdout.write(emptySpace + '||' + emptySpace)
    else:
        # 把这个圆盘绘制出来
        diskSpace = '@' * diskNum
        diskNumLabel = str(diskNum).rjust(2, '_')
        sys.stdout.write(emptySpace + diskSpace + diskNumLabel + diskSpace + emptySpace)

def printTowers():
    # 把3根柱子及其圆盘全绘制出来
```

```python
    for level in range(TOTAL_DISKS, -1, -1):
        for tower in (TOWERS['A'], TOWERS['B'], TOWERS['C']):
            if level >= len(tower):
                printDisk(0)
            else:
                printDisk(tower[level])
        sys.stdout.write('\n')
    # 把 3 根柱子的标签显示出来
    emptySpace = ' ' * (TOTAL_DISKS)
    print('%s A%s%s B%s%s C\n' % (emptySpace, emptySpace, emptySpace, emptySpace, emptySpace))

def moveOneDisk(startTower, endTower):
    # 把 startTower 顶部的这个圆盘移动到 endTower 上
    disk = TOWERS[startTower].pop()
    TOWERS[endTower].append(disk)

def solve(numberOfDisks, startTower, endTower, tempTower):
    # 把 startTower 中的 numberOfDisks 个圆盘移动到 endTower 上
    if numberOfDisks == 1:
        # 基本情况
        moveOneDisk(startTower, endTower)  ❸
        printTowers()
        return
    else:
        # 递归情况
        solve(numberOfDisks - 1, startTower, tempTower, endTower)  ❹
        moveOneDisk(startTower, endTower)  ❺
        printTowers()
        solve(numberOfDisks - 1, tempTower, endTower, startTower)  ❻
        return

# 解决汉诺塔问题
printTowers()
solve(TOTAL_DISKS, 'A', 'B', 'C')

# 将下面这段代码从注释恢复成普通代码，程序就会开启交互模式
#while True:
#    printTowers()
#    print('Enter letter of start tower and the end tower. (A, B, C) Or Q to quit.')
#    move = input().upper()
#    if move == 'Q':
#        sys.exit()
#    elif move[0] in 'ABC' and move[1] in 'ABC' and move[0] != move[1]:
#        moveOneDisk(move[0], move[1])
```

等效的 JavaScript 代码写在 *towerOfHanoiSolver.html* 文件中。

```javascript
<script type="text/javascript">
// 用 3 个数组来实现 A、B、C 这 3 根柱子（或者说，3 个"塔"），位于数组末尾的元素指的是柱子顶部的圆盘
  var TOTAL_DISKS = 6;  ❶
  var TOWERS = {"A": [],  ❷
               "B": [],
               "C": []};

// 把圆盘都放在 A 柱上面
for (var i = TOTAL_DISKS; i > 0; i--) {
    TOWERS["A"].push(i);
}

function printDisk(diskNum) {
    // 根据 diskNum 所表示的圆盘编号，用适当的半径绘制这个圆盘
    var emptySpace = " ".repeat(TOTAL_DISKS - diskNum);
```

```
        if (diskNum === 0) {
            // 0号圆盘表示的是柱子顶部那个圆盘上方的空白，因此只需要绘制柱子本身
            document.write(emptySpace + "||" + emptySpace);
        } else {
            // 把这个圆盘绘制出来
            var diskSpace = "@".repeat(diskNum);
            var diskNumLabel = String("___" + diskNum).slice(-2);
            document.write(emptySpace + diskSpace + diskNumLabel + diskSpace + emptySpace);
        }
    }

    function printTowers() {
        // 把3根柱子及其圆盘全都绘制出来
        var towerLetters = "ABC";
        for (var level = TOTAL_DISKS; level >= 0; level--) {
            for (var towerLetterIndex = 0; towerLetterIndex < 3; towerLetterIndex++) {
                var tower = TOWERS[towerLetters[towerLetterIndex]];
                if (level >= tower.length) {
                    printDisk(0);
                } else {
                    printDisk(tower[level]);
                }
            }
            document.write("<br />");
        }
        // 把3根柱子的标签显示出来
        var emptySpace = " ".repeat(TOTAL_DISKS);
        document.write(emptySpace + " A" + emptySpace + emptySpace +
    " B" + emptySpace + emptySpace + " C<br /><br />");
    }

    function moveOneDisk(startTower, endTower) {
        // 把startTower顶部的这个圆盘移动到endTower上
        var disk = TOWERS[startTower].pop();
        TOWERS[endTower].push(disk);
    }

    function solve(numberOfDisks, startTower, endTower, tempTower) {
        // 把startTower中的numberOfDisks个圆盘移动到endTower上
        if (numberOfDisks == 1) {
            // 基本情况
            moveOneDisk(startTower, endTower); ❸
            printTowers();
            return;
        } else {
            // 递归情况
            solve(numberOfDisks - 1, startTower, tempTower, endTower); ❹
            moveOneDisk(startTower, endTower); ❺
            printTowers();
            solve(numberOfDisks - 1, tempTower, endTower, startTower); ❻
            return;
        }
    }

    // 解决汉诺塔问题
    document.write("<pre>");
    printTowers();
    solve(TOTAL_DISKS, "A", "B", "C");
    document.write("</pre>");
</script>
```

运行这段代码，程序会将这些圆盘从 A 柱移动到 B 柱上的，并显示每一步的图解。

```
         ||              ||              ||
        @_1@             ||              ||
       @@_2@@            ||              ||
      @@@_3@@@           ||              ||
     @@@@_4@@@@          ||              ||
    @@@@@_5@@@@@         ||              ||
   @@@@@@_6@@@@@@        ||              ||
         A              B               C

         ||              ||              ||
         ||              ||              ||
       @@_2@@            ||              ||
      @@@_3@@@           ||              ||
     @@@@_4@@@@          ||              ||
    @@@@@_5@@@@@         ||              ||
   @@@@@@_6@@@@@@        ||            @_1@
         A              B               C
--省略--
         ||              ||              ||
         ||              ||              ||
         ||              ||              ||
         ||              ||              ||
         ||              ||              ||
         ||            @@_2@@            ||
       @_1@           @@@_3@@@           ||
   @@@@@@_6@@@@@@    @@@@_4@@@@     @@@@@_5@@@@@
--省略--
         A              B               C
         ||              ||              ||
         ||            @_1@               ||
         ||           @@_2@@            ||
         ||          @@@_3@@@           ||
         ||         @@@@_4@@@@          ||
         ||        @@@@@_5@@@@@         ||
         ||       @@@@@@_6@@@@@@        ||
         A              B               C
```

Python 版的程序还有交互模式，让你能够自己移动圆盘以解决这个问题。把 *towerOfHanoiSolver.py* 文件末尾的那几行由注释恢复成普通代码，然后运行程序，就能够进入交互模式。

第一次运行程序时，可以把程序开头的 TOTAL_DISKS 常量（❶）值设置得小一点，例如，设置成 1 或 2。这个程序用 Python 列表或 JavaScript 数组表示汉诺塔问题中的某根柱子，这种列表或数组中的元素都是整数。每个整数表示一个圆盘，值大的整数表示的圆盘也比较大。列表或数组开头的那个整数表示柱子底部的圆盘，末尾的那个整数表示柱子顶部的圆盘。例如，[6, 5, 4, 3, 2, 1] 表示的就是刚开始时第 1 根柱子（即 A 柱）所处的状态，这根柱子上面有 6 个圆盘，最大的那个圆盘位于底部，该圆盘与列表或数组中的首个元素（也就是 6）相对应。我们设计一个名为 TOWERS 的变量，以容纳这 3 个列表（❷）。

solve() 函数在基本情况下只需要把起始柱中最小的那个（也是唯一的）圆盘移动到目标柱上即可（❸）。而在递归情况下，则需要分成 3 个环节：首先解决圆盘总数为 $n-1$ 的汉诺塔问题（❹），然后移动第 n 个圆盘（❺），最后把圆盘总数为 $n-1$ 的汉诺塔问题再解决一遍（只不过这次的起始柱、目标柱与临时柱与第一个环节中的有所不同，❻）。

3.5　洪泛填充算法

　　图形程序或绘图程序通常使用洪泛填充算法（flood fill algorithm）把任意形状的同色区域填充为另一种颜色。图 3-6（a）演示了一幅（黑白）画面。以灰色为填充色，对画面中的不同部位做洪泛填充能够产生 3 种不同的填充效果，图 3-6（b）～（d）演示的就是这三种效果。绘图程序会从某个白色像素开始，朝四周填充，直至遇到颜色不是白色的像素，这样它就能够把由那些像素围起来的区域填充成灰色。

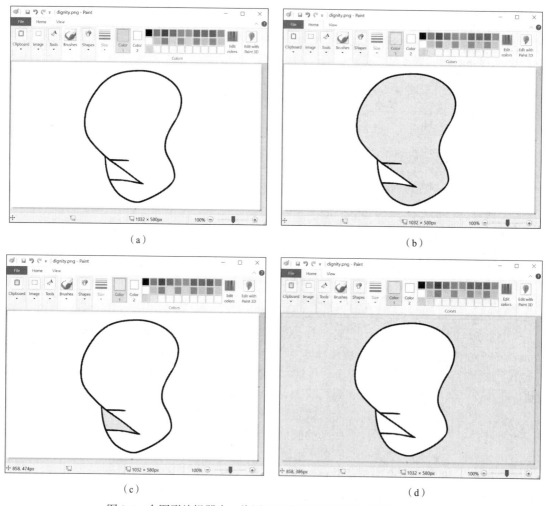

图 3-6　在图形编辑器中，将原画面中的不同区域分别填充成灰色

　　洪泛填充算法是一种递归算法，它首先把某一个像素改成新的颜色。然后，它会针对该像素周边那些旧颜色的像素做递归调用。接下来，它又会对那些像素的周边像素继续做递归调用，直至将这个封闭区域内的所有像素都换成新的颜色。

　　该算法的基本情况是指已经到达了图像边缘或该像素的颜色已经不是旧颜色的情况。由于这个函数只会在遇到基本情况时停止"扩张"，因此它会表现出这样一种效果：从某一个像素开始，递归地寻找相邻像素，把能够填充成新颜色的像素全改成新的颜色。

　　下面我们把利用递归算法实现 floodFill() 函数时需要考虑的 3 个问题回答一遍。

- ❑ **什么是基本情况？** 某像素的颜色不是旧颜色，或者在某个方向上已经位于图像边缘的情况。

- ❑ **在递归函数调用中应该传入什么样的参数？** 在 4 次递归调用中，分别传入与当前像素相邻的那 4 个元素的横坐标与纵坐标。

- ❑ **在递归函数调用中传入的参数是如何向基本情况靠近的？** 在填充过程中，旧颜色的相邻像素越来越少，而且这种元素也越来越靠近图像边缘。无论是哪种情况，都会促使算法不再继续递归。

　　这个示例程序不打算操纵实际的图像，而用字符串构造一张二维的网格，以模拟图像中的各个像素。每一个这样的字符串都与这个文字版"图像"中的某个"像素"相对应，字符串中的这个具体字符用来指代该"像素"的颜色（例如，句点表示白色，"#"表示黑色，o 表示灰色，等等）。下面就是 Python 版的 *floodfill.py* 程序，该程序实现了洪泛算法，并用一个二维列表来表示图像数据，它还实现了一个函数，用来将图像显示到屏幕上。

Python

```
import sys

# 建立图像（注意，一定要是矩形才对）
❶ im = [list('..#######################...........'),
       list('..#...................#...#####...'),
       list('..#...............#######...#####...#...'),
       list('..#.........#......#.......#...'),
       list('..#.........#######........####...'),
       list('..######..................#......'),
       list('.......#..#####....###########...'),
       list('.......####...#######..............')]

HEIGHT = len(im)
WIDTH = len(im[0])

def floodFill(image, x, y, newChar, oldChar=None):
    if oldChar == None:
        # 如果未指定oldChar，就把x、y坐标上面的那个字符所具备的颜色当成待换的旧颜色
      ❷ oldChar = image[y][x]
    if oldChar == newChar or image[y][x] != oldChar:
        # 基本情况
        return

    image[y][x] = newChar # 修改位于此坐标处的字符，这相当于把相应的像素换成新的颜色

    # 把下面这行文字从注释恢复成普通代码，就能够看到该函数是如何逐步完成填充的
    #printImage(image)

    # 修改相邻4个位置的字符
    if y + 1 < HEIGHT and image[y + 1][x] == oldChar:
        # 递归情况
      ❸ floodFill(image, x, y + 1, newChar, oldChar)
```

```python
        if y - 1 >= 0 and image[y - 1][x] == oldChar:
            # 递归情况
          ❹ floodFill(image, x, y - 1, newChar, oldChar)
        if x + 1 < WIDTH and image[y][x + 1] == oldChar:
            # 递归情况
          ❺ floodFill(image, x + 1, y, newChar, oldChar)
        if x - 1 >= 0 and image[y][x - 1] == oldChar:
            # 递归情况
          ❻ floodFill(image, x - 1, y, newChar, oldChar)
      ❼ return # 基本情况

    def printImage(image):
        for y in range(HEIGHT):
            # 显示每一行
            for x in range(WIDTH):
                # 显示每一列
                sys.stdout.write(image[y][x])
            sys.stdout.write('\n')
        sys.stdout.write('\n')


    printImage(im)
    floodFill(im, 3, 3, 'o')
    printImage(im)
```

等效的 JavaScript 程序写在 *floodfill.html* 文件中。

JavaScript

```javascript
<script type="text/javascript">
// 建立图像（注意，一定要是矩形才对）
❶ var im = ["..#####################..........".split(""),
           "..#.....................#...#####...#...".split(""),
           "..#.........########....#####...#...".split(""),
           "..#.........#....#.........#...".split(""),
           "..#.........#######........####...".split(""),
           "..#####...................#......".split(""),
           ".......#.#####....##########......".split(""),
           ".......####...#######.............".split("")];

var HEIGHT = im.length;
var WIDTH = im[0].length;

function floodFill(image, x, y, newChar, oldChar) {
    if (oldChar === undefined) {
        // 如果未指定oldChar，就把x、y坐标上面的那个字符所具备的颜色当成待换的旧颜色
      ❷ oldChar = image[y][x];
    }
    if ((oldChar == newChar) || (image[y][x] != oldChar)) {
        // 基本情况
        return;
    }

    image[y][x] = newChar; // 修改位于此坐标处的字符，这相当于把相应的像素换成新的颜色

    // 把下面这行文字从注释恢复成普通代码，就能够看到该函数是如何逐步完成填充的
    //printImage(image);

    // 修改相邻4个位置的字符
    if ((y + 1 < HEIGHT) && (image[y + 1][x] == oldChar)) {
        // 递归情况
      ❸ floodFill(image, x, y + 1, newChar, oldChar);
    }
```

```
    if ((y - 1 >= 0) && (image[y - 1][x] == oldChar)) {
        // 递归情况
     ❹ floodFill(image, x, y - 1, newChar, oldChar);
    }
    if ((x + 1 < WIDTH) && (image[y][x + 1] == oldChar)) {
        // 递归情况
     ❺ floodFill(image, x + 1, y, newChar, oldChar);
    }
    if ((x - 1 >= 0) && (image[y][x - 1] == oldChar)) {
        // 递归情况
     ❻ floodFill(image, x - 1, y, newChar, oldChar);
    }
 ❼ return; // 基本情况
}

function printImage(image) {
    document.write("<pre>");
    for (var y = 0; y < HEIGHT; y++) {
        // 显示每一行
        for (var x = 0; x < WIDTH; x++) {
            // 显示每一列
            document.write(image[y][x]);
        }
        document.write("\n");
    }
    document.write("\n</ pre>");
}

printImage(im);
floodFill(im, 3, 3, "o");
printImage(im);
</script>
```

运行这段代码，程序会从 (3, 3) 这一坐标开始，填充它周边由 "#" 包围的那个区域，把其中所有的句点（.）都改成字符 o。下面是填充之前与填充之后的图像。

```
..#######################..........
..#.....................#...#####...
..#.......#######......#####...#...
..#.......#....#........#.....#...
..#.......#######..........####...
..######..................#.......
.......#..#####.....##########...
.......####...#######

..#######################..........
..#ooooooooooooooooooooo#...#####...
..#oooooooooo#######oooo#####ooo#...
..#oooooooooo#......#oooooooooo#...
..#oooooooooo#######oooooooo####...
..######oooooooooooooooooooo#......
.......#oo#####ooooo##########...
.......####...#######
```

如果想观察洪泛填充算法的每一个步骤，以了解它如何修改该区域内的每个字符，你就把 floodFill() 函数中的 printImage(image) 那一行从注释恢复成普通代码，再运行程序。

这个程序用二维的字符串数组来表示图像（这个二维数组里的每个字符串都只含一个字符）。用户可以把这样的数据结构和起始填充点的横、纵坐标以及表示填充色的字符串（这个字符串也应该只有一个字符）分别传给 floodFill() 函数的 image、x、y 与 newChar 参数。该函数会把当前这一点上面的字符串保存到 oldChar 变量中（❷），以表示该点与它周围具备这种字符串的点，全应该填充成 newChar。

　　如果 image 二维数组中位于 (x, y) 处的这一像素目前具备的字符串与 oldChar 不同，就意味着这个点已经填充过了，于是函数遇到了基本情况，在这种情况下，直接返回即可①。否则，函数就连续执行 4 次递归调用，分别处理位于当前这一点下方（❸）、上方（❹）、右方（❺）与左方（❻）的 4 个像素。把有可能要执行的这 4 次递归调用全完成之后，函数在这个像素上面自然就处于基本情况了，我们在这里明确写出一条 return 语句（❼），以强调这个意思。

　　洪泛填充算法不一定非要用递归来实现。如果图像比较大，递归函数可能发生栈溢出。假如不用递归，而改用循环与栈来实现迭代式的函数，那么这个栈一开始包含的就应该是起始填充点的二维坐标。函数中的这个循环在每一轮都从栈中弹出一个坐标，如果该坐标上面的字符串与 oldChar 相符，就先将其改为 newChar，然后把该像素点四周那 4 个点的坐标压入栈中。这样一轮一轮循环下去，总会遇到不再需要向栈中压入相邻像素坐标的情况，而由于每一轮循环都会弹出一个坐标，因此这个栈最终会变成空栈，这时整个循环就彻底结束了。

　　其实洪泛填充算法的迭代版本未必要用栈来实现。栈通过压入与弹出这两种操作，确保了先进后出（或者后进先出）的顺序，以便于回溯，但洪泛填充算法在处理这些像素时，可以按任意顺序，不一定坚持先进后出。这意味着，我们还可以考虑用另一种数据结构——集合（set）来容纳这些待处理的坐标，并从这个集合中随机抽取坐标。这样实现的洪泛填充算法的 Python 代码与 JavaScript 代码分别参见 *floodFillIterative.py* 和 *floodFillIterative.html* 文件。

3.6　阿克曼函数

　　阿克曼函数（Ackermann function）得名于发现该函数的威廉·阿克曼（Wilhelm Ackermann），他是大卫·希尔伯特（David Hilbert）的学生，本书第 9 章会讨论以希尔伯特命名的希尔伯特曲线（Hilbert curve），那是一种分形。本节使用的阿克曼函数版本是后来由数学家罗萨·彼得（Rózsa Péter）与拉斐尔·罗宾逊（Raphael Robinson）提出的。

　　阿克曼函数在高等数学中有一些应用，但它出名主要的原因还是它的递归程度很深。只要把它那两个整型参数的值稍微提升一点点，函数执行递归调用的次数就会大幅增加。

　　阿克曼函数以两个（非负的）整数 m 与 n 作为参数。如果 m 为 0，那么该函数就遇到了基本情况，它返回 n + 1。否则，函数进入递归情况：若 n 为 0，函数返回 ackermann(m - 1, 1)；若 n 大于 0，函数返回 ackermann(m - 1, ackermann(m, n - 1))。你可能并不觉得这些规则有什么特别的地方，但是注意，这个函数的调用次数增长得相当快。ackermann(1, 1)的值需要执行 3 次递归调用才能求出。计算 ackermann(2, 3) 需要执行 43 次，计算 ackermann(3, 5)需要 42437 次，至于计算 ackermann(5, 7)需要多少次，我也不知道，因为计算这个值所花的时间是宇宙年龄的好几倍。

　　现在我们回答设计递归算法时需要考虑的 3 个问题。

---

① 按照目前的写法，实际上不会触发这种情况，因为接下来那 4 个 if 结构都在执行递归调用之前，先通过判断条件 image[...][...] == oldChar 把这样的情况排除了。要想触发这一情况，就要把那 4 个判断条件去掉。——译者注

❑ **什么是基本情况?** m为0的情况。

❑ **在递归函数调用中应该传入什么样的参数?** 在递归函数调用中,第一个参数m的值可能保持不变,也可能变为m - 1,第二个参数n的值可能是1、n - 1或递归调用 ackermann(m, n - 1)得到的返回值。

❑ **在递归函数调用中传入的参数是如何向基本情况靠近的?** 参数m要么变小,要么保持不变(如果保持不变,那么参数n的值就会变小,从而令函数遇到第一种递归情况,也就是n为0时的那种递归情况,而那种情况会促使m变小),因此m终究会减小为0。

下面是用 Python 语言写的 *ackermann.py* 程序。

```python
def ackermann(m, n, indentation=None):
    if indentation is None:
        indentation = 0
    print('%sackermann(%s, %s)' % (' ' * indentation, m, n))

    if m == 0:
        # 基本情况
        return n + 1
    elif m > 0 and n == 0:
        # 递归情况
        return ackermann(m - 1, 1, indentation + 1)
    elif m > 0 and n > 0:
        # 递归情况
        return ackermann(m - 1, ackermann(m, n - 1, indentation + 1), indentation + 1)

print('Starting with m = 1, n = 1:')
print(ackermann(1, 1))
print('Starting with m = 2, n = 3:')
print(ackermann(2, 3))
```

等效的 JavaScript 代码写在 *ackermann.html* 文件之中。

```html
<script type="text/javascript">
function ackermann(m, n, indentation) {
    if (indentation === undefined) {
        indentation = 0;
    }
    document.write(" ".repeat(indentation) + "ackermann(" + m + ", " + n + ")\n");

    if (m === 0) {
        // 基本情况
        return n + 1;
    } else if ((m > 0) && (n === 0)) {
        // 递归情况
        return ackermann(m - 1, 1, indentation + 1);
    } else if ((m > 0) && (n > 0)) {
        // 递归情况
        return ackermann(m - 1, ackermann(m, n - 1, indentation + 1), indentation + 1);
    }
}

document.write("<pre>");
document.write("Starting with m = 1, n = 1:<br />");
document.write(ackermann(1, 1) + "<br />");
document.write("Starting with m = 2, n = 3:<br />");
document.write(ackermann(2, 3) + "<br />");
document.write("</pre>");
</script>
```

运行这段代码，你可以从递归的层级看出程序执行每一次递归调用时调用栈的深度（该层级由 indentation 参数的值来表示）。

```
Starting with m = 1, n = 1:
ackermann(1, 1)
 ackermann(1, 0)
  ackermann(0, 1)
 ackermann(0, 2)
3
Starting with m = 2, n = 3:
ackermann(2, 3)
 ackermann(2, 2)
  ackermann(2, 1)
   ackermann(2, 0)
--省略--
   ackermann(0, 6)
  ackermann(0, 7)
 ackermann(0, 8)
9
```

你也可以试着调用 ackermann(3, 3)，但是要注意，参数值只要稍微增加一点，计算时间就会大幅增加。为了加快计算速度，你可以把其他的 print() 与 document.write() 语句注释掉，只保留输出 ackermann() 函数最终返回值的相关语句。

所有的递归算法都可以改写为迭代算法，即使是像阿克曼函数这么复杂的递归算法，也同样如此。迭代版的阿克曼函数参见 *ackermannIterative.py* 与 *ackermannIterative.html* 文件。

3.7   小结

本章讲述了一些经典的递归算法。针对每一个这样的算法，为了有助于设计递归函数，我们都思考了 3 个重要的问题：第一，什么是基本情况？第二，在递归函数调用中应该传入什么样的参数？第三，在递归函数调用中传入的参数是如何向基本情况靠近的？如果没有很好地回答这 3 个问题，那么写出来的函数就有可能一直递归下去，从而导致栈溢出。

用来对数组中各元素求和、反转字符串以及判断回文的那 3 个递归函数原本都可以通过简单的循环得以实现，因为这 3 个递归函数都只需要将数据处理一遍即可，而并不要求回溯。递归算法尤其适合解决呈树状结构且要求回溯的问题。

解决汉诺塔问题的过程可以用一种树状结构表示，而且我们能够看出，在解题过程中可能需要回溯，因为程序需要从顶部的根节点开始，按照从左至右的顺序，处理该节点下面的 3 个分叉点。而对于每一个分叉点来说，程序又需要按照从左至右的顺序，依次处理该节点下面的 3 个分叉点。某节点的 3 个分支必须全处理完，该节点才算处理完毕，此时程序又必须回到该节点的上级节点，以处理那个节点的另外两个分支。这样的需求很适合用递归来实现，而且为了解决每一个汉诺塔问题，我们都必须做两次递归调用，以解决两个圆盘数量比当前少 1 的汉诺塔问题，而那两个问题又会分别衍生出两个更小的问题。考虑到这一特点，用递归来实现汉诺塔算法，显得尤其合适。

绘图程序会用到洪泛填充算法。另外，这种算法也能够用来检测图案中的连通区域。你用过绘图程序的油漆桶工具吗？那种工具很可能就是使用洪泛填充算法判定填充范围的。

阿克曼函数清晰地演示了递归函数的深度如何随着输入值而增长。尽管它在日常编程中没有太多的实际作用，但是本书若不谈这个函数，则显得不够完整。虽然阿克曼函数是递归的，但是与其他递归函数类似，这种函数也能通过循环与栈以迭代的方式实现。

延伸阅读

维基百科上的 tower of hanoi 词条提供了与汉诺塔问题有关的详细信息。维基百科上的 flood fill 词条中有段动画，以一幅小图为例，这段动画演示了洪泛填充算法的原理。

练习题

1. 在用头尾分割技术解决数组元素求和问题、字符串反转问题以及回文判断问题时，数组或字符串的头部分别是指什么？
2. 在用头尾分割技术解决数组元素求和问题、字符串反转问题以及回文判断问题时，数组或字符串的尾部分别是指什么？
3. 在讲解每一种递归算法时，本章都会要求回答哪 3 个问题？
4. 在讲解如何用递归法反转字符串时，提到的思维跳跃是什么意思？
5. 做思维跳跃之前，你必须先从哪个方面充分理解自己正在写的这个递归函数？
6. 数组或字符串等线性的数据结构为什么也可以看成一种树状结构？
7. 用递归法实现的数组求和函数 sum() 有没有对它所要处理的数据进行回溯？
8. 在演示洪泛填充算法的那个程序中，试着修改 im 变量中的字符串，创建一幅写有字母 C 的文字图像，这种图像中的图形不是完全闭合的。如果从字母 C 的中心开始填充，那么会出现什么样的效果？
9. 针对本章讲过的每一个递归算法，把我们设计递归函数时需要回答的 3 个问题，再分别回答一遍。

   （a）什么是基本情况？

   （b）在递归函数调用中应该传入什么样的参数？

   （c）在递归函数调用中传入的参数是如何向基本情况靠近的？

   回答完之后，不要看书里的代码，自己把这些递归算法再实现一遍。

实践项目

针对下面的每一项任务，编写一个函数。
1. 用头尾分割技术，编写一个递归的 concat() 函数，让该函数以一个字符串数组作为参数，返回这些字符串拼接之后的结果。例如，concat(['Hello', 'World']) 应该返回 HelloWorld。

2. 用头尾分割技术，编写一个递归的 product() 函数，让该函数以一个整数数组作为参数，返回该数组中的各整数之积。这个函数的代码与本章的 sum() 函数几乎完全一样。只不过要注意，如果你把数组中只有一个整数的情况视为基本情况，那么函数在这种情况下应该返回这个整数；如果你把数组中没有任何整数的情况（也就是该数组为空白数组的情况）视为基本情况，那么函数在这种情况下应该返回 1，而不是像 sum() 函数那样，返回 0。

3. 用洪泛填充算法统计某个二维网格之中有多少个封闭的空间。你可以编写一个双层的 for 循环，判断网格中的每个像素是否为句点（.），如果是，就把该像素周边的连通区域填充为井号（#），然后继续判断下一个像素，最后统计一共遇到了多少个句点字符。例如，下面这个二维网格（或者文字图像）会让程序在判断过程中一共遇到 6 个句点，这意味着其中一共有 5 个封闭的空间（还有一个空间，指的是位于这 5 个封闭的空间之外，且弥漫整个网格的那个空间）。

```
...##########...................................
...#........#....####................##########
...#........#...#..#...###########...#........#
...##########...#..#...#.........#...##....#
........#...#...####...#.........#...##....#
........#...#.........###########...##....#
........######...................##....#
...............####......####.........######
```

## 第 4 章

回溯与树的遍历算法

递归尤其适合解决涉及树状结构与回溯的问题，例如，用来实现走迷宫算法。为什么这么说呢？大家可以想象一下，树干上面长着许多树枝，而每一条树枝上面又会分出许多条更小的树枝。换句话说，树这种形状是递归且自相似的。

迷宫可以表示成树状结构，因为迷宫中有许多条路径，这就好比树干上有许多树枝一样，而你沿着某条路径走到岔路口时，又会发现这条路分成了好几条，这就好比树枝上面又继续分出好几条小树枝一样。如果某条路走不通，那你必须回溯到早前的岔路口（沿着下一条路继续尝试）。

许多递归算法（例如，本章要讲的走迷宫算法与第 11 章要讲的迷宫生成算法等）与树图（tree graph）的遍历紧密相关。本章会讲解遍历算法，并利用这样的算法在树状结构中寻找特定的名字。另外，我们还要通过遍历树状结构来实现一个算法，以寻找树中最深的节点。最后，我们会看到如何将迷宫表示成树状结构，并通过遍历这种结构以及执行回溯，寻找一条由起点走出迷宫的路径。

4.1 树的遍历

你是否用 Python 或 JavaScript 写过程序？如果写过，那么列表、数组与字典等数据结构应该经常会用到吧？与这些数据结构相比，只有到了处理某些计算机科学算法的底层细节时，才会用到树，例如，抽象语法树（abstract syntax tree）、优先队列（priority queue）、AVL 树（Adelson-Velsky-Landis tree）等，这些概念已经超出了本书的讨论范围。然而，树本身其实是相当简单的。

树是一种由节点（node）以及连接节点的边（edge）组成的数据结构。节包包含数据，边用来表示某节点与另一节点的关系。节点也称为顶点（vertex）。树的起始节点称为根（root），末端节点称为叶（leaf）。树必须有根节点，而且只能有一个根节点。

根节点一般画在树的最上方，它下面可以有 0 个或多个节点，在相邻的上下两级节点中，位于上级的节点称为父节点（parent node），位于下级的节点称为子节点（child node），父节点与它的每个子节点之间用边相连。没有子节点的节点称为叶节点，叶节点之外的节点称为非叶节点（non-leaf node），根节点之外的节点称为非根节点（non-root node）。树中的任何一个非叶节点都有指向其子节点的边，如果子节点不止一个，那么这样的边也会有多条。从某个节点的父节点（或者说，直接上级节点）算起，一直算到根节点，这中间的各级节点都叫作该节点的祖先（ancestor）节点。从某个节点的子节点（或者说，直接下级节点）算起，一直算到叶节点，这中间的各级节点都叫作该节点的后代（descendant）节点。父节点可以有多个子节点，但同一个子节点只能有一个父节点。根节点没有父节点。树中的任意两个节点之间只存在一条路径（path）。

图 4-1（a）～（d）举例说明了什么是树，并展示了 3 种不能称为树的数据结构。

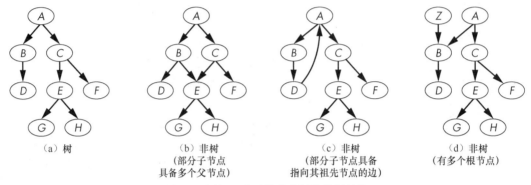

图 4-1　树与 3 种不能称为树的数据结构

由图 4-1 可见，子节点必须有而且最多只能有一个父节点。另外，树中的各节点之间不允许构成循环路径（也就是回路），带循环路径的结构无法称为树。本章的递归算法是专门针对树这种数据结构而言的。

4.1.1　Python 与 JavaScript 中的树状数据结构

树通常是从上往下画的，根节点位于最上方。图 4-2 演示了用以下 Python 代码创建的一棵树（这样的写法，也可以用在 JavaScript 中）。

```
root = {'data': 'A', 'children': []}
node2 = {'data': 'B', 'children': []}
node3 = {'data': 'C', 'children': []}
node4 = {'data': 'D', 'children': []}
node5 = {'data': 'E', 'children': []}
node6 = {'data': 'F', 'children': []}
node7 = {'data': 'G', 'children': []}
node8 = {'data': 'H', 'children': []}
root['children'] = [node2, node3]
node2['children'] = [node4]
node3['children'] = [node5, node6]
node5['children'] = [node7, node8]
```

树中的每个节点都包含数据，并包含一个用来表示其子节点的列表（在本例中，我们采用字符串数据，每一个字符串都包含 A ～ H 的一个字符）。图 4-2 展示了 3 种遍历顺序，也就是先序（preorder）、后序（postorder）与中序（inorder），这在本章后面讲解。

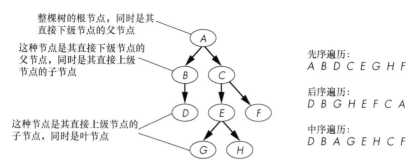

图 4-2　由根节点 A 和叶节点 D、G、H、F 以及其他一些节点构成的树，以及该树的 3 种遍历顺序

在刚才这段创建树状结构的代码中，我们用字典表示树中的节点，用 data 键存放数据，并用 children 键存放表示其子节点的列表。笔者把表示根节点的变量称为 root，并把表示其余 7 个节点的那 7 个变量分别称为 node2～node8，这样会让代码读起来容易一些，但这并非强制要求。下面这种写法同样合乎 Python 与 JavaScript 语言的语法规则，它与刚才的代码是等效的，但是理解起来会比较困难。

```
root = {'data': 'A', 'children': [{'data': 'B', 'children':
[{'data': 'D', 'children': []}]}, {'data': 'C', 'children':
[{'data': 'E', 'children': [{'data': 'G', 'children': []},
{'data': 'H', 'children': []}]}, {'data': 'F', 'children': []}]}]}
```

图 4-2 中的树是数据结构的特例，这种数据结构称为有向无环图（Directed Acyclic Graph，DAG）。数学与计算机科学中所说的图（graph）是由节点与边组成的，树是图的一种。树可以称为有向图，因为这种图里的边都只有一个方向，也就是从父节点指向子节点。有向无环图中的所有边都不是无向的（undirected），或者说都不是双向的（bidirectional）。树其实并没有这条限制，所以你也可以把树中那些边的箭头给去掉，这样那些边就成了双向的边，既可以从父节点通向子节点，又可以从子节点通向父节点。树可以称为无环图，因为其中没有回路，或者说没有从子节点指向其先代节点的环（cycle），树中的所有"树枝"必须朝同一个方向生长。

列表、数组与字符串都可以视为线性的树，它们的首个元素可以视为根节点，该节点下面只有一个子节点，也就是第二个元素，而那个节点下面也只有一个子节点，也就是第 3 个元素，以此类推，直至到达最后一个元素，该元素所在的节点是叶节点。这样的线性树叫作链表（linked list），因为除末尾那个节点之外，其他节点都有一条指向"下一个"节点的链接。图 4-3 演示了如何用链表来存放 HELLO。链表其实是一种树状的数据结构。

图 4-3　用链表结构存储 HELLO

本章的示例代码都采用图 4-2 中树的代码。下面我们就看看怎样编写树的遍历算法，以便从根节点开始，沿着各条边，依次访问树中的每个节点。

4.1.2 遍历树状结构

我们可以手动输入代码，从根节点 root 开始，访问任何一个节点之中的数据。例如，在进入 Python 或 JavaScript 的交互界面之后，你可以先把 4.1.1 节的那段代码执行一遍，然后执行下面这几条语句。

```
>>> root['children'][1]['data']
'C'
>>> root['children'][1]['children'][0]['data']
'E'
```

除这样遍历之外，我们还可以编写一个递归函数来遍历，因为树是一种自相似的数据结构，即父节点下面有子节点，而子节点下面可能还有下一级子节点；对于下一级子节点来说，当前级子节点本身也是父节点。树的遍历算法能够让程序以通用的方式访问或修改树中的每个节点，而不像上面代码的写法那样，必须根据树的形状或大小做出调整。

下面我们回答设计递归算法时需要考虑的 3 个问题。

- □ **什么是基本情况？** 遇到叶节点的情况，这种节点没有子节点，因此不需要递归调用。算法处理完叶节点之后，会回溯到该节点的父节点。
- □ **在递归函数调用中应该传入什么样的参数？** 传入本节点的某个子节点，如果那个子节点本身也有子节点，那么函数进入下一层递归之后，还会以那些子节点作为参数，继续递归调用。
- □ **在递归函数调用中传入的参数是如何向基本情况靠近的？** 由于树是有向无环图，不存在回路，因此沿着每一级节点往下走，总能遇到叶节点，从而令算法无须继续递归。

注意，那种特别深的树状结构可能导致遍历算法在遍历到比较深的节点时，发生栈溢出，因为每深入一层，就要执行一次递归调用，如果递归调用的嵌套层数过多，就会超过系统允许的极限值，进而导致栈溢出。不过，对于延伸得比较宽而且较平衡的树来说，不太可能遇到这种情况。假设树中除叶节点之外的其他节点都刚好有两个子节点，那么一棵深度为1000层的树的节点总数大概是 2^{1000}。这可能比全宇宙的原子数还多，在节点均衡分布的前提下，你不太可能遇到这么深的树状结构。

树的遍历算法有先序遍历、后序遍历、中序遍历 3 种。下面分别讲解这 3 种遍历算法。

4.1.3 树的先序遍历

树的先序遍历（又称前序遍历）算法会先访问节点本身的数据，后遍历该节点的子节点。如果你想在访问子节点的数据之前访问它们的父节点，就可以采用先序来遍历这棵树。例如，在复制树状结构时，由于你需要先创建副本的父节点，后复制子节点，因此你需要使用先序遍历算法。

下面这个 *preorderTraversal.py* 程序有一个 preorderTraverse() 函数，该函数首先把当前节点中的数据输出到屏幕上，然后遍历它的各个子节点。

Python

```python
root = {'data': 'A', 'children': [{'data': 'B', 'children':
[{'data': 'D', 'children': []}]}, {'data': 'C', 'children':
[{'data': 'E', 'children': [{'data': 'G', 'children': []},
{'data': 'H', 'children': []}]}, {'data': 'F', 'children': []}]}]}

def preorderTraverse(node):
    print(node['data'], end=' ') # 访问本节点的数据
❶ if len(node['children']) > 0:
        # 递归情况
        for child in node['children']:
            preorderTraverse(child) # 遍历子节点
    # 基本情况
❷ return

preorderTraverse(root)
```

等效的 JavaScript 代码写在 *preorderTraversal.html* 文件中。

JavaScript

```javascript
<script type="text/javascript">
root = {"data": "A", "children": [{"data": "B", "children":
[{"data": "D", "children": []}]}, {"data": "C", "children":
[{"data": "E", "children": [{"data": "G", "children": []},
{"data": "H", "children": []}]}, {"data": "F", "children": []}]}]};

function preorderTraverse(node) {
    document.write(node["data"] + " "); // 访问本节点的数据
❶ if (node["children"].length > 0) {
        // 递归情况
        for (let i = 0; i < node["children"].length; i++) {

            preorderTraverse(node["children"][i]); // 遍历子节点
        }
    }
    // 基本情况
❷ return;
}

preorderTraverse(root);
</script>
```

这个程序会按照先序显示各节点的数据。

```
A B D C E G H F
```

把这个顺序与图 4-2 中的树相对比，注意，对于同一层的各节点来说，先序遍历始终确保位于左侧的节点会比位于右侧的节点先访问①；对于同一条路径上面的各节点来说，先序遍历始终确保上方的节点会比下方的节点先访问②。

所有的树遍历程序一开始都把根节点当作参数，传给递归遍历函数。这个函数又把当前参数的每个子节点分别当作参数，执行递归调用。由于每个子节点下面可能还有子节点，因此函数会一层一层递归下去，直至遇到某个叶节点（也就是某个没有子节点的节点），此时，函数就不用继续递归，它只需要直接返回即可。

---

① 例如，树的第二层有 *B*、*C* 两个节点，位置靠左的节点 *B* 始终比位置靠右的节点 *C* 先访问。——译者注

② 例如，对于从根节点 *A* 到叶节点 *G* 的这条路径（*A*→*C*→*E*→*G*）来说，层级靠上的节点 *C* 始终比层级靠下的节点 *E* 先访问。——译者注

如果当前节点有子节点（❶），就进入递归情况，此时函数分别以每个子节点作为参数，执行递归调用。无论当前节点有没有子节点，只要把需要执行的递归调用执行完，函数就进入基本情况，此时直接返回即可（❷）。

4.1.4　树的后序遍历

树的后序遍历算法始终先访问某节点的子节点，后访问该节点本身。例如，在删除一棵树时，就有可能用到后序遍历，假如不这么做，而先删除上级节点，那么它下面的那些子节点就成了"孤儿"，因为我们没办法从根节点出发，访问那些子节点。下面这个 *postorderTraversal.py* 程序与 *preorderTraversal.py* 程序类似，只不过它把输出该节点内容的那条 print() 语句放在递归调用的后面。

Python

```
root = {'data': 'A', 'children': [{'data': 'B', 'children':
[{'data': 'D', 'children': []}]}, {'data': 'C', 'children':
[{'data': 'E', 'children': [{'data': 'G', 'children': []},
{'data': 'H', 'children': []}]}, {'data': 'F', 'children': []}]}]}

def postorderTraverse(node):
    for child in node['children']:
        # 递归情况
        postorderTraverse(child) # 遍历子节点
    print(node['data'], end=' ') # 访问本节点的数据
    # 基本情况
    return

postorderTraverse(root)
```

等效的 JavaScript 代码写在 *postorderTraversal.html* 文件中。

JavaScript

```
<script type="text/javascript">
root = {"data": "A", "children": [{"data": "B", "children":
[{"data": "D", "children": []}]}, {"data": "C", "children":
[{"data": "E", "children": [{"data": "G", "children": []},
{"data": "H", "children": []}]}, {"data": "F", "children": []}]}]};

function postorderTraverse(node) {
    for (let i = 0; i < node["children"].length; i++) {
        // 递归情况
        postorderTraverse(node["children"][i]); // 遍历子节点
    }
    document.write(node["data"] + " "); // 访问本节点的数据
    // 基本情况
    return;

}

postorderTraverse(root);
</script>
```

这个程序会按照后序输出各节点之中的数据。

```
D B A G E H C F
```

对于同一层的各节点来说,后序遍历始终确保位于左侧的节点会比位于右侧的节点先访问;

对于同一条路径上面的各节点来说，后序遍历始终确保下方的节点会比上方的节点先访问。对比 postorderTraverse() 与 preorderTraverse() 函数，我们会发现，先序与后序之中的"先"和"后"可能有一些误导，其实这并不是说先把浅层节点访问完再访问深层节点，或先把深层节点访问完再访问浅层节点。这两个函数有一点是相同的：对于当前节点来说，它们都先将该节点的子节点遍历完，后考虑与该节点同级且未遍历的其他节点，这样的搜索方式称为深度优先搜索（depth first search）。对于当前这个节点来说，如果始终先考虑与该节点同级且未遍历的其他节点，再遍历该节点的子节点，这样的搜索方式称为广度优先搜索（breadth first search）。先序遍历算法与后序遍历算法都是深度优先搜索算法，它们之间的区别仅在于，当前节点的处理时机是先于子节点，还是后于子节点（无论当前节点与其子节点哪一个在先，与当前节点同级的其他节点均位于二者之后）。

4.1.5 树的中序遍历

二叉树（binary tree）是一种特殊的树状结构，它的每个节点最多只能有两个节点，这两个节点分别称为该节点的左子节点（left child node）与右子节点（right child node）。树的中序遍历算法始终首先遍历左子节点，然后访问该节点本身的数据，最后遍历右子节点。该算法用来处理二叉搜索树（binary search tree），而这种树已经超出了本书的讨论范围。下面这个 *inorderTraversal.py* 程序演示了如何用 Python 语言实现二叉树的中序遍历。

Python

```python
root = {'data': 'A', 'children': [{'data': 'B', 'children':
[{'data': 'D', 'children': []}]}, {'data': 'C', 'children':
[{'data': 'E', 'children': [{'data': 'G', 'children': []},
{'data': 'H', 'children': []}]}, {'data': 'F', 'children': []}]}]}

def inorderTraverse(node):
    if len(node['children']) >= 1:
        # 递归情况
        inorderTraverse(node['children'][0]) # 遍历左子节点
    print(node['data'], end=' ') # 访问本节点的数据
    if len(node['children']) >= 2:
        # 递归情况
        inorderTraverse(node['children'][1]) # 遍历右子节点
    # 基本情况
    return

inorderTraverse(root)
```

等效的 JavaScript 代码写在 *inorderTraversal.html* 文件之中。

JavaScript

```javascript
<script type="text/javascript">
root = {"data": "A", "children": [{"data": "B", "children":
[{"data": "D", "children": []}]}, {"data": "C", "children":
[{"data": "E", "children": [{"data": "G", "children": []},
{"data": "H", "children": []}]}, {"data": "F", "children": []}]}]};

function inorderTraverse(node) {
    if (node["children"].length >= 1) {
        // 递归情况
        inorderTraverse(node["children"][0]); // 遍历左子节点
    }
```

```
    document.write(node["data"] + " "); // 访问本节点的数据
    if (node["children"].length >= 2) {
        // 递归情况
        inorderTraverse(node["children"][1]); // 遍历右子节点
    }
    // 基本情况
    return;

}

inorderTraverse(root);
</script>
```

这个程序会输出这样的内容。

```
D B A G E H C F
```

树的中序遍历通常指的都是二叉树的中序遍历，不过，无论是不是二叉树，只要遍历算法访问节点的时机位于遍历第一个子节点的时间与遍历最后一个子节点的时间中间，就都可以泛称中序遍历算法。

4.2 在树中寻找由 8 个字母构成的名字

当用深度优先搜索算法遍历树状结构时，我们不仅可以输出每个节点的数据，还可以执行其他一些操作，例如，在树中搜索特定的数据。编写一种算法，在图 4-4 这样的树中，寻找恰好有 8 个字母的名字。这个示例一看就像是专门构造出来的，但它能够很好地演示怎样通过树的遍历算法，获取并判断树状结构中的数据。*depthFirstSearch.py* 与 *depthFirstSearch.html* 程序要以这棵树为例，演示如何搜索特定的名字。

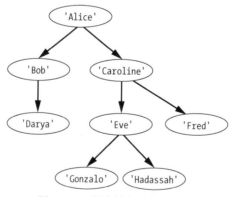

图 4-4 一棵存放各种名字的树

我们把在设计在树中搜索特定数据的递归算法时所要考虑的 3 个问题回答一遍。这次的答案与设计一般的树遍历算法时的答案类似。

- ❏ **什么是基本情况？** 某节点中的名字恰好有 8 个字母或遇到叶节点（这种节点没有子节点，因此不需要递归调用）的情况，该算法处理完满足以上要求的节点之后，会回溯到该节点的父节点。

❑ **在递归函数调用中应该传入什么样的参数？** 传入本节点的某个子节点，如果那个子节点本身也有子节点，那么函数进入下一层递归之后，还会以那些子节点作为参数，继续递归调用。

❑ **在递归函数调用中传入的参数是如何向基本情况靠近的？** 由于树是有向无环图，不存在回路，因此沿着每一级节点往下走，总能遇到叶节点，从而令算法无须继续递归。

下面这个 *depthFirstSearch.py* 程序演示了如何用 Python 语言编写先序遍历算法，对树状结构进行深度优先搜索。

Python

```
root = {'name': 'Alice', 'children': [{'name': 'Bob', 'children':
[{'name': 'Darya', 'children': []}]}, {'name': 'Caroline',
'children': [{'name': 'Eve', 'children': [{'name': 'Gonzalo',
'children': []}, {'name': 'Hadassah', 'children': []}]}, {'name': 'Fred', 'children': []}]}]}

def find8LetterName(node):
    print(' Visiting node ' + node['name'] + '...')

    # 先序的深度优先搜索
    print('Checking if ' + node['name'] + ' is 8 letters...')
❶ if len(node['name']) == 8: return node['name'] # 基本情况

    if len(node['children']) > 0:
        # 递归情况
        for child in node['children']:
            returnValue = find8LetterName(child)
            if returnValue != None:
                return returnValue

    # 后序的深度优先搜索
    #print('Checking if ' + node['name'] + ' is 8 letters...')
❷ #if len(node['name']) == 8: return node['name'] # 基本情况

    # 当前节点的值不符合要求，而且当前节点的子节点已经全处理完了
    return None # 基本情况

print('Found an 8-letter name: ' + str(find8LetterName(root)))
```

等效的 JavaScript 代码写在 *depthFirstSearch.html* 文件中。

JavaScript

```
<script type="text/javascript">
root = {'name': 'Alice', 'children': [{'name': 'Bob', 'children':
[{'name': 'Darya', 'children': []}]}, {'name': 'Caroline',
'children': [{'name': 'Eve', 'children': [{'name': 'Gonzalo',
'children': []}, {'name': 'Hadassah', 'children': []}]}, {'name': 'Fred', 'children': []}]}]};

function find8LetterName(node, value) {
    document.write("Visiting node " + node.name + "...<br />");

    // 先序的深度优先搜索
    document.write("Checking if " + node.name + " is 8 letters...<br />");
❶ if (node.name.length === 8) return node.name; // 基本情况

    if (node.children.length > 0) {
        // 递归情况
        for (let child of node.children) {
            let returnValue = find8LetterName(child);
            if (returnValue != null) {
                return returnValue;
```

```
        }
      }
    }

    // 后序的深度优先搜索
    //document.write("Checking if " + node.name + " is 8 letters...<br />");
❷ //if (node.name.length === 8) return node.name; // 基本情况

    // 当前节点的值不符合要求，而且当前节点的子节点已经全部处理完了
    return null; // 基本情况
}

document.write("Found an 8-letter name: " + find8LetterName(root));
</script>
```

这段程序会输出下列内容。

```
Visiting node Alice...
Checking if Alice is 8 letters...
Visiting node Bob...
Checking if Bob is 8 letters...
Visiting node Darya...
Checking if Darya is 8 letters...
Visiting node Caroline...
Checking if Caroline is 8 letters...
Found an 8-letter name: Caroline
```

find8LetterName() 函数的运作方式与以前的树遍历函数类似，但它不输出节点的数据，而要判断节点中存储的名字是否由 8 个字符构成，并返回首个符合此要求的名字。你可以把 ❶ 处的那行名字长度判断代码，以及它上方那行输出 "Checking if " 字样的语句注释掉，并把 ❷ 处的那行名字长度判断代码，以及它上方那行输出 "Checking if " 字样的语句恢复过来，这样就能将遍历的顺序从先序改为后序。修改之后，函数找到的第一个有 8 个字符的名字不再是 Caroline，变成了 Hadassah。

```
Visiting node Alice...
Visiting node Bob...
Visiting node Darya...
Checking if Darya is 8 letters...
Checking if Bob is 8 letters...
Visiting node Caroline...
Visiting node Eve...
Visiting node Gonzalo...
Checking if Gonzalo is 8 letters...
Visiting node Hadassah...
Checking if Hadassah is 8 letters...
Found an 8-letter name: Hadassah
```

尽管这两种遍历顺序都能在树中找到由 8 个字符构成的名字，但是程序的具体行为（也就是具体的访问及判断次序）是不同的。

4.3　计算树的深度

通过递归查询子节点的深度，我们能够了解树中最深的那个节点与根节点之间相距多少层。节点的深度（depth）是指该节点与根节点之间的边数。根节点本身的深度为 0，它的直接下级节点的深度为 1，以此类推。在设计比较大的算法或收集与树状结构的大小有关的信息时，你可能需要了解这棵树的深度（也就是树中最深的那个节点的深度）。

为此，我们可以设计名为 `getDepth()` 的函数，让它以接收的某个节点作为参数，并返回该节点的各级子节点之中最深的那个子节点的深度。如果参数本身表示一个叶节点，就意味着函数遇到基本情况，此时直接返回 0。

例如，以图 4-2 中的树为例，我们把根节点（即 A 节点）当作参数，传给 `getDepth()` 函数。这会促使参数计算该节点的各个子节点（也就是 B 节点与 C 节点）的深度，并返回其中最大的那个深度值与 1 之和。为了算出这些子节点的深度，函数必须以每个子节点作为参数，分别递归地调用自身。因此，为了算出 A 节点的深度，函数在运行过程中肯定需要以 C 节点作为参数调用自身，而这又会促使它以 E 节点作为参数调用自身。在执行这次调用的过程中，该函数还会分别以该节点的两个子节点（也就是 G 节点与 H 节点）作为参数，调用自身。由于那两个节点都是叶节点，因此其深度均为 0。于是，以 E 节点作为参数的这次调用返回的就是 0 + 1，也就是 1，这使以 C 节点作为参数的调用返回 1 + 1，也就是 2，又使以 A 节点（即根节点）作为参数的调用返回 2 + 1，也就是 3。于是我们最后得知，树的深度是 3，或者说，这棵树有 3 层。

现在，我们把设计递归式的 `getDepth()` 函数时要思考的 3 个问题回答一遍。

❑ **什么是基本情况？** 参数为叶节点的情况，在这种情况下，以该节点为根的这棵树的层数显然是 0。

❑ **在递归函数调用中应该传入什么样的参数？** 传入待查询其最大深度的那个子节点。

❑ **在递归函数调用中传入的参数是如何向基本情况靠近的？** 由于树是有向无环图，其中没有回路，因此这样一级一级往下走，总会遇到叶节点，从而令算法无须继续递归。

下面这个 *getDepth.py* 程序中有一个递归式的 `getDepth()` 函数，该函数能够查出树的层数（也就是其中最深的子节点的深度）。

Python

```python
root = {'data': 'A', 'children': [{'data': 'B', 'children':
[{'data': 'D', 'children': []}]}, {'data': 'C', 'children':
[{'data': 'E', 'children': [{'data': 'G', 'children': []},
{'data': 'H', 'children': []}]}]}, {'data': 'F', 'children': []}]}]}

def getDepth(node):
    if len(node['children']) == 0:
        # 基本情况
        return 0
    else:
        # 递归情况
        maxChildDepth = 0
        for child in node['children']:
            # 计算每个子节点的深度
            childDepth = getDepth(child)
            if childDepth > maxChildDepth:
                # 这是当前找到的最深子节点
                maxChildDepth = childDepth
        return maxChildDepth + 1

print('Depth of tree is ' + str(getDepth(root)))
```

等效的 JavaScript 代码写在 *getDepth.html* 文件之中。

JavaScript

```javascript
<script type="text/javascript">
root = {"data": "A", "children": [{"data": "B", "children":
```

```
[{"data": "D", "children": []}]}, {"data": "C", "children":
[{"data": "E", "children": [{"data": "G", "children": []},
{"data": "H", "children": []}]}, {"data": "F", "children": []}]}]};

function getDepth(node) {
    if (node.children.length === 0) {
        // 基本情况
        return 0;
    } else {
        // 递归情况
        let maxChildDepth = 0;
        for (let child of node.children) {
            // 计算每个子节点的深度
            let childDepth = getDepth(child);
            if (childDepth > maxChildDepth) {
                // 这是当前找到的最深子节点
                maxChildDepth = childDepth;
            }
        }
        return maxChildDepth + 1;
    }
}

document.write("Depth of tree is " + getDepth(root) + "<br />");
</script>
```

这个程序会输出这样的结果。

```
Depth of tree is 3
```

这个结果与我们从图 4-2 中观察到的结果一致，也就是说，从根节点 *A* 开始到底层的节点 *G* 或 *H*，需要经过 3 条边，因此这棵树共有 3 层。

4.4　走迷宫

迷宫（maze）的形状与大小各不相同。其中，没有回路的那种迷宫叫作单连通迷宫（simply connected maze），也称为完美迷宫（perfect maze）。在这样的迷宫里，任意两点之间（例如起点与终点之间）有且仅有一条路径。这样的迷宫可以用 DAG 表示。

现在举一个示例，我们要编写一款程序，让它去走图 4-5 中的迷宫。大写字母 S 表示迷宫的起点（Start），也就是入口，大写字母 E 表示迷宫的终点，也就是出口（Exit）。其中某些路口标有小写字母，这些路口与图 4-6 中的同名节点相对应。笔者给迷宫中的某些路口标上了小写字母，这些路口对应 DAG 中的同名节点。

图 4-5　本章的迷宫程序所要走的迷宫

该迷宫的 DAG 形式如图 4-6 所示。其中，节点表示迷宫中的岔路口，节点与节点之间的边表示从一个路口到另一个路口的路径，边上面标注的 N、S、E、W 分别表示这条路径的方向是向北、向南、向东还是向西。某些节点中有小写字母，这样的节点与图 4-5 中的同名路口相对应。

图 4-6　这是迷宫的 DAG 形式

由于结构相似，因此我们可以使用遍历树状结构时的算法走迷宫。树状图中的节点对应的是迷宫中的岔路口，该节点与下一个节点之间的边对应的则是从岔路口中分出的路径，边上标注的方向表示路径从该路口开始，向哪个方向延伸，N、S、E、W 分别表示北、南、东、西。根节点表示迷宫的起点，叶节点表示死胡同。

当用树的遍历算法走迷宫时，如果需要从某节点走向下一个节点，那么它遇到的就是递归情况。如果该算法遇到的是叶节点（也就是说，它走到了某个死胡同中），那么遇到的是基本情况，此时，该算法必须回溯到早前的节点，并沿着另一条路往下走。一旦到达终点（也就是出口节点），从根节点到该节点之间的这条路径表示的就是迷宫的走法。下面我们回答用递归方式编写走迷宫算法时所要考虑的 3 个问题。

- **什么是基本情况？** 走到死胡同或到达迷宫出口的情况。
- **在递归函数调用中应该传入什么样的参数？** 下一个点的横、纵坐标，以及整个迷宫的数据。另外，还要传入已经访问过的这些点的横、纵坐标，因为我们不打算在尝试当前这条路径时，重走已经访问过的点，那样有可能陷入死循环。
- **在递归函数调用中传入的参数是如何向基本情况靠近的？** 与洪泛填充算法类似，走迷宫算法（又称为迷宫求解算法）也始终会促使下次递归时所针对的那个点逐渐向死胡同的位置或迷宫出口的位置靠近，因此该算法不会无限递归下去。

下面这个 *mazeSolver.py* 程序演示了如何用 Python 代码解决 MAZE 变量表示的迷宫问题。

Python

```
# 创建表示迷宫的数据结构
# 你也可以把inventwithpython.com/examplemaze.txt的内容复制并粘贴到这里
MAZE = """
####################################################################
#S#                  #      # #  #    #        #    #     #
# ##### ########## # ### ### ### # ##### # # ##### # ###
# # #    #    #   #  # # # # #      ### #  # #  # #
# # # ##### # ########### ### # ##### # ##### # #
#  #  ### #   # # #   #        #   # #   # #
######### # # ##### # #  ########## ####### # # ##### ##### ### #
#        # # # #    ## #   # #  #    ### #      # #
# ## #   # #    #  #  #  #  #   #         # # ##
# ###  # #   #  #   ##  #########  #######  #### #### ### #
# # #    #    #      #          #    #       #    #
# ### # ######### # ####### # ### #  #####  #### #### ###
#  #   #   #     #     #  #    #        #    #
### ########### # ####### ##### #  ##### #  # ### #
# #  #   # #  #  #   # #    # #  ### #      # #
# ### ## # ####### # ### ##### # ####### # # ### #
#  #    #    #   #    #    #         # #  E#
####################################################################
""".split('\n')

# 本程序用到的常量
EMPTY = ' '
START = 'S'
EXIT = 'E'
PATH = '.'
```

```python
# 计算迷宫的高度与宽度
HEIGHT = len(MAZE)
WIDTH = 0
for row in MAZE: # 把迷宫的整体宽度定为其中最长的那一行的宽度
    if len(row) > WIDTH:
        WIDTH = len(row)
# 确保迷宫中每一行的宽度都与迷宫的整体宽度相同
for i in range(len(MAZE)):
    MAZE[i] = list(MAZE[i])
    if len(MAZE[i]) != WIDTH:
        MAZE[i] = [EMPTY] * WIDTH # 把这一行设为空行


def printMaze(maze):
    for y in range(HEIGHT):
        # 输出每行的内容
        for x in range(WIDTH):
            # 输出当前这一行的每一列
            print(maze[y][x], end='')
        print() # 当前这行已经输出完，在末尾输出一个换行符
    print()


def findStart(maze):
    for x in range(WIDTH):
        for y in range(HEIGHT):
            if maze[y][x] == START:
                return (x, y) # 寻找迷宫起点的坐标


def solveMaze(maze, x=None, y=None, visited=None):
    if x == None or y == None:
        x, y = findStart(maze)
        maze[y][x] = EMPTY # 移除表示起点的S字母
    if visited == None:
      ❶ visited = [] # 新建一个列表，以记录走过的点

    if maze[y][x] == EXIT:
        return True # 找到了出口，此时应该返回True

    maze[y][x] = PATH # 把当前这一点添加到我们正在尝试的这条路径上面
  ❷ visited.append(str(x) + ',' + str(y))
  ❸ #printMaze(maze) # 把这行代码从注释恢复为普通代码，就能看到每一步是怎么走的

    # 试着往当前这一点南侧（也就是正下方）的那个点走
    if y + 1 < HEIGHT and maze[y + 1][x] in (EMPTY, EXIT) and \
    str(x) + ',' + str(y + 1) not in visited:
        # 递归情况
        if solveMaze(maze, x, y + 1, visited):
            return True # 基本情况
    # 试着往当前这一点北侧（也就是正上方）的那个点走
    if y - 1 >= 0 and maze[y - 1][x] in (EMPTY, EXIT) and \
    str(x) + ',' + str(y - 1) not in visited:
        # 递归情况
        if solveMaze(maze, x, y - 1, visited):
            return True # 基本情况
    # 试着往当前这一点东侧（也就是正右方）的那个点走
    if x + 1 < WIDTH and maze[y][x + 1] in (EMPTY, EXIT) and \
    str(x + 1) + ',' + str(y) not in visited:
        # 递归情况
        if solveMaze(maze, x + 1, y, visited):
            return True # 基本情况
    # 试着往当前这一点西侧（也就是正左方）的那个点走
    if x - 1 >= 0 and maze[y][x - 1] in (EMPTY, EXIT) and \
    str(x - 1) + ',' + str(y) not in visited:
```

```
        # 递归情况
        if solveMaze(maze, x - 1, y, visited):
            return True # 基本情况

    maze[y][x] = EMPTY # 4个方向均不可行，于是把当前这一点重新设置为空白，以便将它从正在尝试的这条路径中移除
❹ #printMaze(maze) # 把这行代码从注释恢复为普通代码，就能看见算法何时遇到需要回溯的情况

    return False # 基本情况

printMaze(MAZE)
solveMaze(MAZE)
printMaze(MAZE)
```

等效的 JavaScript 代码写在 *mazeSolver.html* 文件中。

JavaScript

```
<script type="text/javascript">
// 创建表示迷宫的数据结构
// 你也可以把inventwithpython.com/examplemaze.txt的内容复制并粘贴到这里
let MAZE = `
#####################################################################
#S#         #     # # #     #       #   #   #               #
# ##### ######### # ### ### # # # ### # # ##### # ### # # ##### # ###
# # #   #     #   #   # ### ## # ##         # ### #     ## #   #
# # # ##### # ########### ### # ##### ##### ######### # # ##### ### # #
#   #   # # #   # #   #         #       #   # #   # # #
######### # # ##### # ### # ########### ####### # # ##### ##### ### #
#       # ### #     ## #   # #   #       #   ### #       # #
# # ##### # # ### # ####### # # # ##### ### ### ######### # #
# ##   ### ### ###     #   # # # # #   #       ##
### # # # ##### # ##### ####### ########### # ### # ##### ##### ### #
#   # ## # #   # # #   #     #   #   # #   # #   #   #
# ### ##### ##### ### # # # # #   # # ######### # # ### # ### ###
#   #     #   #   # # # # # #   # ## # # # # #
### ########## # ####### ####### ### # # ##### ##### # # ### # ### #
# # #   ## #   # # #   #       ### # ## ## ## #
# ### # # ####### # ### ##### # ####### ### ### # # ####### # # # ### #
#   #     #   #     #   #       # #     ## #       E#
#####################################################################
`.split("\n");

// 本程序用到的常量
const EMPTY = " ";
const START = "S";
const EXIT = "E";
const PATH = ".";

// 计算迷宫的高度与宽度
const HEIGHT = MAZE.length;
let maxWidthSoFar = MAZE[0].length;
for (let row of MAZE) { // 把迷宫的整体宽度定为其中最长的那一行的宽度
    if (row.length > maxWidthSoFar) {
        maxWidthSoFar = row.length;
    }
}
const WIDTH = maxWidthSoFar;
// 确保迷宫中每一行的宽度都与迷宫的整体宽度相同
for (let i = 0; i < MAZE.length; i++) {
    MAZE[i] = MAZE[i].split("");
    if (MAZE[i].length !== WIDTH) {
        MAZE[i] = EMPTY.repeat(WIDTH).split(""); // 把这一行设为空行
    }
}
```

```
function printMaze(maze) {
    document.write("<pre>");
    for (let y = 0; y < HEIGHT; y++) {
        // 输出每行的内容
        for (let x = 0; x < WIDTH; x++) {
            // 输出当前这一行的每一列
            document.write(maze[y][x]);
        }
        document.write("\n"); // 当前这行已经输出完，在末尾输出一个换行符
    }
    document.write("\n</ pre>");
}

function findStart(maze) {
    for (let x = 0; x < WIDTH; x++) {
        for (let y = 0; y < HEIGHT; y++) {
            if (maze[y][x] === START) {
                return [x, y]; // 寻找迷宫起点的坐标
            }
        }
    }
}

function solveMaze(maze, x, y, visited) {
    if (x === undefined || y === undefined) {
        [x, y] = findStart(maze);
        maze[y][x] = EMPTY; // 移除表示起点的S字母
    }
    if (visited === undefined) {
❶       visited = []; // 新建一个列表，以记录走过的点
    }

    if (maze[y][x] == EXIT) {
        return true; // 找到了出口，此时应该返回True
    }

    maze[y][x] = PATH; // 把当前这一点添加到我们正在尝试的这条路径上面
❷   visited.push(String(x) + "," + String(y));
❸   //printMaze(maze) // 把这行代码从注释恢复为普通代码，就能看到每一步是怎么走的

    // 试着往当前这一点北侧（也就是正上方）的那个点走
    if ((y + 1 < HEIGHT) && ((maze[y + 1][x] == EMPTY) ||
    (maze[y + 1][x] == EXIT)) &&
    (visited.indexOf(String(x) + "," + String(y + 1)) === -1)) {
        // 递归情况
        if (solveMaze(maze, x, y + 1, visited)) {
            return true; // 基本情况
        }
    }
    // 试着往当前这一点南侧（也就是正下方）的那个点走
    if ((y - 1 >= 0) && ((maze[y - 1][x] == EMPTY) ||
    (maze[y - 1][x] == EXIT)) &&
    (visited.indexOf(String(x) + "," + String(y - 1)) === -1)) {
        // 递归情况
        if (solveMaze(maze, x, y - 1, visited)) {
            return true; // 基本情况
        }
    }
    // 试着往当前这一点东侧（也就是正右方）的那个点走
```

```
            if ((x + 1 < WIDTH) && ((maze[y][x + 1] == EMPTY) ||
            (maze[y][x + 1] == EXIT)) &&
            (visited.indexOf(String(x + 1) + "," + String(y)) === -1)) {
                // 递归情况
                if (solveMaze(maze, x + 1, y, visited)) {
                    return true; // 基本情况
                }
            }
            // 试着往当前这一点西侧（也就是正左方）的那个点走
            if ((x - 1 >= 0) && ((maze[y][x - 1] == EMPTY) ||
            (maze[y][x - 1] == EXIT)) &&
            (visited.indexOf(String(x - 1) + "," + String(y)) === -1)) {
                // 递归情况
                if (solveMaze(maze, x - 1, y, visited)) {
                    return true; // 基本情况
                }
            }

            maze[y][x] = EMPTY; // 4个方向均不可行，于是把当前这一点重新设置为空白，以便将它从正在尝试的这条路
                                // 径中移除
❹ //printMaze(maze); // 把这行代码从注释恢复为普通代码，就能看见算法何时遇到了需要回溯的情况
            return false; // 基本情况
}

printMaze(MAZE);
solveMaze(MAZE);
printMaze(MAZE);
</script>
```

在这段代码中，许多内容与走迷宫算法并没有直接关系。MAZE 变量是用来存放迷宫数据的。我们先把迷宫表示成一个多行的字符串。其中，"#"用来表示迷宫里的墙，S 表示起点（也就是入口），E 表示终点（也就是出口）。然后，我们将这个字符串转换为一个列表，该列表的每个元素本身也是一个列表，这个列表中的每个元素都是由单字符构成的字符串，这样的字符与迷宫中的点相对应。于是，我们只要访问 MAZE[y][x]，就能够知道迷宫中 (x, y) 处的这一点是墙、通路，还是起点或终点（注意，要先写纵坐标，以确定行，再写横坐标，以确定列）。printMaze() 函数以这个列表数据结构作为参数，在屏幕上显示迷宫。findStart() 函数接收类似于 MAZE 这样的迷宫数据结构，并返回其中 S 点（也就是起点）的横、纵坐标。你也可以自己修改我们创建 MAZE 变量时所写的这个多行字符串。然而，你要确保迷宫中不存在回路，只有这样，走迷宫算法才能正常运作。

递归式的走迷宫算法写在 solveMaze() 函数之中。这个函数接收 4 个参数，分别是迷宫数据结构、当前这一点的横坐标、当前这一点的纵坐标，以及一个 visited 列表（如果函数没有收到这样的列表，那么它会自己新建一个，❶）。这个列表用来记录已经走过的那些点的横、纵坐标，这样当函数从死胡同中往后退时，就能够把该列表中的点排除在尝试范围之外，从而正确地选择另一条路径（以免陷入死循环）。该函数每尝试着走一步，就会把迷宫数据结构中与该点相对应的字符串从空格（也就是 EMPTY 常量表示的那种字符串）改为句点（也就是由 PATH 常量表示的那种字符串）。

走迷宫算法与洪泛填充算法类似，它们都向相邻的点"扩张"（或者说，"延伸"）。然而，走迷宫算法在遇到死胡同（也就是无法继续扩张的点）之后，会回溯到早前的路口。用来实现

走迷宫算法的 solveMaze() 函数接收一个点的横坐标与纵坐标，这个点就是该算法当前所尝试的点。如果该点是终点（也就是迷宫的出口），那么函数返回 True，这导致早前那些正在执行的递归调用全逐级返回 True（从而令主程序一开始触发的那次递归调用也返回 True）。走迷宫算法已经标注过的点会留在 MAZE 变量表示的迷宫数据结构中，由这些点所构成的路径正是走出迷宫的路。

　　如果走迷宫算法根据当前这一点的横、纵坐标，在迷宫数据结构中查到的字符不是 E，就意味着该点不是出口，于是，它将其添加到 visited 列表之中（❷）。然后，走迷宫算法判断当前这一点南边（也就是正下方）那个点的横、纵坐标，如果那个点没有超越迷宫的范围且本身是一个可以走到的点或者终点，还不在已经走过的点中，它就符合要求。于是，走迷宫算法会以南边（也就是正下方）那个点的横、纵坐标作为参数，递归调用自身。如果那个点不符合要求，或者递归调用返回的结果是 False，那么走迷宫算法再继续尝试北边（也就是正上方）、东边（也就是正右方）以及西边（也就是正左方）的点。从这个角度来看，走迷宫算法与洪泛填充算法类似，它们在执行递归调用时所用的参数都是相邻点的坐标。

原地修改列表或数组

　　如果函数的某个参数是列表，那么在 Python 中调用该函数时，并不会先把列表复制一份，然后传入这个列表副本，而会直接把指向该列表的引用传入。与之类似，如果函数的某个参数是数组，那么在 JavaScript 中调用该函数时，也不会先把数组复制一份，然后传入这个数组副本，它所传递的同样是指向该数组的引用。因此，在执行过程中，如果函数修改了这样的列表或数组（例如，MAZE 或 visited 变量表示的列表或数组），那么修改效果会在函数返回之后予以保留。这称为原地或就地（in place）修改列表或数组。对于由某次递归调用所触发的这一连串递归而言，你可以认为，用来表示迷宫数据结构的 MAZE 变量与记录已经走过的那些点所用的 visited 变量是在这些递归调用之间共享的，而不像用来表示横、纵坐标的 x 与 y 参数（即使那些参数的值在某次递归调用中发生了变化，也不会影响其他递归调用）。由于 MAZE 变量是就地修改的，因此等到主程序所触发的 solveMaze() 调用返回之后，走迷宫算法在 MAZE 变量中标注的那些点依然会保留下来。

　　为了更好地理解走迷宫算法是如何运作的，你可以在 solveMaze() 函数中把 ❸和❹ 两处的 printMaze(maze) 语句从注释恢复为正常代码。这不仅会显示出走迷宫算法如何尝试迷宫中的每一个点，还会揭示它在遇到死胡同时，如何回溯到上一个路口以尝试其他路径。

4.5　小结

　　本章介绍了几个利用树状结构与回溯来实现的递归算法，如果某个问题表现出了这两个特征，它就很适合用递归来解决。我们首先学习了树状结构，这是一种由节点与边组成的数据结构，节点中有数据，边用来连接两个节点，令二者形成上下级关系。这里讲的树是一种特殊的树，也就是能够表示为有向无环图的树，这样的树经常出现在递归算法之中。这些递归算法的递归调用就相当于在树中从某个节点走到该节点的子节点，而这些算法从某次递归调用中返回相当于从某个节点回溯到它的上级节点。

在解决一些简单的编程问题时，有人始终滥用递归算法。然而，对于那种涉及树状结构并且需要回溯的算法，用递归来实现相当合适。学习了树这一概念之后，我们写了一些算法，它们用来遍历树中的节点，在树中搜索符合某一条件的节点，或判断树状结构的深度。我们还知道了单连通迷宫为什么也是一种树状结构，并利用递归与回溯实现了走迷宫算法。

延伸阅读

本章只简单介绍了有向无环图，实际上，关于树以及树的遍历，还有许多内容可讲。维基百科上关于 tree data structure 与 tree traversal 的词条提供了许多与这些概念有关的信息。树以及树的遍历等概念在计算机科学领域经常会用到。

除用来走迷宫（或者说解决迷宫问题）之外，递归算法还能用来建造迷宫，其中使用的递归算法是递归回溯算法。维基百科上关于 maze generation algorithm 的词条讲解了这样的算法，其中的页面还提到了其他一些迷宫生成算法。

练习题

1. 什么是节点？什么是边？
2. 什么是根节点？什么是叶节点？
3. 树的 3 种（深度优先）遍历顺序是什么？
4. DAG 是哪个词的首字母缩写？
5. 什么叫作环（cycle）？DAG 中有没有环？
6. 什么是二叉树？
7. 在二叉树中，某节点的两个子节点分别应该如何称呼？
8. 在某结构中，如果上级节点有一条指向子节点的边，而子节点也有一条指回上级节点的边，那么这样的结构能否称为 DAG？
9. 树遍历算法中的回溯是什么意思？

    当回答下面这些与树遍历有关的问题时，你可以使用 4.1 节的 Python 或 JavaScript 代码来操纵树状结构，并使用 *mazeSolver.py* 或 *mazeSolver.html* 程序中的 MAZE 变量来表示迷宫数据。

10. 针对本章所讲的每一种递归算法，把下列 3 个问题分别回答一遍。

    （a）什么是基本情况？

    （b）在递归函数调用中应该传入什么样的参数？

    （c）在递归函数调用中传入的参数是如何向基本情况靠近的？

    然后，不要看本章正文中的代码，自己把这些递归算法再实现一遍。

实践项目

针对下面的每一项任务编写函数。

1. 创建反向的中序搜索算法，这种算法与普通的中序遍历算法类似，也是把当前节点放在其左、右两个子节点之间处理，但区别在于，它先处理右子节点，后处理左子节点。

2. 创建一个函数，让它以某棵树的根节点作为参数，然后给树中的每个叶节点添加一个子节点，使这棵树比原来深一层。这个函数需要对树进行遍历，并在遍历过程中判断当前到达的节点是否为叶节点（若是，则在其下添加一个子节点）。注意，添加了子节点之后，不要对这个新的子节点进行递归，这会促使函数又在这个子节点下面继续添加子节点，最终会导致栈溢出。

第 5 章

分治算法

分治算法（divide and conquer algorithm）是指把大问题分割成多个小问题，然后把每个小问题分割成多个更小的问题，直到问题的规模小到能够轻易解决。这种算法很适合用递归实现，因为把问题分割成多个与自身相似的小问题正对应递归情况，当小问题已经达到了能够轻易解决的规模时，遇到基本情况。分治算法所采用的解题策略有一项优势——并行地处理小问题，这允许多个 CPU（中央处理器）或多台计算机同时处理它们。

本章要讲解一些适合采用递归实现的分治算法，如二分搜索、快速排序以及归并排序算法等。另外，我们还要重新考虑怎样对数组中的各整数求和，这次你会看到如何用分治策略解决该问题。最后，本章会介绍卡拉楚巴乘法算法，该算法为实现计算机硬件的快速乘法打下了基础。

5.1 二分搜索

假设书架上面有 100 本书。你并不记得每一本具体放在什么地方，但你知道这些书已经按照书名字母顺序排列好。于是，在寻找 *Zebras: The Complete Guide* 这样的书时，你肯定不会从头开始找，因为书架一开始摆放的应该是 *Aaron Burr Biography* 那种首字母靠前的书，你应该在书架末尾的那些书中寻找才对。这本谈 zebras 的书未必是书架上的最后一本，因为它后面可能还有名称以 zephyrs、zoos 或 zygotes 等词开头的书，尽管如此，但是它应该离书架末尾不太远。我们可以把这样两个事实当作自己试探的基础（或者当作推理的线索），从而决定从末尾而从不是开头寻找这本书。第一，书架上的书是按书名字母顺序排列的；第二，我们要找的这本书的首字母为 Z，这样的书应该在书架的后一半，而不是前一半。

二分搜索（binary search）又称为二分查找，是一种通过反复将有序列表分成大致相等的两半而从中搜索待查目标的方法。最公允的二分方式就是平分，也就是先查书架正中的那本书，如果它不是你要找的书，那么接下来判断你要找的书是位于书架的前一半，还是位于书架的后一半。

然后，你可以继续执行这个将有序列表分成大致相等的两半的操作，如图 5-1 所示。也就是说，你在刚才确定的那一半中，首先查看中间那本书，如果它不是你要找的书，那么接下来判断你要找的书是在这个范围的前一半（也就是左侧），还是在这个范围的后一半（也就是右侧），这样确定的范围大约相当于书架所有书数量的 1/4。反复执行这一操作，直至找到你要找的书，如果你已经把这个范围缩小到 0，但还没有找到自己要找的书，就可以宣布，这本书不在书架上面。

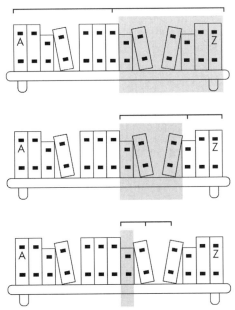

图 5-1 用二分搜索法反复将有序列表分成相等的两半，以便在其中寻找目标元素

这种搜索策略能够有效推广到更大规模的数据，因为即使图书的总量翻倍，整个搜索过程也只会增加一步。假如用线性的（也就是一本一本的）搜索方式在摆放着 50 本书的书架上寻找某一本书，那么最多有可能需要 50 步，在摆放着 100 本书的书架上寻找某一本书，最多有可能需要 100 步。与之相比，用二分搜索法在摆放着 50 本书的书架上寻找某一本书，最多只需要 6 步，在摆放着 100 本书的书架上寻找某一本书，最多只需要 7 步。

现在，我们把实现递归式的二分搜索算法时所要考虑的 3 个问题回答一遍。

❏ **什么是基本情况？** 待搜索的范围长度为 0 的情况，或该范围中间的那个元素正好是待查元素的情况。

❏ **在递归函数调用中应该传入什么样的参数？** 传入接下来要搜索的这个范围的起止下标。

❏ **在递归函数调用中传入的参数是如何向基本情况靠近的？** 由于每次递归调用都会把搜索范围变成原来的一半，因此最后该范围内总会出现只有一个元素的情况。如果这个元素是我们要找的元素，那么二分搜索算法就遇到了其中一种基本情况，它会返回该元素的位置；如果不是，那么下一次递归肯定会让待查范围的长度变为 0，从而使二分搜索算法遇到另一种基本情况，它会返回 None，以表示找不到该元素。

下面的 *binarySearch.py* 程序中有一个 `binarySearch()` 函数，它能够在 `haystack` 参数表示的有序列表中搜索 `needle` 参数表示的值。

Python

```
def binarySearch(needle, haystack, left=None, right=None):
```

```
# 如果没有指定left与right参数值，就令二者默认指向搜索范围的左界与右界
if left is None:
    left = 0 # left参数默认设为0
if right is None:
    right = len(haystack) - 1 # right参数默认设为最后一个有效下标

print('Searching:', haystack[left:right + 1])

if left > right: # 基本情况
    return None # 在haystack中找不到待查的元素

mid = (left + right) // 2
if needle == haystack[mid]: # 基本情况
    return mid # 在haystack中找到待查的元素
elif needle < haystack[mid]: # 递归情况
    return binarySearch(needle, haystack, left, mid - 1)
elif needle > haystack[mid]: # 递归情况
    return binarySearch(needle, haystack, mid + 1, right)
```

```
print(binarySearch(13, [1, 4, 8, 11, 13, 16, 19, 19]))
```

等效的 JavaScript 算法写在 *binarySearch.html* 文件中。

JavaScript

```
<script type="text/javascript">
function binarySearch(needle, haystack, left, right) {
    // 如果没有指定left与right参数值，就令二者默认指向搜索范围的左界与右界
    if (left === undefined) {
        left = 0; // left参数默认设为0
    }
    if (right === undefined) {
        right = haystack.length - 1; // right参数默认设为最后一个有效下标
    }

    document.write("Searching: [" +
    haystack.slice(left, right + 1).join(", ") + "]<br />");

    if (left > right) { // 基本情况
        return null; // 在haystack中找不到待查的元素
    }

    let mid = Math.floor((left + right) / 2);
    if (needle == haystack[mid]) { // 基本情况
        return mid; // 在haystack中找到待查的元素
    } else if (needle < haystack[mid]) { // 递归情况
        return binarySearch(needle, haystack, left, mid - 1);
    } else if (needle > haystack[mid]) { // 递归情况
        return binarySearch(needle, haystack, mid + 1, right);
    }
}

document.write(binarySearch(13, [1, 4, 8, 11, 13, 16, 19, 19]));
</script>
```

运行这个程序，它会在[1, 4, 8, 11, 13, 16, 19, 19]这样的列表或数组中搜索 13 这个值。该程序输出的内容是这样的。

```
Searching: [1, 4, 8, 11, 13, 16, 19, 19]
Searching: [13, 16, 19, 19]
Searching: [13]
4
```

程序最终输出的位置是 4，而我们要找的目标值 13，确实处于下标为 4 的位置。

这段代码首先根据 left 与 right 所界定的范围，计算位置居中的那个元素的下标并将该下标保存到 mid 变量之中。初次触发 binarySearch() 函数时，这个范围指的就是待搜索的整个列表或数组。如果位于 mid 下标处的值与 needle 参数表示的待查值相同，那么函数返回 mid。如果不同，就需要判断 needle 参数表示的待查值是在该范围的左半边，还是右半边，并分别在 left 至 mid - 1 或 mid + 1 至 right 范围内搜索。

确定了接下来的搜索范围之后，应该如何在该范围内查找呢？由于我们写的这个 binarySearch() 函数本身就具备这样的功能，因此我们当然会以该范围作为参数，递归调用这个函数。如果我们发现，right 参数表示的待查范围的右界比 left 参数表示的待查范围的左界还要靠前，就意味着，当前这个待查范围的长度已缩减为 0，因此我们要找的这个值不在 haystack 参数表示的列表或数组之中。

注意，这个函数在做完递归调用之后，并没有继续执行其他操作，而立刻返回这次递归调用所得到的值。这种特征意味着我们能够运用尾递归优化（tail call optimization）方法优化这个递归算法。另外，这还意味着这样的递归式二分搜索算法很容易就能实现成迭代式的算法，也就是说，我们不需要递归调用，就能实现二分搜索。你可以从本书的配套源代码中查看迭代式的二分搜索算法，并与这里介绍的递归式二分搜索算法相对比。

通过大 O 符号做算法分析

　　如果数据本身已经排好了顺序，那么二分搜索算法的速度要比线性搜索算法的快。线性搜索算法是指那种逐个检查数组（或列表）中的元素是否与待查元素相同的方法，它属于蛮力（brute-force）法。我们可以用大 O 符号（big O notation）做算法分析（algorithm analysis），以比较这两种算法的效率。本章的延伸阅读包含一些与该话题有关的信息。

　　如果你要查询的这些数据没有排过顺序，那么先用某种算法（如快速排序算法或归并排序算法）为其排序，再执行搜索，可能要比直接在这些数据上面执行线性搜索算法要慢。但如果你要在数据上面多次执行搜索，那么首先花一些时间排序，然后使用二分搜索算法来查找目标元素，还是相当值得的。这就好比你在砍树之前，虽然花了一小时磨斧头，但由于斧头磨过之后能够更快地伐木，因此节省下来的时间会多于你一开始磨斧头所花的那一个时。

5.2　快速排序

要采用速度较快的二分搜索算法（而不是速度较慢的线性搜索算法）在一组数据中搜索某个值，首先必须确保这组数据是排过顺序的。如果这些值还没有排序，就无法对其运用该算法。这时可以考虑先用快速排序（quicksort，简称快排）算法给这些数据排序，然后执行二分搜索算法。快速排序算法是计算机科学家托尼・霍尔（Tony Hoare）提出来的。

快速排序采用一种叫作划分（partitioning）的分治策略。划分可以这样来理解，假设有一大堆没按字母顺序排列的书,如果你随便拿起一本,把它放到书架上面,那么想让书架上的这些书保持有序,你可能需要花很多时间重新调整书的位置。其实你可以将这堆书先粗分成两堆:把名称的首字母为 A～M 的书放到一堆中;把名称的首字母为 N～Z 的书放在另一堆中(此时,M 称为这一轮划分时采用的基准值)。

虽然没有把整堆书全排好顺序,但是至少将其划分成两小堆(其中一小堆里的每一本书的最终位置都必然位于另一小堆里的那些书之前)。这种划分做起来相当容易,因为你不需要把每一本书都放在正确的位置上,你只需要判断它应该放在哪一个小堆中就行。划分成两小堆之后,你可以对每一小堆书继续划分,这样的话,这两个小堆就会细分成四小堆,也就是 A～G、H～M、N～T,以及 U～Z。图 5-2 演示了这个逐级划分的过程。这样一直划分下去,最后肯定会出现只包含一本书的小堆(这就是递归的基本情况),如果所有的小堆均如此,那么这些小堆之间就彼此排好了顺序。由于每一小堆中都只有一本书,因此原来那一大堆书的顺序已经彻底排列好了。这种反复划分的操作正是快速排序算法的关键。

第一次触发快速排序算法时,要考虑的范围是 A～Z 的 26 个字母,于是我们选择字母 M 作为基准值,因为它是中间那个字母(也就是第 13 个字母)。但问题在于,假如在待排序的这些书里只有一本名称是以 A 开头的(例如,讲述 Aaron Burr 的书),而其他 99 本的书名全以 Z 开头(例如,讨论 zebras、zoos 以及 zygote 等话题的书),那么采用 M 作为基准值划分出的两小堆在数量上就显得不平衡。其中一堆(也就是 A～M 的那一堆)只包含那本讲述 Aaron Burr 的书,而另外的 99 本书位于 M～Z 的那一堆中。快速排序算法在能够实现均衡划分的场合下运行速度最快,因此我们每一次划分时,都必须选好基准值。

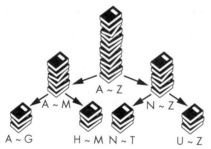

图 5-2   把原始数据粗分成两小堆,然后把每一小堆继续分成两小堆

然而,如果你并不了解自己要排列的是什么类型的数据,就没办法选择较理想的基准值。因此,通用的快速排序算法一般会把出现在当前范围右端的那个值当作基准值。

我们这里要实现的这个快速排序算法会在每次触发 quicksort() 时,传入最初那个待排序的数组。另外,我们还会传入 left 与 right 这两个参数,以标注当前需要对数组中的哪个范围排序,这与早前实现二分搜索算法时给 binarySearch() 函数设计的那两个参数类似。快速排序算法会选择基准值,并将其与当前范围内的其他元素分别进行对比,把那些元素中小于基准值的元素放在左边,把大于基准值的元素放在右边,这样就完成了划分。然后,quicksort() 函数会把当前范围分成两段,并分别以这两段为排序范围,递归调用自身,直至某次遇到的排序范围已经缩减为 1 个或 0 个元素。每完成一次递归调用，最初的那个数组或列表就会比原来整齐一些，等到所有递归调用做完，列表就彻底排好顺序了。

这个算法也是原地修改数组的。由于它原地修改数组，因此并不会另外返回一个排好顺序的数组，它遇到基本情况时，只不再继续触发递归调用而已。

现在，我们把设计递归式的快速排序算法时需要考虑的 3 个问题回答一遍。

❑ **什么是基本情况？**待排序的范围内没有元素或只剩 1 个元素的情况，此时，该范围内的元素显然有序，无须继续排序。

❑ **在递归函数调用中应该传入什么样的参数？**传入左、右边界的下标，以表示我们当前正在给数组或列表中的这一范围排序。

❑ **在递归函数调用中传入的参数是如何向基本情况靠近的？**每次递归调用都会令待排序的范围减半，因此最后肯定会遇到该范围内只含一个元素或不含元素的情况。

下面是一个名叫 *quicksort.py* 的 Python 程序，其中的 quicksort() 函数能够依照升序给列表中的各元素排序。

```python
def quicksort(items, left=None, right=None):
    # 如果没有指定 left 与 right 的值，二者所界定的这个范围就涵盖所有元素
    if left is None:
        left = 0 # left 默认设为0
    if right is None:
        right = len(items) - 1 # right 默认设为最后一个有效下标

    print('\nquicksort() called on this range:', items[left:right + 1])
    print('...............The full list is:', items)

    if right <= left: ❶
        # 当前范围内只有1个元素，或没有元素，这意味着该范围内的元素已经有序
        return # 基本情况

    # 开始划分
    i = left # 一开始，让变量 i 位于当前范围的左界 ❷
    pivotValue = items[right] # 选择当前范围内的最后一个值作为基准值

    print('....................The pivot is:', pivotValue)

    # 从左界开始，迭代到右界，但不包含右界本身，因为那个元素是基准值
    for j in range(left, right):
        # 如果当前值小于基准值，就把它与 i 所指的元素交换，这样迭代完这些元素后，所有小于基准值的元素就会
        # 靠左排列
        if items[j] <= pivotValue:
            # 交换这两个位置上的值
            items[i], items[j] = items[j], items[i] ❸
            i += 1

    # 交换基准值与 i 所指的元素，这样基准值左侧的元素就全小于或等于它
    items[i], items[right] = items[right], items[i]
    # 结束划分

    print('....After swapping, the range is:', items[left:right + 1])
    print('Recursively calling quicksort on:', items[left:i], 'and', items[i + 1:right + 1])

    # 对划分出来的两个小范围分别递归调用 quicksort()
    quicksort(items, left, i - 1)  # 递归情况
```

```
    quicksort(items, i + 1, right)  # 递归情况

myList = [0, 7, 6, 3, 1, 2, 5, 4]
quicksort(myList)
print(myList)
```

等效的 JavaScript 代码写在 *quicksort.html* 文件中。

```
<script type="text/javascript">
function quicksort(items, left, right) {
    // 如果没有指定 left 与 right 的值，二者所界定的这个范围就涵盖所有元素
    if (left === undefined) {
        left = 0; // left 默认设为 0
    }
    if (right === undefined) {
        right = items.length - 1; // right 默认设为最后一个有效下标
    }

    document.write("<br /><pre>quicksort() called on this range: [" +
    items.slice(left, right + 1).join(", ") + "]</pre>");
    document.write("<pre>...............The full list is: [" + items.join(", ") + "]</pre>");

    if (right <= left) { ❶
        // 当前范围内只有 1 个元素，或没有元素，这意味着该范围内的元素已经有序
        return; // 基本情况
    }

    // 开始划分
    let i = left; ❷ // 一开始，让变量 i 位于当前范围的左界
    let pivotValue = items[right]; // 选择当前范围内的最后一个值作为基准值

    document.write("<pre>...................The pivot is: " + pivotValue.toString() +
"</pre>");

    // 从左界开始，迭代到右界，但不包含右界本身，因为那个元素是基准值
    for (let j = left; j < right; j++) {
        // 如果当前值小于基准值，就把它与 i 所指的元素交换，这样迭代完这些元素后，所有小于基准值的元素就会
        // 靠左排列
        if (items[j] <= pivotValue) {
            // 交换这两个位置上的值
            [items[i], items[j]] = [items[j], items[i]]; ❸
            i++;
        }
    }

    // 交换基准值与 i 所指的元素，这样基准值左侧的元素就全小于或等于它
    [items[i], items[right]] = [items[right], items[i]];
    // 结束划分

    document.write("<pre>....After swapping, the range is: [" + items.slice(left, right + 1).join(",
    ") + "]</pre>");
    document.write("<pre>Recursively calling quicksort on: [" + items.slice(left, i).join(", ") + "]
    and [" + items.slice(i + 1, right + 1).join(", ") + "]</pre>");

    // 对划分出来的两个小范围分别递归调用 quicksort()
    quicksort(items, left, i - 1); // 递归情况
    quicksort(items, i + 1, right); // 递归情况
}

let myList = [0, 7, 6, 3, 1, 2, 5, 4];
quicksort(myList);
```

```
document.write("<pre>[" + myList.join(", ") + "]</pre>");
</script>
```

这段代码与二分搜索算法的代码类似。在没有指定 left 与 right 参数值的情况下，它也默认将 left 设为 0，并将 right 设为最后一个有效下标，以便把 items 中的全部元素涵盖在待排序的范围之内。如果算法发现，表示右界的 right 参数已经小于或等于表示左界的 left 参数，那么意味着待排序的范围内只剩 1 个元素或者根本没有元素，此时，函数遇到基本情况，也就是说，这一范围内的元素已经排好顺序（❶）。

每次调用 quicksort() 时，我们都对当前范围（也就是由 left 与 right 限定的这个范围）内的元素进行划分，通过交换各元素之间的顺序，让小于基准值的元素靠左排列，并让大于基准值的元素靠右排列。例如，如果待排序的数组或列表是[81, 48, 94, 87, 83, 14, 6, 42]，那么基准值就是 42，划分后的数组应该是[14, 6, 42, 87, 83, 81, 48, 94]。

注意，划分后的数组未必是一个已经完全排好顺序的数组，尽管 42 左边的那两个数确实比 42 小，且 42 右边的那 5 个数确实比 42 大，但是那些数不一定始终有序（例如，87 就排在 83 的前面，假如完全有序，那 87 应该排在 83 的后面）。

quicksort() 函数的大部分代码是为了实现划分而写的。为了理解这个函数具体是怎么划分的，我们想象有这样一个下标 j，它一开始指向待排序范围的左界，每迭代一轮，就向右移动一个位置（❷）。我们把下标 j 所指的元素与基准值相比并做出相应的处理，然后令 j 指向下一个元素，并开始下一轮迭代，以比较那个元素与基准值的大小。基准值可以在当前待排序的范围内任意选择，但是我们这次写的 quicksort() 函数始终把该范围右界的那个值当作基准值。

除 j 之外，还需要想象另一个下标 i，这个下标一开始也指向待排序范围的左界。如果下标 j 所指的元素小于或等于基准值，就把 i 与 j 所指的元素互换（❸），并递增 i 的值，令该下标向右移动一个位置。无论当前考虑的这个元素与基准值之间是何关系，下标 j 都会向右移动一个位置，而下标 i 只会在当前元素小于或等于基准值时，向右移动一格。

i 和 j 是表示数组下标时常用的变量名称。如果 quicksort() 函数由别人来实现，那么实现者可能会把 i 变量叫作 j，并把 j 变量叫作 i。当然，那个人也有可能为这两个变量指定两个完全不同的名称。这里的重点在于，当实现 quicksort() 函数时，需要像刚才那段代码那样，用两个变量分别保存数组下标。其中一个是 j，它用来指向当前考虑的元素，另一个是 i，如果它指向的位置落后于 j，那么它指向的就是待排序的这一范围内比基准值大的首个元素所在的位置（这让我们在发现当前元素小于或等于基准值时，能够将该元素与下标 j 所指的元素互换，令小于或等于基准值的元素靠左排列）。

现在用一个示例来演示划分的过程。我们以数组[0, 7, 6, 3, 1, 2, 5, 4]的初次划分为例，这次划分的范围是整个数组，因此表示左界的 left 参数值是 0，表示右界的 right 参数表示最后一个有效下标，值是 7。表示基准值的 pivotValue 变量始终对应该范围最右端那个元素的值，也就是 items[right]，它在本例中是 4。i 与 j 这两个下标变量一开始都指向 0 号位置，也就是当前待划分的这一范围的左界。每迭代一轮，下标 j 都向右移动一个位置。而下标 i 只会在下标 j 所指元素小于或等于基准值时，向右移动一格。执行首轮迭代之前，items 数组以及

i、j 这两个下标变量的值是下面这样的。

```
items:  [0, 7, 6, 3, 1, 2, 5, 4]
下标:    0  1  2  3  4  5  6  7
         ^
i = 0    i
j = 0    j
```

下标 j 所指的值是 0，这个值小于或等于基准值 4，因此需要交换 i 与 j 这两个位置上的元素。但由于二者实际上指向同一位置，因此这次交换并没有让数组发生实质变化。交换完之后，递增 i 的取值，让它向右移动一格。至于下标变量 j，则无论当前元素是否小于或等于基准值，都会向右移动一个位置。完成首轮迭代后，这些变量的状态如下。

```
items:  [0, 7, 6, 3, 1, 2, 5, 4]
下标:    0  1  2  3  4  5  6  7
            ^
i = 1       i
j = 1       j
```

下标 j 所指的值是 7，它不小于或等于基准值 4，因此这次不交换元素值。无论是否交换元素值，j 都要向右移动一个位置，但 i 只在发生交换时向右移动，因此 i 要么与 j 指向同一个位置，要么就指向它左侧的某个位置（那个位置上的元素比基准值大，将来会与某个小于或等于基准值的元素互换）。完成这轮迭代后，这些变量的状态如下。

```
items:  [0, 7, 6, 3, 1, 2, 5, 4]
下标: 0  1  2  3  4  5  6  7
               ^
i = 1       i  ^
j = 2          j
```

下标 j 所指的值是 6，它大于基准值 4，因此这次不交换元素值。完成这轮迭代后，这些变量的状态如下。

```
items:  [0, 7, 6, 3, 1, 2, 5, 4]
下标:    0  1  2  3  4  5  6  7
            ^
i = 1       i  ^
j = 3             j
```

下标 j 所指的值是 3，它小于或等于基准值 4，于是交换 i 与 j 所指的元素。这会让 7 与 3 这两个元素互换位置，而且会让下标 i 向右移动一格。完成这轮迭代后，这些变量的状态如下。

```
items:  [0, 3, 6, 7, 1, 2, 5, 4]
下标:    0  1  2  3  4  5  6  7
               ^
i = 2          i  ^
j = 4             j
```

下标 j 所指的值是 1，它小于或等于基准值 4，于是交换 i 与 j 所指的元素。这会让 6 与 1 这两个元素互换位置，而且会让下标 i 向右移动一格。完成这轮迭代后，这些变量的状态如下。

```
items:  [0, 3, 1, 7, 6, 2, 5, 4]
下标:    0  1  2  3  4  5  6  7
                  ^
i = 3             i  ^
j = 5                j
```

　　下标 j 所指的值是 2，它小于或等于基准值 4，于是交换 i 与 j 所指的元素。这会让 7 与 2 这两个元素互换位置，而且会让下标 i 向右移动一格。完成这轮迭代后，这些变量的状态如下。

```
items:  [0, 3, 1, 2, 6, 7, 5, 4]
下标:     0  1  2  3  4  5  6  7
                        ^
i = 4                   i  ^
j = 6                      j
```

　　下标 j 所指的值是 5，它大于基准值 4，因此这次不交换元素值。完成这轮迭代后，这些变量的状态如下。

```
items:  [0, 3, 1, 2, 6, 7, 5, 4]
下标:     0  1  2  3  4  5  6  7
                        ^
i = 4                   i     ^
j = 7                         j
```

　　现在已经到了待划分的这一范围的右界。此时，下标变量 j 所指的正是基准值（quicksort() 函数始终把该范围最右端的值视为基准值，因此当我们到达这个位置时，看到的肯定是基准值）。最后，需要交换 i 与 j 所指的元素，以确保基准值出现在划分后的左半段，而不是右半段。这次交换的是 6 与 4 这两个元素。现在，各变量的状态如下。

```
items:  [0, 3, 1, 2, 4, 7, 5, 6]
下标:     0  1  2  3  4  5  6  7
                        ^
i = 4                   i     ^
j = 7                         j
```

　　注意观察下标 i，如果它在某轮迭代之后的位置落后于 j，那么它指向的这个位置就用来在以后执行交换时，接收某个小于或等于基准值的元素，而换出去的那个元素是一个大于基准值的元素。交换之后，i 会向右移动一格，以便在那个位置上面继续接收某个小于或等于基准值的元素。于是，在 i 落后于 j 时，i 左侧的元素全是小于或等于基准值的元素，而 i 本身以及它右侧（直至 j 的前一个位置）的那些元素全是大于基准值的元素。

　　这次划分完之后，我们会对划分出来的左、右两小段分别递归调用 quicksort()。这会促使函数对左边那一小段与右边那一小段继续进行划分，从而把整个数组划分成 4 个小段，而在每一个小段又会触发相应的 quicksort() 递归调用，等到所有的小段变成只含 1 个元素或不含元素的情况时，整个数组就彻底排好顺序了。

　　运行这个程序，可以看到它排列[0, 7, 6, 3, 1, 2, 5, 4]这个列表或数组的全过程。其中有些输出语句中，补充了多个句点，这是为了让这些语句输出的冒号位置能够与其他语句输出的冒号位置在垂直方向上对齐，令程序输出的内容更加清晰。

```
quicksort() called on this range: [0, 7, 6, 3, 1, 2, 5, 4]
...............The full list is: [0, 7, 6, 3, 1, 2, 5, 4]
...................The pivot is: 4
...After swapping, the range is: [0, 3, 1, 2, 4, 7, 5, 6]
Recursively calling quicksort on: [0, 3, 1, 2] and [7, 5, 6]
```

```
quicksort() called on this range: [0, 3, 1, 2]
................The full list is: [0, 3, 1, 2, 4, 7, 5, 6]
...................The pivot is: 2
....After swapping, the range is: [0, 1, 2, 3]
Recursively calling quicksort on: [0, 1] and [3]
quicksort() called on this range: [0, 1]
................The full list is: [0, 1, 2, 3, 4, 7, 5, 6]
....................The pivot is: 1
....After swapping, the range is: [0, 1]
Recursively calling quicksort on: [0] and []
quicksort() called on this range: [0]
................The full list is: [0, 1, 2, 3, 4, 7, 5, 6]
quicksort() called on this range: []
................The full list is: [0, 1, 2, 3, 4, 7, 5, 6]
quicksort() called on this range: [3]
................The full list is: [0, 1, 2, 3, 4, 7, 5, 6]
quicksort() called on this range: [7, 5, 6]
................The full list is: [0, 1, 2, 3, 4, 7, 5, 6]
...................The pivot is: 6
....After swapping, the range is: [5, 6, 7]
Recursively calling quicksort on: [5] and [7]
quicksort() called on this range: [5]
................The full list is: [0, 1, 2, 3, 4, 5, 6, 7]
quicksort() called on this range: [7]
................The full list is: [0, 1, 2, 3, 4, 5, 6, 7]
Sorted: [0, 1, 2, 3, 4, 5, 6, 7]
```

快速排序是一种常用的排序算法，因为它实现起来很简单，而且排序速度比较快。另一种常用的排序算法叫作归并排序（merge sort）算法，这也是一种排序速度比较快的算法，而且用到了递归。下面我们就讲述这个算法。

5.3　归并排序

归并排序又叫合并排序，它是由计算机科学家约翰·冯·诺依曼（John von Neumann）提出的。这种排序算法采用分治策略，每次递归调用 mergeSort() 时针对的列表的长度都是原来的一半，所以最后肯定会出现列表长度为 0 或 1 的情况（此时可以不用排序，直接返回）。这样递归调用返回之后，归并排序算法会把两个已经有序的小列表合并成一个大列表，使这个大列表也保持有序。这样逐级合并回去，等到最后一次递归调用返回之后，得到的就是一个长度与最初那个待排序的列表相同的列表，只不过这个列表中的各个元素已经排好了顺序。

例如，归并排序算法一开始需要对[2, 9, 8, 5, 3, 4, 7, 6]这个列表进行分治，也就是将其分割成[2, 9, 8, 5]与[3, 4, 7, 6]这样两个小列表，并以这两个小列表作为参数，分别递归调用。然后，这两次递归调用又会对各自收到的小列表继续分割，并继续触发递归调用。等到列表中只剩一个元素或没有元素时，归并排序算法就遇到了基本情况。这种列表本身就是有序的，所以无须多做处理即可直接返回。这样的递归调用返回之后，归并排序算法会把这些有序的小列表合并成一个有序的大列表，然后继续这样合并回去，直到得到最初那个列表为止，此时，该列表中的各个元素已经排好了顺序。图 5-3 以扑克牌为例，演示了归并排序算法的原理。

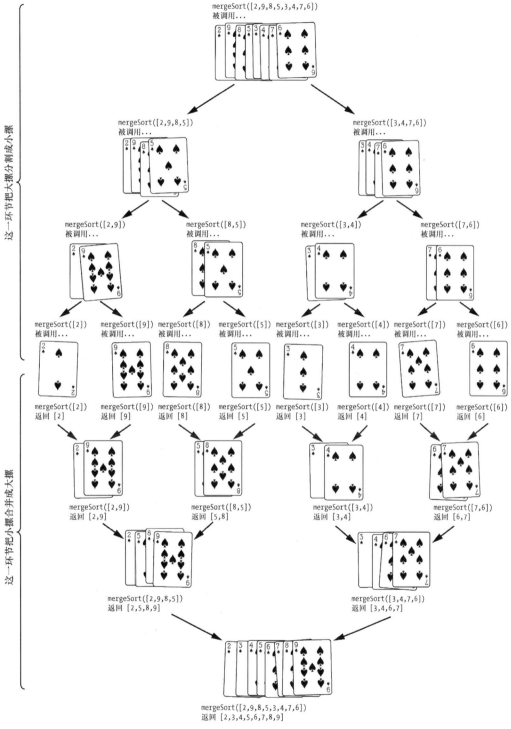

图 5-3 归并排序算法的原理

在刚才的示例中，分割环节最后得到的是 8 个列表，每个列表都只含一个数字，这些列表分别是[2]、[9]、[8]、[5]、[3]、[4]、[7]、[6]。这种只含一个数字的列表本身就是有序的。然后，归并排序算法进入合并环节，它会把相邻的两个小列表合并成一个较大的列表，并让这个列表也保持有序。为此，它需要比较这两个小列表各自的头部元素，并将其中较小的那个放入大列表中。

图 5-4 演示了合并[2,9]与[5,8]这两个小列表的过程。在合并环节中，归并排序算法会比较两个小列表的头部元素，并将其中的较小者移入大列表，然后继续这样比较。归并排序算法会一直这样合并，直到合并出一个与最初待排序的列表等长的列表，此时，它会返回这个已经排好顺序的列表。

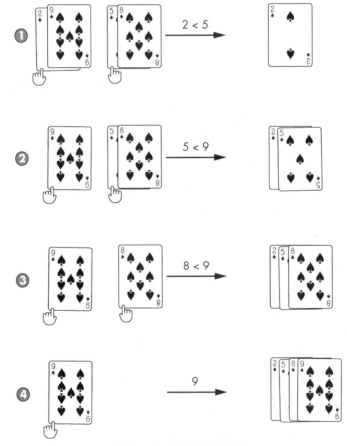

图 5-4   合并小列表的过程

现在，我们把设计递归式的归并排序算法时需要考虑的 3 个问题回答一遍。

❑ **什么是基本情况**？待排序的列表之中没有元素或只有一个元素的情况，此时，该列表已经有序。

❑ **在递归函数调用中应该传入什么样的参数**？分别传入当前这个列表的左半段与右半段。

❏ **在递归函数调用中传入的参数是如何向基本情况靠近的?** 由于每次递归调用时传入的
　列表的长度都是原来的一半,因此最后肯定会出现没有元素或仅有一个元素的列表。

下面是用 Python 代码写的 *mergeSort.py* 程序,其中的 `mergeSort()` 函数能够把列表中的
各元素按升序排列。

```python
import math
def mergeSort(items):
    print('.....mergeSort() called on:', items)
    # 基本情况。由于列表之中没有元素或只有一个元素,因此本身就是有序的
    if len(items) == 0 or len(items) == 1:   ❶
        return items   ❶
    # 递归情况。将列表分割成左、右两半,并分别以这两半段作为参数,递归调用 mergeSort()
    # 如果无法平分,就把中间那个元素划分到右半段
    iMiddle = math.floor(len(items) / 2)   ❷
    print('................Split into:', items[:iMiddle], 'and', items[iMiddle:])
    left = mergeSort(items[:iMiddle])   ❸
    right = mergeSort(items[iMiddle:])
    # 基本情况。我们得到了两个由更小的列表合并成的小列表,并且这两个更小的列表均有序
    # 现在我们要把 left 表示的这个有序小列表与 right 表示的另一个有序小列表
    # 合并成一个较大的列表,而且要让这个大列表也保持有序
    sortedResult = []
    iLeft = 0
    iRight = 0
    while (len(sortedResult) < len(items)):
        # 把这两个值中较小的那个添加到用来收集合并结果的 sortedResult 之中
        if left[iLeft] < right[iRight]:   ❹
            sortedResult.append(left[iLeft])
            iLeft += 1
        else:
            sortedResult.append(right[iRight])
            iRight += 1
        # 如果其中一个下标变量已经到达它所对应的小列表尾部,就把另一个小列表中
        # 尚未合并的元素全添加到用来收集合并结果的 sortedResult 之中
        if iLeft == len(left):
            sortedResult.extend(right[iRight:])
            break
        elif iRight == len(right):
            sortedResult.extend(left[iLeft:])
            break
    print('The two halves merged into:', sortedResult)
    return sortedResult # 返回一个已经排好顺序的列表
myList = [2, 9, 8, 5, 3, 4, 7, 6]
myList = mergeSort(myList)
print(myList)
```

等效的 JavaScript 代码写在 *mergeSort.html* 文件中。

```javascript
<script type="text/javascript">
function mergeSort(items) {
    document.write("<pre>" + ".....mergeSort() called on: [" + items.join(", ") + "]</pre>");

    // 基本情况。由于数组之中没有元素或只有一个元素,因此本身就是有序的
    if (items.length === 0 || items.length === 1) { // 基本情况
    return items;   ❶
    }

    // 递归情况。将数组分割成左、右两半,并分别以这两半段作为参数,递归调用 mergeSort()
    // 如果无法平分,就把中间那个元素划分到右半段
    let iMiddle = Math.floor(items.length / 2);   ❷
```

```
document.write("<pre>...............Split into: [" + items.slice(0, iMiddle).join(", ") +
"] and [" + items.slice(iMiddle).join(", ") + "]</pre>");

let left = mergeSort(items.slice(0, iMiddle)); ❸
let right = mergeSort(items.slice(iMiddle));

// 基本情况。我们得到了两个由更小的数组合并成的小数组，并且这两个更小的数组均有序
// 现在我们要把left表示的这个有序小数组与right表示的另一个有序小数组
// 合并成一个较大的数组，而且要让这个大数组也保持有序
let sortedResult = [];
let iLeft = 0;
let iRight = 0;
while (sortedResult.length < items.length) {
    // 把这两个值中较小的那个添加到用来收集合并结果的sortedResult之中
    if (left[iLeft] < right[iRight]) { ❹
        sortedResult.push(left[iLeft]);
        iLeft++;
    } else {
        sortedResult.push(right[iRight]);
        iRight++;
    }

    // 如果其中一个下标变量已经到达它所对应的小数组尾部，就把另一个小数组中
    // 尚未合并的元素全添加到用来收集合并结果的sortedResult之中
    if (iLeft == left.length) {
        Array.prototype.push.apply(sortedResult, right.slice(iRight));
        break;
    } else if (iRight == right.length) {
        Array.prototype.push.apply(sortedResult, left.slice(iLeft));
        break;
    }
}

document.write("<pre>The two halves merged into: [" + sortedResult.join(", ") +
"]</pre>");

return sortedResult; // 返回一个已经排好顺序的数组

}
let myList = [2, 9, 8, 5, 3, 4, 7, 6];
myList = mergeSort(myList);
document.write("<pre>[" + myList.join(", ") + "]</pre>");
</script>
```

mergeSort()函数（以及该函数对自身所做的各次递归调用）接收一个未排序的列表，并返回一个与该列表内容相同的有序列表。函数首先判断它有没有遇到基本情况，也就是列表中没有元素或仅含一个元素的情况（❶）。如果遇到，这种列表已经有序，因此照原样返回即可。否则，mergeSort()函数就算出列表的中间位置（❷），并据此将列表拆分成左、右两个小的列表，这两个小列表会各自触发一次递归调用（❸）。这两次递归调用返回的都是一个有序的列表，我们将其分别保存在left与right变量之中。

接下来，我们要把这两个已经排好顺序的小列表合并成一个名为sortedResult的大列表，并让这个大列表也保持有序。为此，我们要针对left和right这两个小列表分别设定iLeft与iRight两个下标变量。然后，我们用一个循环结构遍历这两个列表，把二者的头部值之中较小的那个添加到sortedResult中，并递增相应的下标变量（如果左边那个小列表的头部值比较小，就递增iLeft；否则，递增iRight）。如果iLeft或iRight到达相应的小列表末尾，就

把另一个小列表中剩下的元素全添加到 sortedResult 之中。

下面结合一个示例演示把小列表合并成大列表的步骤。假设这两次递归调用返回的两个小列表分别是[2, 9]与[5, 8]。由于二者都是通过递归调用 mergeSort() 获得的,因此我们假设这两个列表均已经排好了顺序。现在,需要将其合并成一个有序的大列表,并保存在 sortedResult 变量之中,使当前这次 mergeSort() 调用能够将该变量返回给触发它的那段代码。

一开始,iLeft 与 iRight 都指向 0 号位置。我们对比 left[iLeft] 与 right[iRight] 的大小,看看这两个值(前者是 2,后者是 5)中哪一个比较小。

```
sortedResult = []
     left: [2, 9]    right: [5, 8]
  indices: 0  1            0  1
  iLeft = 0       ^
iRight = 0                 ^
```

由于 left[iLeft] 的值比较小,因此我们将它的值(也就是 2)添加到 sortedResult 之中,并让 iLeft 值从 0 增长为 1。现在,各变量的状态如下。

```
sortedResult =[2]
     left: [2, 9]    right: [5, 8]
  indices: 0  1            0  1
  iLeft = 0       ^
iRight = 0                 ^
```

我们再次比较 left[iLeft] 与 right[iRight] 值的大小,这次一个是 9,另一个是 5,后者比较小。于是,我们把 right[iRight] 的值(也就是 5)添加到 sortedResult 之中,并让 iRight 值从 0 增长为 1。现在,各变量的状态如下。

```
sortedResult = [2, 5]
     left: [2, 9]    right: [5, 8]
  indices: 0  1            0  1
  iLeft = 1       ^
iRight = 1                    ^
```

我们依然要比较 left[iLeft] 与 right[iRight] 的大小,这次一个是 9,一个是 8,后者比较小。于是,我们把 right[iRight] 的值(也就是 8)添加到 sortedResult 之中,并让 iRight 从 1 增长为 2。现在,各变量的状态如下。

```
sortedResult = [2, 5, 8]
     left: [2, 9]    right: [5, 8]
  indices: 0  1            0  1
  iLeft = 1       ^
iRight = 2                      ^
```

由于 iRight 的值是 2,这个值已经与 right 列表的长度一样,因此我们需要把 left 列表中从 iLeft 开始直至该列表尾部的所有元素添加到 sortedResult 之中。right 表示的列表之中,已经没有元素能够与这些元素相比较了(也就是说,这些元素全比 right 中的元素大)。最后,sortedResult 变成了[2, 5, 8, 9],而这也正是当前这次函数调用需要返回的有序列表。每次调用 mergeSort() 时,都需要像这样执行合并,以确定这次调用最终应返回的有序列表。

运行 *mergeSort.py* 或 *mergeSort.html* 程序,我们会看到程序在排列[2, 9, 8, 5, 3, 4, 7, 6]列表的过程中显示出的信息。

```
....mergeSort() called on: [2, 9, 8, 5, 3, 4, 7, 6]
............Split into: [2, 9, 8, 5] and [3, 4, 7, 6]
....mergeSort() called on: [2, 9, 8, 5]
............Split into: [2, 9] and [8, 5]
....mergeSort() called on: [2, 9]
............Split into: [2] and [9]
....mergeSort() called on: [2]
....mergeSort() called on: [9]
The two halves merged into: [2, 9]
....mergeSort() called on: [8, 5]
............Split into: [8] and [5]
....mergeSort() called on: [8]
....mergeSort() called on: [5]
The two halves merged into: [5, 8]
The two halves merged into: [2, 5, 8, 9]
....mergeSort() called on: [3, 4, 7, 6]
............Split into: [3, 4] and [7, 6]
....mergeSort() called on: [3, 4]
............Split into: [3] and [4]
....mergeSort() called on: [3]
....mergeSort() called on: [4]
The two halves merged into: [3, 4]
....mergeSort() called on: [7, 6]
............Split into: [7] and [6]
....mergeSort() called on: [7]
....mergeSort() called on: [6]
The two halves merged into: [6, 7]
The two halves merged into: [3, 4, 6, 7]
The two halves merged into: [2, 3, 4, 5, 6, 7, 8, 9][2, 3, 4, 5, 6, 7, 8, 9]
```

从输出的信息中可见，mergeSort()函数把[2, 9, 8, 5, 3, 4, 7, 6]这一列表划分成[2, 9, 8, 5]与[3, 4, 7, 6]这样两个小的列表，并分别以二者作为参数，递归调用 mergeSort()。对于以[2, 9, 8, 5]作为参数的这次递归调用来说，mergeSort()函数会把这个列表继续拆分成[2, 9]与[8, 5]这样两个小的列表（并分别以二者作为参数，递归调用 mergeSort()）。对于参数是[2, 9]的这次递归调用来说，mergeSort()函数会继续将列表拆分成[2]与[9]这样两个小的列表，并分别以二者作为参数，递归调用 mergeSort()。由于[2]与[9]都是仅由单个元素构成的列表，因此无须继续拆分，这意味着这两次递归调用遇到的都是基本情况，于是函数直接将列表返回。接下来，mergeSort()函数会把这两个小的列表合并回去，令其构成一个包含两个元素的有序列表，也就是[2, 9]。同理，参数是[8, 5]的那次递归调用也会让 mergeSort()函数继续将列表拆分成[8]与[5]这样两个小的列表（并分别以二者作为参数，递归调用 mergeSort()）。由于[8]与[5]都是仅由单个元素构成的列表，因此无须继续拆分，这两次递归调用遇到的都是基本情况，于是 mergeSort()函数直接将列表返回。接下来，mergeSort()函数会合并这两个小的列表，令其构成一个包含两个元素的有序列表，也就是[5, 8]。

[2, 9]与[5, 8]这两个小列表都是有序的。然而，接下来，mergeSort() 函数要做的并不是直接将二者首尾相连，以形成[2, 9, 5, 8]这样的列表，因为这样无法确保拼接之后的列表依然有序。它需要做的是把这两个小列表中的各个元素按顺序加以合并，从而形成一个有序的列表，也就是 [2, 5, 8, 9]。参数是[3, 4, 7, 6]的那次递归调用也会促使程序合并出一个有序的列表，即[3, 4, 6, 7]。程序最后会把这两个列表合并，以形成最终的列表。这时，主程序最初触发的那次 mergeSort()调用就会返回最终的列表，该列表正是由原来那个列表中

的各个元素按序排列而成的。

5.4 求数组中各整数之和

第 3 章已经讲过怎样用头尾分割法计算数组中各个元素之和。现在,我们要改用分治策略解决这个问题。根据加法结合律,1 + 2 + 3 + 4 的结果与 1 + 2 与 3 + 4 相加的结果是一样的,因此我们可以把原来那个数组拆分成两个小的数组,原数组的各元素之和就等于第一个小数组的各元素之和加上第二个小数组的各元素之和。

这样做的好处在于,如果要处理一组比较庞大的数据,那么我们可以把这组数据拆分成许多组比较小的数据,并将这些组比较小的数据对应的小问题分别用不同的计算机处理,使这些计算机能够并行地运作。我们不用先把原数组前半段的总和算出来,再计算后半段的总和,而可以让两台计算机分别计算原数组的前半段与后半段之和。单个 CPU 的运算速度或许无法再大幅提升,但我们可以让多个 CPU 同时工作,以提升算法的总体计算速度。

现在,我们把以分治策略设计递归式的数组求和算法时需要考虑的 3 个问题回答一遍。

❑ **什么是基本情况?** 数组中已经没有数字或只有一个数字的情况,在这两种情况下,我们分别返回 0 与该数字本身。

❑ **在递归函数调用中应该传入什么样的参数?** 传入数组的前半段或后半段。

❑ **在递归函数调用中传入的参数是如何向基本情况靠近的?** 每次递归调用传入的数组的长度都是原来的一半,因此最后总能遇到数组中没有数字或只含一个数字的情况。

下面的 *sumDivConq.py* 程序是用 Python 语言写的,其中的 sumDivConq() 函数能够以分治策略计算数组中的各整数之和。

Python

```python
def sumDivConq(numbers):
    if len(numbers) == 0: # 基本情况
    ❶ return 0
    elif len(numbers) == 1: # 基本情况
    ❷ return numbers[0]
    else: # 递归情况
    ❸ mid = len(numbers) // 2
        leftHalfSum = sumDivConq(numbers[0:mid])
        rightHalfSum = sumDivConq(numbers[mid:len(numbers) + 1])
    ❹ return leftHalfSum + rightHalfSum

nums = [1, 2, 3, 4, 5]
print('The sum of', nums, 'is', sumDivConq(nums))
nums = [5, 2, 4, 8]
print('The sum of', nums, 'is', sumDivConq(nums))
nums = [1, 10, 100, 1000]
print('The sum of', nums, 'is', sumDivConq(nums))
```

等效的 JavaScript 代码写在 *sumDivConq.html* 文件中。

JavaScript

```javascript
<script type="text/javascript">
function sumDivConq(numbers) {
    if (numbers.length === 0) { // 基本情况
```

```
❶ return 0;
} else if (numbers.length === 1) { // 基本情况
  ❷ return numbers[0];
} else { // 递归情况
  ❸ let mid = Math.floor(numbers.length / 2);
    let leftHalfSum = sumDivConq(numbers.slice(0, mid));
    let rightHalfSum = sumDivConq(numbers.slice(mid, numbers.length + 1));
  ❹ return leftHalfSum + rightHalfSum;
  }
}

let nums = [1, 2, 3, 4, 5];
document.write('The sum of ' + nums + ' is ' + sumDivConq(nums) + "<br />");
nums = [5, 2, 4, 8];
document.write('The sum of ' + nums + ' is ' + sumDivConq(nums) + "<br />");
nums = [1, 10, 100, 1000];
document.write('The sum of ' + nums + ' is ' + sumDivConq(nums) + "<br />");
</script>
```

程序会输出下列内容。

```
The sum of [1, 2, 3, 4, 5] is 15
The sum of [5, 2, 4, 8] is 19
The sum of [1, 10, 100, 1000] is 1111
```

sumDivConq() 函数首先判断 numbers 数组是否没有元素或只有一个元素。这两种都是基本情况，并且很容易处理，因为不需要做加法就知道：前者应该返回 0（❶），后者应该返回这个元素本身（❷）。其余属于递归情况，在这种情况下，函数先算出数组的中心下标（❸），然后分别以前半段与后半段的两个小数组作为参数，执行一次递归调用。这两次递归调用的返回值之和就是当前这次 sumDivConq() 调用应返回的值（❹）。

由于加法满足结合律，因此我们不一定要按照某种固定的顺序，在一台计算机上面对数组中的数字求和。刚才这个程序确实是在同一台计算机上面执行这些操作的，但如果数组比较大或者要做的运算不是像加法这样简单的运算，我们就可以让程序把其中一半的工作交给别的计算机去做。这样的问题能够划分成多个与其自身相似的小问题，所以建议采用递归来解决。

5.5 卡拉楚巴乘法

Python 与 JavaScript 这样的高级编程语言支持 * 运算符，这让我们能够相当轻松地完成乘法运算。然而，底层硬件还需要有一种使用更原始的运算完成乘法的方法。只使用加法与循环结构，即可实现乘法运算。下面这段 Python 代码模拟了在底层硬件上面以原始方式计算 5678×1234 的过程。

```
>>> x = 5678
>>> y = 1234
>>> product = 0
>>> for i in range(x):
...     product += y
...
>>> product
7006652
```

然而，这种写法没办法高效地推广到比较大的整数上面。另一种快速的递归式算法叫作卡拉楚巴乘法（Karatsuba multiplication），它是由阿纳托利·卡拉楚巴（Anatoly Karatsuba）提出的，该算法使用加法、减法与一个预先计算好的乘法表计算整数相乘的结果。这个乘法表涵盖了两个一位整数相乘的所有情况，如图 5-5 所示，像这种收录着两个一位整数之积的表格叫作查找表，它让程序能够从内存中获取预先计算出的结果，从而无须反复执行相应的运算。

有了这张表格，算法就不用计算两个一位整数的乘积，因为它可以直接从表格中查出结果。为了存储这张预先计算出的表格，程序需要占用一定的存储空间，但与此同时，也提升了计算的速度（或者说，缩短了程序占用 CPU 的时间）。

	0	1	2	3	4	5	6	7	8	9
0	0	0	0	0	0	0	0	0	0	0
1	0	1	2	3	4	5	6	7	8	9
2	0	2	4	6	8	10	12	14	16	18
3	0	3	6	9	12	15	18	21	24	27
4	0	4	8	12	16	20	24	28	32	36
5	0	5	10	15	20	25	30	35	40	45
6	0	6	12	18	24	30	36	42	48	54
7	0	7	14	21	28	35	42	49	56	63
8	0	8	16	24	32	40	48	56	64	72
9	0	9	18	27	36	45	54	63	72	81

图 5-5　查找表

我们现在就用 Python 或 JavaScript 语言实现卡拉楚巴算法，只不过我们要假设这种语言中没有表示乘法的 * 运算符。我们要编写的这个 karatsuba() 函数以 x 与 y 这两个整数作为参数，并返回二者的乘积。在递归情况下，卡拉楚巴算法分为 5 步。其中，在前 3 步需要递归调用 karatsuba() 自身，而调用时所传入的参数是从当前的 x 与 y 参数中推导出来的，它们几乎都比 x 或 y 本身小。卡拉楚巴算法的基本情况是指 x 与 y 均为一位整数的情况，在这种情况下，这两个参数的乘积可以直接从预先计算的查找表中查出来。

除 x 与 y 之外，还需要定义 4 个变量。其中，a 与 b 表示 x 的前半部分数字和后半部分数字，c 与 d 表示 y 的前半部分数字和后半部分数字，如图 5-6 所示。例如，如果 x 是 5678，y 是 1234，那么 a 是 56，b 是 78，c 是 12，d 是 34。

图 5-6　把待相乘的整数 x 和 y 分别拆解成 a 与 b 以及 c 与 d

下面是卡拉楚巴算法在递归情况下需要执行的 5 个步骤。

（1）从乘法表中查出 a 与 c 的乘积，或者递归调用 karatsuba()，以计算这个乘积。

（2）从乘法表中查出 b 与 d 的乘积，或者递归调用 karatsuba()，以计算这个乘积。

（3）从乘法表中查出 a + c 与 b + d 的乘积，或者递归调用 karatsuba()，以计算这个乘积。

（4）用第（3）步的结果减去第（2）步的结果，再减去第（1）步的结果。

（5）把第（1）步与第（4）步的结果分别向左移动适当的位数（或者说，在后面分别补充适当个数的"0"），然后把它们与第（2）步的结果相加。

第（5）步的结果就是 x 与 y 的乘积。至于如何给第（1）步与第（4）步的计算结果补 0，我们在本节后面将详细解释。

现在，把实现递归式的 karatsuba() 函数时需要考虑的 3 个问题回答一遍。

❏ **什么是基本情况？** 两个参数都是一位整数的情况，在这种情况下，可以直接从预先计算好的查找表中查出结果。

❏ **在递归函数调用中应该传入什么样的参数？** 传入根据 x 与 y 这两个参数推导出的 a、b、c、d 等值。

❏ **在递归函数调用中传入的参数是如何向基本情况靠近的？** 由于执行递归调用时传入的 a、b、c、d 等值都是 x 或 y 的前一半或后一半数字，因此本身要比 x 或 y 小，这样最后肯定会出现两个参数都是一位整数的情况，也就是基本情况。

下面这个 *karatsubaMultiplication.py* 程序用 Python 语言实现了卡拉楚巴乘法算法。

```python
import math

# 创建一张查找表，以存放任意两个一位整数之积
MULT_TABLE = {} ❶
for i in range(10):
    for j in range(10):
        MULT_TABLE[(i, j)] = i * j
def padZeros(numberString, numZeros, insertSide):
    """在字符串左侧或右侧填充指定个数的"0"，并返回填充后的字符串"""
    if insertSide == 'left':
        return '0' * numZeros + numberString
    elif insertSide == 'right':
        return numberString + '0' * numZeros
def karatsuba(x, y):
    """用卡拉楚巴算法计算两个正整数的乘积。注意，该函数在整个运算过程中都不使用 * 运算符"""
    assert isinstance(x, int), 'x must be an integer'
    assert isinstance(y, int), 'y must be an integer'
    x = str(x)
    y = str(y)
    # 如果两个数都是一位整数，就在乘法表中查出结果
    if len(x) == 1 and len(y) == 1: # 基本情况
        print('Lookup', x, '*', y, '=', MULT_TABLE[(int(x), int(y))])
        return MULT_TABLE[(int(x), int(y))]
    # 递归情况
    print('Multiplying', x, '*', y)
    # 在数字左侧预先填充一些"0"，以确保这两个字符串的长度（这两个数的位数）相同
    if len(x) < len(y): ❷
        # 如果x比y短，就在x左侧填充适当个数的"0"
        x = padZeros(x, len(y) - len(x), 'left')
    elif len(y) < len(x):
        # 如果y比x短，就在y左侧填充适当个数的"0"
        y = padZeros(y, len(x) - len(y), 'left')
    # 此时x与y的长度已经相同
    halfOfDigits = math.floor(len(x) / 2) ❸
```

```python
    # 把x拆分成a与b两部分，把y拆分成c与d两部分
    a = int(x[:halfOfDigits])
    b = int(x[halfOfDigits:])
    c = int(y[:halfOfDigits])
    d = int(y[halfOfDigits:])
    # 用这些从原数中拆分出来的数字，执行递归调用
    step1Result = karatsuba(a, c) ❹ # 第1步，计算a与c的乘积
    step2Result = karatsuba(b, d) # 第2步，计算b与d的乘积
    step3Result = karatsuba(a + b, c + d) # 第3步，计算a + b与c + d的乘积
    # 第4步，用第3步的计算结果减去第2步的计算结果，再减去第1步的计算结果
    step4Result = step3Result - step2Result - step1Result ❺
    # 第5步，在第1步与第4步的计算结果右侧分别补充适当的"0"，然后与第2步的计算结果相加，以确定返回值
    step1Padding = (len(x) - halfOfDigits) + (len(x) - halfOfDigits)
    step1PaddedNum = int(padZeros(str(step1Result), step1Padding, 'right'))
    step4Padding = (len(x) - halfOfDigits)
    step4PaddedNum = int(padZeros(str(step4Result), step4Padding, 'right'))
    print('Solved', x, 'x', y, '=', step1PaddedNum + step2Result + step4PaddedNum)
    return step1PaddedNum + step2Result + step4PaddedNum ❻
# 示例：1357 × 2468 = 3349076
print('1357 * 2468 =', karatsuba(1357, 2468))
```

等效的 JavaScript 代码写在 *karatsubaMultiplication.html* 文件中。

```javascript
<script type="text/javascript">

// 创建一张查找表，以存放任意两个一位整数之积
let MULT_TABLE = {}; ❶
for (let i = 0; i < 10; i++) {
    for (let j = 0; j < 10; j++) {
        MULT_TABLE[[i, j]] = i * j;
    }
}
function padZeros(numberString, numZeros, insertSide) {
    // """在字符串左侧或右侧填充指定个数的"0"，并返回填充后的字符串"""
    if (insertSide === "left") {
        return "0".repeat(numZeros) + numberString;
    } else if (insertSide === "right") {
        return numberString + "0".repeat(numZeros);
    }
}
function karatsuba(x, y) {
    // """用卡拉楚巴算法计算两个正整数的乘积。注意，该函数在整个运算过程中都不使用 * 运算符"""
    console.assert(Number.isInteger(x), "x must be an integer");
    console.assert(Number.isInteger(y), "y must be an integer");
    x = x.toString();
    y = y.toString();
    // 如果两个数都是一位整数，就在乘法表中查出结果
    if ((x.length === 1) && (y.length === 1)) { // 基本情况
        document.write("Lookup " + x.toString() + " * " + y.toString() + " = " +
        MULT_TABLE[[parseInt(x), parseInt(y)]] + "<br />");
        return MULT_TABLE[[parseInt(x), parseInt(y)]];
    }
    // 递归情况
    document.write("Multiplying " + x.toString() + " * " + y.toString() +
    "<br />");
    // 在数字左侧预先填充一些"0"，以确保这两个字符串的长度（这两个数的位数）相同
    if (x.length < y.length) { ❷
        // 如果x比y短，就在x左侧填充适当个数的"0"
        x = padZeros(x, y.length - x.length, "left");
```

```
    } else if (y.length < x.length) {
        // 如果y比x短，就在y左侧填充适当个数的"0"
        y = padZeros(y, x.length - y.length, "left");
    }
    // 此时x与y的长度已经相同
    let halfOfDigits = Math.floor(x.length / 2); ❸
    // 把x拆分成a与b两部分，把y拆分成c与d两部分
    let a = parseInt(x.substring(0, halfOfDigits));
    let b = parseInt(x.substring(halfOfDigits));
    let c = parseInt(y.substring(0, halfOfDigits));
    let d = parseInt(y.substring(halfOfDigits));
    // 用这些从原数中拆分出来的数字，执行递归调用
    let step1Result = karatsuba(a, c); ❹ // 第1步，计算a与c的乘积
    let step2Result = karatsuba(b, d); // 第2步，计算b与d的乘积
    let step3Result = karatsuba(a + b, c + d); // 第3步，计算a + b与c + d的乘积
    // 第4步，用第3步的计算结果减去第2步的计算结果，再减去第1步的计算结果
    let step4Result = step3Result - step2Result - step1Result; ❺
    // 第5步，在第1步与第4步的计算结果右侧分别补充适当的"0"，然后与第2步的计算结果相加，以确定返回值
    let step1Padding = (x.length - halfOfDigits) + (x.length - halfOfDigits);
    let step1PaddedNum = parseInt(padZeros(step1Result.toString(), step1Padding, "right"));
    let step4Padding = (x.length - halfOfDigits);
    let step4PaddedNum = parseInt(padZeros((step4Result).toString(), step4Padding, "right"));
    document.write("Solved " + x + " x " + y + " = " +
    (step1PaddedNum + step2Result + step4PaddedNum).toString() + "<br />");
    return step1PaddedNum + step2Result + step4PaddedNum; ❻
}
// 示例：1357 × 2468 = 3349076
document.write("1357 * 2468 = " + karatsuba(1357, 2468).toString() + "<br />"); </script>
```

运行这段代码，会看到下面这样的输出结果。

```
Multiplying 1357 * 2468
Multiplying 13 * 24
Lookup 1 * 2 = 2
Lookup 3 * 4 = 12
Lookup 4 * 6 = 24
Solved 13 * 24 = 312
Multiplying 57 * 68
Lookup 5 * 6 = 30
Lookup 7 * 8 = 56
Multiplying 12 * 14
Lookup 1 * 1 = 1
Lookup 2 * 4 = 8
Lookup 3 * 5 = 15
Solved 12 * 14 = 168
Solved 57 * 68 = 3876
Multiplying 70 * 92
Lookup 7 * 9 = 63
Lookup 0 * 2 = 0
Multiplying 7 * 11
Lookup 0 * 1 = 0
Lookup 7 * 1 = 7
Lookup 7 * 2 = 14
Solved 07 * 11 = 77
Solved 70 * 92 = 6440
Solved 1357 * 2468 = 3349076
1357 * 2468 = 3349076
```

这个程序的第一部分会在它调用 karatsuba() 函数之前执行。这一部分是为了建立一张

乘法表，以存放任意两个一位整数相乘之积，并将这张乘法表存储到 MULT_TABLE 变量中（❶）。一般来说，这种查找表可以用固定变量的形式直接写在源文件中，例如，从 MULT_TABLE[[0, 0]] = 0 写到 MULT_TABLE[[9, 9]] = 81。然而，这里我们为了少输入一些代码，改用双层的 for 循环来计算这些乘积。建立这张表格之后，就能通过 MULT_TABLE[[m, n]] 查询一位的正整数 m 与 n 之积。

除需要查询乘法表之外，我们即将编写的 karatsuba() 函数还需要依赖一个辅助函数，也就是这里的 padZeros() 函数，这个函数会在字符串形式的数字左侧或右侧填充指定个数的"0"。卡拉楚巴算法的第 5 步会用到补"0"的操作。现在举两个示例说明这个辅助函数的效果，padZeros("42", 3, "left") 的结果是字符串 00042，padZeros("99", 1, "right") 的结果是字符串 990。

看完这个辅助函数之后，我们看 karatsuba() 函数本身，它首先判断是不是遇到基本情况，也就是 x 与 y 均为一位整数的情况。在这种情况下，可以直接从乘法表中查出结果，并立刻返回该结果。其余的情况属于递归情况。

在递归情况下，我们需要把 x 与 y 这两个参数表示的正整数转换成字符串，并适当调整，令二者长度相同（也就是让这两个数字具备相同的位数）。如果其中一个比另一个短，就在其左侧补 0。例如，如果 x 是 13，y 是 2468，那么 karatsuba() 函数就需要调用 padZeros()，以便将 x 填充为 0013。为什么要把两个字符串填充成一样长呢？因为接下来分别需要将 x 与 y 这两个字符串表示的数按数位平分，以形成 a、b、c 与 d 这 4 个部分（❷）。卡拉楚巴算法要求 a 与 c 这两部分必须具备相同的位数，b 与 d 这两部分也是如此。

注意，为了确定从 x 中平分出来的两半是几位数，我们用到了除法与向下取整操作（❸）。与乘法一样，这两种操作都比较复杂，所以如果你在底层硬件上面编写卡拉楚巴算法，那可能无法使用它们。在那样的环境下，可能需要再建立一张查找表，以记录每一个非负整数与 2 相除并向下取整的结果，例如，HALF_TABLE = [0, 0, 1, 1, 2, 2, 3, 3...]。有了这张表格，就可以通过 HALF_TABLE[n] 查询 n 与 2 相除并向下取整的结果。这张表格只需有 100 项，即可应对几乎所有的数字，除那些大到离谱的数字之外，程序都可以通过这张表格查出这个数的前半或后半部分有几位，而不用再做除法与舍入操作。这个程序只是为了演示算法的原理，因此直接使用了除法（/）运算符与编程语言内置的向下取整函数（而没有构建并查询这样的表格）。

把 a、b、c、d 这 4 个变量准备好之后，就可以开始递归调用了（❹）。在前 3 步，分别以 a 与 b、c 与 d，以及 a+b 与 c+d 作为参数，调用 karatsuba() 自身。在第 4 步，用第 3 步的结果减去第 2 步的结果，再减去第 1 步的结果（❺）。在第 5 步，在第 1 步与第 4 步的结果右侧分别填充适当个数的 0，然后将两者与第 2 步的结果相加（❻）。

5.6　卡拉楚巴算法背后的数学原理

现在我们就看看卡拉楚巴算法背后的数学原理。假设要计算的是 1357 与 2468 这两个正整数的乘积，那么这两个数在算法中就分别成为参数 x 与 y 的值。然后我们再设定一个变量 n，以表示 x 或 y 有多少位。卡拉楚巴算法把 x 的前一半数字与后一半数字分别表示为 a 和 b，因此 a 是 13，b 是 57，x 的值可以写成 $10^{n/2}\,a + b$，我们验证一下这个式子：把 n、a、b 的值代入其中，得到 $10^2 \times 13 + 57$，也就是 $1300 + 57$，这个值正是 1357 本身。同理，y 的值可以写成 $10^{n/2}\,c + d$。

$$xy = (10^{n/2}\,a + b)(10^{n/2}\,c + d)$$
$$= 10^n\,ac + 10^{n/2}\,(ad + bc) + bd$$

现在验证一下这个算式，把 1357 和 2468 两个数代进去，得到 $1357 \times 2468 = 10000 \times (13 \times 24) + 100 \times (13 \times 68 + 57 \times 24) + (57 \times 68)$。这个等式两边的值都是 3349076（这说明这样展开是正确的）。

由上述的代数式可以看出，x 与 y 的积能够通过 ac、ad、bc 与 bd 计算出来。这就是卡拉楚巴算法的总体思路，也就是用比 x 与 y 小的数定义 x 与 y 的乘积。由于 a、b 分别是由 x 的一半数位构成的，因此都比 x 小。同理，c、d 也都比 y 小。而那些数本身也是乘积的形式，因此同样能够按照这一思路继续拆分，直至遇到基本情况，也就是两个一位整数相乘的情况。在这种情况下，我们不用继续做乘法，可以直接从乘法表中查出乘积。

在第 1 步和第 2 步，分别通过递归调用算出代数式中的 ac 与 bd。在第 3 步，并没有直接计算 $ad + bc$，而计算 $(a + b)(c + d)$，这是为什么呢？因为这个式子能够展开为 $ac + ad + bc + bd$，所以只要从中减去 ac 与 bd，就能够得出 $ad + bc$ 的值，而 ac 与 bd 这两个值已经在算法的前两步中算好了。由此可见，通过 $(a + b)(c + d) - ac - bd$ 计算 $ad + bc$ 的值，只需要做一次乘法（也就是触发一次递归调用），假如直接计算 $ad + bc$，就要做两次乘法（也就是触发两次递归调用）。计算出 $ad + bc$ 的值，我们就能够求出原来那个算式中 $10^{n/2}\,(ad + bc)$ 这一部分的结果。

算式中需要将某些值与 10^n 或 $10^{n/2}$ 相乘，由于这两个数都是 10 的正整数次方，因此可以直接通过在右侧补 0 的方式算出结果，而无须继续递归调用，例如，$10^4 \times 123$ 相当于 10000×123，这可以通过在 123 右侧补 4 个 "0" 来求出结果，也就是 1230000。总之，只要以几个比 x 与 y 小的值作为参数，执行 3 次递归调用（也就是 karatsuba(a, c)、karatsuba(b, d) 与 karatsuba((a + b),(c + d))），就可以得出 ac、bd 及 $(a + b)(c + d)$ 的值，进而能够通过减法求出 $ad + bc$ 的值，并通过补 0 求出 $10^n\,ac$ 以及 $10^{n/2}\,(ad + bc)$ 的值，最后通过加法求出整个式子 $10^n\,ac + 10^{n/2}\,(ad + bc) + bd$ 的值，从而得到最终的结果。

大家只要仔细研究本节的算式，就能理解卡拉楚巴算法背后的数学原理。

5.7   小结

把问题拆解成多个与之相似的小问题是递归的核心，由于分治算法采用的正是这样的拆分思路，因此相当适合用递归来实现。在本章中，把数组元素求和问题改用分治法重新解决。这个版本的好处在于，我们把原问题拆解成了多个互不依赖的小问题，因此多台计算机能够并行处理这些小问题。

　　二分搜索算法能够在一个已经排好顺序的数组中通过逐渐缩小目标范围，查找某个值，它每次都会把待查范围缩减为原来的一半。假如改用线性搜索，就要从头开始，一个一个元素地往后查，有时需要找遍整个数组，才能知道这个值在不在其中。如果待查数组本身是有序的，那么我们可以利用二分搜索算法来查找，这能够相当迅速地接近要找的值。由于这种算法的效率远远高出线性搜索，因此有时为了能够在数组上面反复运用该算法，我们应该先对其排序。

　　说到排序，本章讲解了两种常见的排序算法，也就是快速排序算法与归并排序算法。快速排序根据某个基准值，把数组划分成两部分（让前一部分的元素全小于或等于该值，并让后一部分的元素全大于该值），然后继续在这两部分上面分别递归地运用该算法，直至划分出来的某部分之中仅有一个元素。这样的部分显然是有序的，等到把原数组的所有元素划分成这种仅含一个元素的部分时，整个数组就排好了顺序。归并排序算法与快速排序不同，它也先把数组拆分成越来越小的区段，但拆分完之后，它还有一个合并的环节，也就是要把这些小数组两个两个地合并为有序的大数组，然后对这些大数组继续进行两两合并，直至合并出一个与原数组长度相同的数组，这个数组就是原数组排序后的结果。

　　本章最后讲的是卡拉楚巴算法，这种递归算法能够在不支持乘法运算的情况下计算出两个整数的乘积。如果要在缺乏内置乘法指令的底层硬件上面编程，就会遇到这样的情况。该算法把这两个整数各自拆分成两部分，并通过递归调用自身，计算出由这 4 个较小的数字构成的 3 个乘积（然后通过减法、加法与补 0 等操作，推导出这两个数相乘的结果）。在递归的过程中，如果待相乘的两个数都是一位整数，那么算法就遇到了基本情况，此时它可以直接从乘法表中查出二者之积（这张表格收录了从 0×0 至 9×9 的所有整数乘积）。

　　计算机专业的低年级本科生要学习各种数据结构与算法，本章讲解的这些算法就是其中的一部分内容。第 6 章继续讲解关键的计算机算法，那些算法用于计算排列与组合。

延伸阅读

　　如果想看更详细的教程，可以去学习免费的"Algorithmic Toolbox"网课，大学的"数据结构与算法"课程中的许多话题会在该网课中讲到，包括二分搜索、快速排序以及归并排序等。你可以在 Coursera 网站中学习这门课程。

　　在讲解大 O 算法分析的课程中，经常需要对比各种排序算法的效率，这一话题可参见笔者写的 *Beyond the Basic Stuff with Python* 一书（No Starch 出版社）。Python 开发者 Ned Batchelder 在 2018 年的 PyCon 上面讲述了大 O 算法分析与"代码是怎么随着数据量增多而变慢的"（How Code Slows as Your Data Grows）。

　　为了帮助自己理解快速排序与归并排序两种算法的原理，你可以拿一副扑克牌或一套写有数字的索引卡，按照这两种算法的规则，自己操作这些卡牌，以完成排序。这种脱离计算机环境的做法不仅能够帮你记住快速排序算法是怎么选择基准值并据此划分的，还能够帮你记住归并排序算法是怎么先把大数组切割成小数组后把这些小数组合并回去的。

练习题

1. 与第 3 章中用来实现数组元素求和算法的头尾分割法相比，本章采用的这种分治策略有什么好处？

2. 如果二分搜索算法最多需要 6 步，就能在 50 本书中找到某一本，那么书数量翻倍之后，该算法最多需要几步？

3. 二分搜索算法能够在未经排序的数组上面使用吗？

4. 快速排序算法中的划分与排序本身是不是同一个意思？

5. 快速排序算法的划分环节是怎么做的？

6. 快速排序算法的基准值是什么意思？

7. 快速排序算法的基本情况是指什么？

8. quicksort() 函数（在当前这一级）要触发几次递归？

9. 如果 4 是基准值，那么数组 [0, 3, 1, 2, 5, 4, 7, 6] 就没有正确地得到划分，请问这样划分错在哪里？

10. 归并排序算法的基本情况是什么？

11. mergeSort() 函数（在当前这一级）要触发几次递归？

12. 归并排序算法会把 [12, 37, 38, 41, 99] 与 [2, 4, 14, 42] 这样两个小数组合并成一个什么样的数组？

13. 什么是查找表？

14. 卡拉楚巴算法在计算 x 与 y 的乘积时，会设定 a、b、c、d 这 4 个变量，这 4 个变量存放的分别是什么？

15. 针对本章讲解的每一种算法，把我们设计递归式的解决方案时需要考虑的 3 个问题回答一遍。

   （a）什么是基本情况？

   （b）在递归函数调用中应该传入什么样的参数？

   （c）在递归函数调用中传入的参数是如何向基本情况靠近的？

然后不要看本章的示例代码，自己把这些递归算法再实现一遍。

实践项目

针对下列每项任务，分别编写函数。

1. 编写另一个版本的 karatsuba() 函数，让它的乘法表收录从 0×0 至 999×999 的所有整数乘积，而不像本章中的函数那样，只收录 0×0 至 9×9 的整数乘积。用一个循环结构把采用这种乘法表的 karatsuba() 函数执行 1 万次，每次都让它计算 12345678 与 87654321 相乘的结果，看看这个循环大概要花多长时间才能执行完，并把这个时间与采用原来那种乘法表的函数所花的时间相对比。如果循环 1 万次还显得太快而难以测量，就把迭代次数增加到 10 万、100 万乃至更多次。（提示：当测试执行时间时，应该把 karatsuba() 函数中用来输出信息的那些 print() 及 document.write() 语句删去或注释掉。）

2. 编写一个函数，让它在一个由整数构成的大数组中做线性搜索，并把这种搜索操作执行1 万次。调用这个函数，看看它大概要花多长时间才能执行完，如果执行得太快，你不太容易测量，就把搜索操作的执行次数提升到 10 万或 100 万。再编写一个函数，让它先给数组排序，然后以二分搜索方式执行同样次数的搜索操作。比较这两个函数的执行时间。

## 第 6 章

排列与组合

涉及排列与组合的问题特别适合用递归解决。这些都是集合论（set theory）中常见的问题，集合论是数理逻辑（mathematical logic）的一个分支，用来处理一系列事物之间的选择、安排与操纵。

用人类自身的短期记忆能力处理比较小的集合是较容易的。如果集合里只有三四个对象，我们很容易就能把这些对象之间的每一种次序（或者每一种排列方式）与组合方式都找出来。但如果集合比较大，那么单凭人脑恐怕很难同时掌握这些元素之间的所有排列与组合方式。此时应该导入计算机，让它帮助我们处理这种组合爆炸（combinatorial explosion），也就是排列组合方式随着集合中的元素数而激增的局面。

从本质上说，大量元素之间的排列与组合问题可以通过小量元素之间的排列与组合而得以解决。这个特征意味着，此类问题很适合用递归来解决。本章首先要讲解怎样用递归算法生成字符串中各个字符之间的所有排列与组合形式。然后，我们会扩展这一算法，以生成括号之间的所有配对方式（这些方式都能确保每个左括号均与相应的右括号正确配对）。最后，我们会计算集合的幂集（power set），也就是由该集合的所有子集构成的集合。

本章的许多递归函数有一个 indent 参数。这个参数并不是递归算法的必备参数，它在这里主要帮助函数输出相应的调试信息，以表明当前递归到第几层。每深入一层，我们就让相应的调试信息多缩进一级，并用句点表示层级的数量（或者递归的深度），这样用户只要根据调试信息左侧的句点个数，就能知道这条信息是递归到第几层时输出的。

6.1　集合论的术语

集合（set）是由一系列彼此不同的事物构成的，这些事物称为该集合的元素（element）或成员（member）。例如，A、B、C 这 3 个字母就可以构成一个包含 3 个元素的集合，这 3 个字母都是该集合中的元素。在数学（以及 Python 编程语言）中，我们用一对花括号来表示集合，集合中的各元素之间以逗号分隔，例如，刚才的那个集合可以写为{A, B, C}。

集合中的各元素之间不区分顺序，例如{A, B, C}与{C, B, A}其实是同一个集合。集合中的各元素彼此都有区别，这意味着集合中没有哪两个元素是完全相同的。{A, C, A, B} 不是集合，因为 A 出现了两次（或者说，A 这个元素的出现次数多于一次）。

如果一个集合中的每个元素都是另一个集合的成员，那么该集合称为后者的子集（subset）。

例如，{A, C}是{A, B, C}的子集，{B, C} 也是{A, B, C}的子集，但 {A, C, D} 不是{A, B, C}的子集（因为其中的元素 D 不是{A, B, C}的成员）。如果一个集合能够涵盖另一个集合的所有成员，那么该集合称为后者的超集（superset），例如{A, B, C}是{A, C}的超集，因为后者中的每个元素都是它的成员，同理，它也是{B, C}的超集。不含任何元素的集合叫作空集（empty set），这种集合用 {} 表示。它是每一个集合的子集。

子集与它的超集之间在元素个数上可能会相等，也就是说，它可能含超集中的每一个元素。例如，{A, B, C}就是{A, B, C}的一个子集。那种没有涵盖其超集中所有元素的子集称为真子集（proper subset）或严格子集（strict subset）。任何一个集合都不是它自身的真子集，例如{A, B, C}是{A, B, C}的子集，却不是它的真子集。图 6-1 演示了集合{A, B, C}以及它的子集。该集合本身以虚线圆形表示，它的 3 个子集分别以相应的实线圆形来表示。圆形划定了集合的范围，圆形内的字母均是该集合的元素。

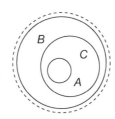

图 6-1　集合 {A, B, C} 以及它的 3 个子集 {A, B, C}、{A, C}与{}

集合的排列（permutation）是指由该集合内的所有元素构成的一种次序。例如，集合{A, B, C}有 6 种排列方式，分别为 ABC、ACB、BAC、BCA、CAB 以及 CBA。这样的排列称为不重复的排列（permutation without repetition）或无置换的排列（permutation without replacement），因为每个元素都不允许多次出现在排列中。

组合（combination）是从集合中选择元素的一种方式。更确切地说，某集合的一种 k 组合（k-combination）是由该集合中的 k 个元素构成的一个子集。与排列相比，组合不区分顺序。例如，集合{A, B, C}的 2 组合有 3 种，分别是{A, B}、{A, C}与{B, C}（至于{B, A}、{C, A}与{C, B}，则不另外计算，因为它们与那 3 种组合方式是一样的）。集合 {A, B, C} 的 3 组合只有一种，就是{A, B, C}本身。

n 选 k（n choose k）[①] 的意思是从有 n 个元素的集合中选取的 k 个（不重复的）元素可能的组合方式。有些数学家用 r 代替 k，也就是写成 n 选 r。这个概念与元素具体是什么没有关系，它只关注元素的选取方式。例如，4 选 2 就是 6，因为从包含 4 个元素的集合中选两个元素，总共有 6 种选取方式，例如，集合是{A, B, C, D}，那么这 6 种选取方式就是{A, B}、{A, C}、{A, D}、{B, C}、{B, D}与{C, D}。3 选 3 是 1，因为从包含 3 个元素的集合中选 3 个元素，只有一种选取方式，就是将三者全选中，例如，如果集合是{A, B, C}，那么唯一的选取方式就是 {A, B, C} 本身。 $C(n, k) = (n!)/(k! \times (n-k)!)$。$n!$ 指的是 n 的阶乘，例如， $5! = 5 \times 4 \times 3 \times 2 \times 1$。

① 也写为 C(n, k) 。——译者注

　　n 多选 k（n multichoose k，又称 n 复选 k）的意思是从有 n 个元素的集合中选取的 k 个（可以重复的）元素可能的组合方式。前面说到的 k 组合是一种集合，而集合中不能出现重复元素，因此这种允许每个元素多次出现的选择方式无法用 k 组合来描述。如果要把 k 组合这样的说法用在允许出现重复元素的场合，就要改称 k 重复组合（k-combinations with repetition）。

　　在不允许重复选取的前提下，排列必须将集合中的所有元素用一遍，而组合则不一定，它选取的元素个数未必等于集合的元素个数，而且这些元素之间无顺序。排列区分顺序，而且在不允许重复选取前提下，其元素个数必须与集合的元素个数相同，组合不区分顺序，而且元素个数可以与集合的元素个数不同。表 6-1 以 $\{A, B, C\}$ 这个集合为例，演示了无重复排列、重复排列、无重复组合与重复组合之间的区别。

表 6-1　以集合 $\{A, B, C\}$ 为例，演示所有可能出现的无重复排列、重复排列、无重复组合与重复组合方式

是否允许重复	排列	组合
不允许	ABC、ACB、BAC、BCA、CAB、CBA	无、A、B、C、AB、AC、BC、ABC
允许	AAA、AAB、AAC、ABA、ABB,ABC、ACA、ACB、ACC、BAA,BAB、BAC、BBA、BBB、BBC、BCA、BCB、BCC、CAA、CAB、CAC、CBA、CBB、CBC、CCA、CCB、CCC	无、A、B、C、AA、AB、AC、BB、BC、CC、AAA、AAB、AAC、ABB、ABC、ACC、BBB、BBC、BCC、CCC

　　排列与组合的种数随着集合的元素个数急剧增加。表 6-2 给出的公式能够让你意识到什么是组合爆炸（combinatorial explosion）。例如，对于有 10 个元素的集合来说，它的排列方式有 10! 种，也就是 3628800 种，如果元素个数翻倍，那么排列方式就高达 20! 种，也就是 2432902008176640000 种。

表 6-2　计算有 n 个元素的集合共有多少种无重复排列、重复排列、无重复组合与重复组合

是否允许重复	排列	组合
不允许	$n!$	2^n
允许	n^n	$(2n)! / (n!)^2$ 这相当于 $2n$ 选 n 的问题（由 $2n$ 个元素中不重复的 n 个元素构成的组合方式共有多少种）

　　在不允许重复选取的前提下，排列所用到的元素数量始终与集合的元素数量一致。例如，集合 $\{A, B, C\}$ 的每一种排列方式（无论是 ABC、ACB 还是 BAC）都有 3 个字母，因为集合中有 3 个元素（排列必须把每个元素都用一遍）。如果允许重复选取，那么排列所用的元素数量就不受限制。表 6-1 只演示了长度与集合的元素数恰好相同的各种重复排列，也就是从 AAA 到 CCC 的各种排列形式，其实你也可以把排列的长度定为 5，这样就会出现从 AAAAA 到 CCCCC 的各种排列形式了。由 n 个元素中可以重复出现的 k 个元素构成的集合的排列方式共有 n^k 种。表 6-2 只演示了 k 恰好等于 n 的情况，在这种情况下，排列的种数是 n^n。

　　元素之间的顺序只对排列有意义，对组合是没有意义的。在允许重复选取的前提下，AAB、ABA 与 BAA 是同一种组合方式，却是 3 种不同的排列方式。

6.2　如何寻找每一种无重复元素的排列

假设你要给出席婚礼的客人安排座位,但这些人之间的关系比较微妙。有些人彼此不熟悉,有些人想要坐在另一人的旁边。这里假设座位是沿着一张方桌(而不是圆桌)排布的,这些座位全都在桌子的一边,它们构成一条直线。为了做出合适的安排,我们想先把这些客人之间的每一种落座顺序找出来,也就是说,我们想找到这些客人之间的每一种无重复排列。为什么不允许重复呢?因为每个客人只能占一个座位。

举一个简单的示例,假设有 Alice、Bob 与 Carol 这 3 位客人,那么他们之间就有可能出现 6 种排列方式(我们以集合 $\{A, B, C\}$ 表示这些客人)。图 6-2(a)~(f)演示了这 6 种方式。

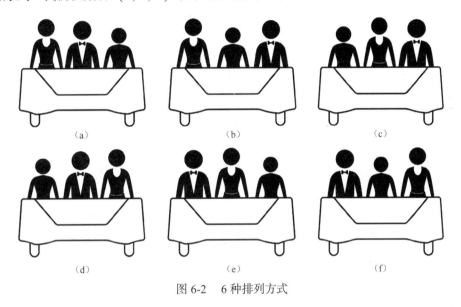

图 6-2　6 种排列方式

寻找无重复元素的排列方式有各种办法,其中一种是运用头尾分割法。从中选取一个元素作为头部元素,让其余的元素合起来构成尾部。把那些元素的每一种排列方式都找出来,然后分别将这个头部元素放在这些排列方式下的各个位置上,这样就找到了该集合的所有排列方式。

以 ABC 为例,如果选 A(也就是 Alice)作为头部,那么 B 与 C(也就是 Bob 与 Carol)就构成尾部。$\{B, C\}$ 这个集合共有两种排列方式,分别为 BC 与 CB。这两种排列方式是怎么得到的?把 A 分别放到 BC 这种排列方式下的每一个位置上:它可以出现在 B 之前,构成 ABC,也可以出现在 B 与 C 之间,构成 BAC,还可以出现在 C 之后,构成 BCA。于是,我们就找到了 ABC、BAC 与 BCA 这 3 种排列方式。接下来,我们把 A 分别放在 CB 这种排列方式下的每一个位置上,这又能找到 3 种排列方式,也就是 ACB、CAB 与 CBA。现在,我们就把 Alice、Bob 与 Carol 这 3 个客人之间的 6 种落座顺序,全找到了。你可以从中选出最满意的一种。

为了获取 $\{B, C\}$ 的每一种排列方式,我们递归地运用刚才的办法。这次可以选 B 为头部,于是 C 就构成了尾部。对于只有一个元素的集合来说,其排列方式当然也只有一种,因此该算法遇到了基本情况。现在，把头部 *B* 分别放到 *C* 这种排列方式的每一个位置上，它可以出现在 *C* 的前面，也可以出现在 *C* 的后面，于是我们就得到了 *BC* 与 *CB* 这样两种排列，这正是上一段中提到的两种。由 *B* 与 *C* 构成的集合中，哪个写在前面其实都无所谓，也就是说，{*B*, *C*} 与 {*C*, *B*} 是同一个集合，但这个集合的排列方式是有顺序的，因此 *BC* 与 *CB* 并不是同一种排列。

这个递归式的排列函数以一个字符串作为参数，返回一个数组，该数组囊括了由这个字符串中的各个字符形成的每一种排列方式。现在我们把设计这个递归算法时所要考虑的 3 个问题回答一遍。

- ❑ **什么是基本情况**？作为参数的这个字符串中只有一个字符的情况，此时只需要返回一个含该字符串本身的数组即可。
- ❑ **在递归函数调用中应该传入什么样的参数**？传入一个比当前字符串少一个字符的字符串。
- ❑ **在递归函数调用中传入的参数是如何向基本情况靠近的**？由于每次传入的字符串都比原来少一个字符，因此最后肯定会遇到字符串里只有一个字符的情况。

下面这个 *permutations.py* 程序用 Python 语言实现递归式的排列算法。

```python
def getPerms(chars, indent=0):
    print('.' * indent + 'Start of getPerms("' + chars + '")')
    if len(chars) == 1:❶
        # 基本情况
        print('.' * indent + 'When chars = "' + chars + '" base case returns', chars)
        return [chars]

    # 递归情况
    permutations = []
    head = chars[0]❷
    tail = chars[1:]
    tailPermutations = getPerms(tail, indent + 1)
    for tailPerm in tailPermutations:❸
        print('.' * indent + 'When chars =', chars, 'putting head', head, 'in all places in', tailPerm)
        for i in range(len(tailPerm) + 1):❹
            newPerm = tailPerm[0:i] + head + tailPerm[i:]
            print('.' * indent + 'New permutation:', newPerm)
            permutations.append(newPerm)
    print('.' * indent + 'When chars =', chars, 'results are', permutations)
    return permutations

print('Permutations of "ABCD":')
print('Results:', ','.join(getPerms('ABCD')))
```

等效的 JavaScript 代码写在 *permutations.html* 文件中。

```javascript
<script type="text/javascript">
function getPerms(chars, indent) {
    if (indent === undefined) {
        indent = 0;
    }
    document.write('.'.repeat(indent) + 'Start of getPerms("' + chars + '")<br />');
    if (chars.length === 1) { ❶
        // 基本情况
        document.write('.'.repeat(indent) + "When chars = \"" + chars +
        "\" base case returns " + chars + "<br />");
```

```
            return [chars];
    }
    // 递归情况
    let permutations = [];
    let head = chars[0]; ❷
    let tail = chars.substring(1);
    let tailPermutations = getPerms(tail, indent + 1);
    for (tailPerm of tailPermutations) { ❸
        document.write('.'.repeat(indent) + "When chars = " + chars +
        " putting head " + head + " in all places in " + tailPerm + "<br />");
        for (let i = 0; i < tailPerm.length + 1; i++) { ❹
            let newPerm = tailPerm.slice(0, i) + head + tailPerm.slice(i);
            document.write('.'.repeat(indent) + "New permutation: " + newPerm + "<br />");
            permutations.push(newPerm);
        }
    }
    document.write('.'.repeat(indent) + "When chars = " + chars +
    " results are " + permutations + "<br />");
    return permutations;
}

document.write("<pre>Permutations of \"ABCD\":<br />");
document.write("Results: " + getPerms("ABCD") + "</pre>");
</script>
```

这个程序会输出下面的信息。

```
Permutations of "ABCD":
Start of getPerms("ABCD")
.Start of getPerms("BCD")
..Start of getPerms("CD")
...Start of getPerms("D")
...When chars = "D" base case returns D
..When chars = CD putting head C in all places in D
..New permutation: CD
..New permutation: DC
..When chars = CD results are ['CD', 'DC']
.When chars = BCD putting head B in all places in CD
.New permutation: BCD
.New permutation: CBD
.New permutation: CDB
.When chars = BCD putting head B in all places in DC
.New permutation: BDC
.New permutation: DBC
.New permutation: DCB
.When chars = BCD results are ['BCD', 'CBD', 'CDB', 'BDC', 'DBC', 'DCB']
--省略--
When chars = ABCD putting head A in all places in DCB
New permutation: ADCB
New permutation: DACB
New permutation: DCAB
New permutation: DCBA
When chars = ABCD results are ['ABCD', 'BACD', 'BCAD', 'BCDA', 'ACBD', 'CABD', 'CBAD', 'CBDA',
'ACDB','CADB', 'CDAB', 'CDBA', 'ABDC', 'BADC', 'BDAC', 'BDCA', 'ADBC', 'DABC', 'DBAC', 'DBCA', 'ADCB',
'DACB', 'DCAB', 'DCBA']
Results: ABCD,BACD,BCAD,BCDA,ACBD,CABD,CBAD,CBDA,ACDB,CADB,CDAB,CDBA,ABDC,
BADC,BDAC,BDCA,ADBC,DABC,DBAC,DBCA,ADCB,DACB,DCAB,DCBA
```

当调用 getPerms() 函数时，它首先判断是不是遇到基本情况（❶）。如果 chars 参数中只有一个字符，那么其排列方式自然就只有一种，也就是由这一个字符组成的这种。于是，函数只需要把 chars 字符串放在数组中，并返回这个数组即可。

如果遇到的不是基本情况，就应该是递归情况，此时 getPerms() 函数把 chars 参数的首个字符赋给 head 变量，并把其余字符合起来赋给 tail 变量（❷）。然后，getPerms() 函数以 tail 作为参数，递归调用自身，以获取 tail 中的那些字符形成的各种排列方式。接下来，getPerms() 函数进入双层 for 循环，外层的 for 循环迭代的是由 tail 中的那些字符形成的每一种排列方式（❸），内层 for 循环会在当前这种排列方式的各个位置上面分别放置 head 字符（❹），每放置一次，就能确定由 chars 中的所有字符形成的一种排列。

举一个示例，假设 getPerms() 被调用时，接收到的 chars 参数是 ABCD，那么它会把 A 赋给 head，并把 BCD 赋给 tail。然后，getPerms() 函数以 tail 的值（也就是 BCD）作为 chars 参数，递归调用自身，以获得由这 3 个字符的各种排列方式构成的数组 ['BCD', 'CBD', 'CDB', 'BDC', 'DBC', 'DCB']。接下来，getPerms() 函数进入双层循环。外层的 for 循环每次处理一种排列方式，它先处理的是 BCD 这种排列方式。而内层的 for 循环会把 head 变量表示的头部字母（A）分别放在当前这种排列方式（BCD）的每个位置上，这样就得到了 ABCD、BACD、BCAD 以及 BCDA 这 4 种排列方式。然后 getPerms() 函数又会继续执行外层的 for 循环，并继续得到另外 4 种排列方式。等到整个双层循环结构执行完毕，getPerms() 函数就获得了所有的排列方式，它会把容纳这些排列方式的 permutations 列表或数组返回给调用方。

6.3　用多层循环获取各种排列方式

假设有一种简单的自行车锁（bicycle lock），如图 6-3 所示。这种锁的密码可能是 0000 ~ 9999 的任何一个整数，这 4 个密码位有 10000 种排列形式，但其中只有一种能够开锁。这样的锁也称为组合锁（combination lock）。然而，在讨论排列与组合的语境中，叫作允许重复的排列锁（permutations with repetition lock）比较准确，因为这几个密码位之间的顺序是重要的（若仅仅知道密码由哪几个数字构成，而不知道这些数字之间的顺序，依然无法开锁）。

图 6-3　有 4 个密码位的自行车锁
（图片源自 Shaun Fisher）

我们再考虑一种更简单的锁，这种锁有 4 个密码位，每一位都只能设为 A～E 的某个字母。这样的锁总共有 5⁴ 种（也就是 $5 \times 5 \times 5 \times 5 = 625$ 种）排列方式。如果这样的锁有 k 个密码位，而每个密码位都可以设为 n 种值中的一种，那么这个密码锁就有 n^k 种排列。要想把这些排列全找出来，可能得稍微费一点时间。

其中一个办法是采用多层循环（又称为嵌套循环）实现，也就是把多个循环逐层嵌套起来。最中间的那层循环会迭代这 n 种值（以确定最右边那个密码位的内容），它外面的那层循环迭代的也是这 n 种值（然而，它确定的是右侧第二个密码位的内容）。为了把允许重复出现的 n 种字符形成的 k 位密码全排列出来，需要编写一个 k 层的循环结构。

例如，下面这个 *nestedLoopPermutations.py* 程序就通过这种办法用 Python 语言生成由 A、B、C、D、E 这 5 种值构成的 4 位密码锁可能出现的各种排列方式。

Python

```python
for a in ['A', 'B', 'C', 'D', 'E']:
    for b in ['A', 'B', 'C', 'D', 'E']:
        for c in ['A', 'B', 'C', 'D', 'E']:
            for d in ['A', 'B', 'C', 'D', 'E']:
                print(a, b, c, d)
```

等效的 JavaScript 代码写在 *nestedLoopPermutations.html* 文件中。

JavaScript

```javascript
<script>
for (a of ['A', 'B', 'C', 'D', 'E']) {
    for (b of ['A', 'B', 'C', 'D', 'E']) {
        for (c of ['A', 'B', 'C', 'D', 'E']) {
            for (d of ['A', 'B', 'C', 'D', 'E']) {
                document.write(a + b + c + d + "<br />")
            }
        }
    }
}
</script>
```

这个程序会输出下面这样的信息。

```
A A A A
A A A B
A A A C
A A A D
A A A E
A A B A
A A B B
--省略--
E E E C
E E E D
E E E E
```

用 4 层循环来生成各种排列方式的缺点在于，它只适用于列表的长度（或者密码的位数）恰好是 4 个字符的场合（如果长度不是 4 个字符，就要手动修改循环的嵌套层数）。因此，这种用嵌套循环来实现排列的写法只适用于固定长度的列表，而不适用于任意长度的列表。如果想生成任意长度的列表，就可以改用递归函数来实现。

上述这两个示例能够帮助大家分辨元素不重复的排列与元素可重复的排列。元素不重复的排列把集合中各元素之间能够出现的所有次序列举一遍，例如，前面那个给出席婚礼的客人排座位的问题。与之相比，元素可重复的排列则像本节这样，把自行车锁有可能设置的所有密码考虑一遍（某个密码位上面出现过的元素在其他密码位上依然有可能出现），与元素不重复的排列一样，这种排列也在乎元素之间的顺序，但区别是同一种元素可以多次出现。

6.4   编写密码破解器

假设你获得了一份加密的文件。不知道具体的密码，但知道这个密码共有 4 位，每一位只可能在 2、4、8 这 3 个数字与 J、P、B 这 3 个字母里选取，而且这些密码位上面的值允许重复。例如，密码可能是 JPB2、JJJJ 或 2442。

如果想把符合这些条件的 4 位密码全找出来，那么意味着要获取由 {J, P, B, 2, 4, 8} 这一集合中的 4 个可重复元素形成的每一种排列方式。由于每个位置上面有 6 种可能的值，而密码总共有 4 个位置，因此总共有 $6 \times 6 \times 6 \times 6 = 1296$ 种排列。注意，我们要找的是排列，而不是组合，因为我们在乎各元素之间的顺序，JPB2 与 B2JP 是两个不同的密码。

下面我们把设计这个递归算法时需要考虑的 3 个问题回答一遍。这次不再用 k 指代密码的位数（或者排列的长度），而改称 permLength。

- **什么是基本情况？** permLength 为 0 的情况，此时，prefix 参数表示的正是一种符合要求的排列，因此只需要将这种排列放在数组或列表中返回即可。
- **在递归函数调用中应该传入什么样的参数？** 首次触发该函数时，不仅需要传入一个名为 chars 的字符串参数（该字符串包含待排列的各个字符），还需要传入一个表示排列长度的参数 permLength（也就是你要从 chars 中选出多少个字符来构成密码，或者说密码有多少位），以及一个值为空白字符串的参数 prefix。在后续的递归调用中，传入的也是这样 3 个参数，但 permLength 的长度会比目前少 1，而 prefix 参数会在当前内容的基础上，多收录 chars 中的某个字符。
- **在递归函数调用中传入的参数是如何向基本情况靠近的？** 由于 permLength 每次都比原来少 1，因此最终肯定能变成 0。

下面这个 *permutationsWithRepetition.py* 程序用 Python 语言实现了一个递归式的函数，该函数能够生成元素可重复的排列。

```
def getPermsWithRep(chars, permLength=None, prefix=''):
    indent = '.' * len(prefix)
    print(indent + 'Start, args=("' + chars + '", ' + str(permLength) + ', "' + prefix + '")')
    if permLength is None:
        permLength = len(chars)

    # 基本情况
    if (permLength == 0):  ❶
        print(indent + 'Base case reached, returning', [prefix])
        return [prefix]

    # 递归情况
    # 把 chars 中的各字符分别添加到当前的 prefix 之中，以确定下一级递归时的新前缀
```

```
    results = []
    print(indent + 'Adding each char to prefix "' + prefix + '".')
    for char in chars:
        newPrefix = prefix + char ❷

        # 由于新前缀多收录了chars中的一个字符，因此permLength应该比以前少1
        results.extend(getPermsWithRep (chars, permLength - 1, newPrefix)) ❸
    print(indent + 'Returning', results)
    return results


print('All permutations with repetition of JPB123:')
print(getPermsWithRep('JPB123', 4))
```

等效的 JavaScript 代码写在 *permutationsWithRepetition.html* 文件中。

```
<script type="text/javascript">
function getPermsWithRep(chars, permLength, prefix) {
    if (permLength === undefined) {
        permLength = chars.length;
    }
    if (prefix === undefined) {
        prefix = "";
    }
    let indent = ".".repeat(prefix.length);
    document.write(indent + "Start, args=(\"" + chars + "\", " + permLength +
    ", \"" + prefix + "\")<br />");

    // 基本情况
    if (permLength === 0) { ❶
        document.write(indent + "Base case reached, returning " + [prefix] + "<br />");
        return [prefix];
    }

    // 递归情况
    // 把chars中的各字符分别添加到当前的prefix之中，以确定下一级递归时的新前缀
    let results = [];
    document.write(indent + "Adding each char to prefix \"" + prefix + "\".<br />");
    for (char of chars) {
        let newPrefix = prefix + char; ❷

        // 由于新前缀多收录了chars中的一个字符，因此permLength应该比以前少1
        results = results.concat(getPermsWithRep(chars, permLength - 1, newPrefix)); ❸
    }
    document.write(indent + "Returning " + results + "<br />");
    return results;
}

document.write("<pre>All permutations with repetition of JPB123:<br />");
document.write(getPermsWithRep('JPB123', 4) + "</pre>");
</script>
```

这个程序会输出下面这样的信息。

```
All permutations with repetition of JPB123:
Start, args=("JPB123", 4, "")
Adding each char to prefix "".
.Start, args=("JPB123", 3, "J")
.Adding each char to prefix "J".
..Start, args=("JPB123", 2, "JJ")
..Adding each char to prefix "JJ".
```

```
...Start, args=("JPB123", 1, "JJJ")
...Adding each char to prefix "JJJ".
....Start, args=("JPB123", 0, "JJJJ")
....Base case reached, returning ['JJJJ']
....Start, args=("JPB123", 0, "JJJP")
....Base case reached, returning ['JJJP']
--省略--
Returning ['JJJJ', 'JJJP', 'JJJB', 'JJJ1', 'JJJ2', 'JJJ3',
'JJPJ', 'JJPP', 'JJPB', 'JJP1', 'JJP2', 'JJP3', 'JJBJ', 'JJBP',
'JJBB', 'JJB1', 'JJB2', 'JJB3', 'JJ1J', 'JJ1P', 'JJ1B', 'JJ11',
'JJ12', 'JJ13', 'JJ2J', 'JJ2P', 'JJ2B', 'JJ21', 'JJ22', 'JJ23',
'JJ3J', 'JJ3P', 'JJ3B', 'JJ31', 'JJ32', 'JJ33', 'JPJJ',
--省略--
```

在主程序刚触发 getPermsWithRep() 函数时，它的 prefix 参数默认是一个不含任何内容的空白字符串。该函数被调用后，首先检查是否遇到了基本情况（❶）。如果 permLength 参数的值（也就是这次需要列举的这些排列方式的长度）为 0，就把 prefix 放在数组中并返回给调用方。

如果遇到的不是基本情况，就进入递归情况。针对 chars 参数中的每一个字符，分别将其纳入现有的 prefix，以构成一种新的前缀（即 newPrefix，参见 ❷），并以这个新的前缀作为参数，递归调用自身。在这次调用中，表示排列长度的 permLength 参数的值为当前的 permLength 值减 1，也就是 permLength - 1。

permLength 参数起初的值是我们要找的那些排列方式的长度（在本例中为 4），每执行一次递归调用，该参数的值就比原来少 1。与之相比，prefix 参数起初的值是一个空白字符串，每做一级递归调用，它就会多一个字符。因此，当 permLength == 0 这一条件成立时，prefix 字符串的长度正是我们要找的排列方式的长度（在本例中，prefix 字符串的长度与 permLength 相加始终等于 4）。

举一个示例，我们考虑以 'ABC' 和 2 作为参数，触发 getPermsWithRep() 函数的情形，也就是通过调用 getPermsWithRep('ABC', 2)，寻找由 A、B、C 这 3 个元素中的任意两个可重复元素构成的各种排列方式。由于触发函数时未指定 prefix 参数，因此该参数默认是一个空白的字符串。函数会把 A、B、C 这 3 个字符分别与这个空白的前缀字符串相拼接，以构成新的前缀字符串，并以这个新的前缀字符串作为 prefix 参数，触发下一级递归。于是，执行 getPermsWithRep('ABC', 2) 这个调用会触发以下 3 次深一级的递归。

❑ getPermsWithRep('ABC', 1, 'A')

❑ getPermsWithRep('ABC', 1, 'B')

❑ getPermsWithRep('ABC', 1, 'C')

上面这 3 次递归又会分别触发另外 3 次递归，那 3 次使用的 permLength 参数不再是 1，而减小为 0。因此，那 3 次递归遇到的都是 permLength == 0 的情况，也就是基本情况。于是，它们当时的 prefix 参数会放在数组里，返回给上一级的递归。最初触发的那次调用最后就会收集到 9 种排列方式。在元素个数较多且排列方式的长度较大的场合，getPermsWithRep() 函数依然会按照这种方式，生成各种排列。

6.5　通过递归计算 *k* 组合

组合与排列不同，排列关注各元素之间的顺序，但组合不关注顺序。要想把某个集合各种的 *k* 组合全找出来，可能稍微有点困难，因为我们必须确保算法不会生成重复的组合。例如，如果要寻找 {*A*, *B*, *C*} 这一集合的 2 组合，那么在找到 *AB* 这样一种组合形式之后，就不能再把 *BA* 这种组合形式也纳入计算结果，因为它与 *AB* 其实是同一种组合。

为了让大家明白应该如何设计这个算法，我们把某集合的各种 *k* 组合形式全描绘到一个树状结构中。图 6-4 以 {*A*, *B*, *C*, *D*} 这个集合为例，描述了由该集合中的 0 个、1 个、2 个、3 个或 4 个元素构成的所有组合。

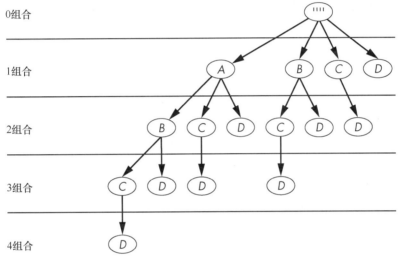

图 6-4　由集合 {*A*, *B*, *C*, *D*} 中的 0 ~ 4 个元素构成的各种 *k* 组合

假如我们要从树中寻找所有的 3 组合，就从顶层的根节点出发，对这棵树进行深度优先搜索，并且遍历到 3 组合这一层为止，把遍历过程中经过的节点记录下来，即可收集到各种组合形式（深度优先搜索已经在第 4 章讲过了。）第一种 3 组合是这样找到的：我们从根节点出发，走到 1 组合这一层的 *A* 节点，再往下，走到 2 组合这一层的 *B* 节点，再往下，走到 3 组合这一层的 *C* 节点，由于已经到达了 3 组合这一层，因此不再继续往下，此时记录下来的这 3 个节点（即 *ABC*）就构成了 {*A*, *B*, *C*, *D*} 这个集合的一种 3 组合形式。对于第二种 3 组合，从根节点出发，到 *A*，再到 *B*，最后到 *D*，这样就得到了 *ABD*。继续用这种方式寻找，还可以找到 *ACD* 与 *BCD*。在 3 组合这一层，这棵树共有 4 个节点，这也就意味着 {*A*, *B*, *C*, *D*} 这一集合的 3 组合形式共有 4 种，而这 4 种正是我们刚才找到的 *ABC*、*ABD*、*ACD* 与 *BCD*。

注意，图 6-4 中树状结构的根节点是一个空白的字符串。它位于 0 组合这一层，这意味着，由集合中的 0 个元素形成的组合只有 1 种形式，也就是什么都不选，这可以用空白的字符串来表示。这个根节点的 4 个子节点分别是集合中的各个元素。由于这个集合 {A, B, C, D} 共有 4 个元素，因此根节点也就有 4 个子节点。虽然集合里的元素不排序，但我们想通过这种树状结构生成该集合的各种组合方式，因此把 1 组合这一层中的各节点定好之后，我们就保持这样的顺序不变。当根据 1 组合这一层的节点确定 2 组合这一层的节点时，我们要遵守这样一条规则：每个节点的子节点只能由顺序比它靠后的元素充当，例如，A 节点只能有 3 个子节点，它们分别是 2 组合这一层靠左的 B、C、D；B 节点只能有两个子节点，它们分别是 2 组合这一层中居中的 C 和 D；C 节点只能有一个子节点，也就是 2 组合这一层中靠右的 D；D 节点则不能有子节点（因为根据我们早前定下的那个 ABCD 的顺序，没有其他元素排在 D 的后面），其余各层的节点也按照这条规则排列。

另外，我们还可以从这种树状结构的各层之中观察到与 k 组合有关的几个规律，这些规律与接下来要实现的递归式组合生成函数并没有直接关系。这些规律如下。

- ❑ 0 组合这一层与 4 组合这一层的节点数相同，都有 1 个节点，这意味着 0 组合只有一种，即空白字符串（也就是什么都不选），4 组合同样只有一种，即 ABCD。
- ❑ 1 组合这一层与 3 组合这一层的节点数相同，都有 4 个节点，这意味着 1 组合有 4 种，即 A、B、C、D，3 组合同样有 4 种，即 ABC、ABD、ACD、BCD。
- ❑ 2 组合这一层在这棵树的 5 层中位于中部，它的节点数比其他各层都多，共有 6 个节点，这意味着 2 组合有 6 种，即 AB、AC、AD、BC、BD、CD。

为什么组合的种数会先随着层数逐渐变大，在中间那一层达到顶峰，然后又逐渐变小呢？这是因为 k 组合呈现一种对称关系（由 n 个元素中的 k 个元素形成的组合种数与由 n 个元素中的 n–k 个元素形成的组合种数是相同的）。例如，从这 4 个元素中选取 1 个元素构成的组合与从这 4 个元素中选取 3 个元素构成的组合其实是一一对应的（选某一个元素就相当于排除另外 3 个元素，同理，选 3 个元素就相当于排除另外一个元素）。

- ❑ 1 组合 A 对应 3 组合 BCD。
- ❑ 1 组合 B 对应 3 组合 ACD。
- ❑ 1 组合 C 对应 3 组合 ABD。
- ❑ 1 组合 D 对应 3 组合 ABC。

现在我们就实现这个 getCombos() 函数，让它不仅接收名为 chars 的字符串参数，以表示我们要从一个什么样的集合中选取元素，还接收名为 k 的参数，以表示组合的长度（也就是从集合中选几个元素）。这个函数返回一个由字符串构成的数组，每个字符串都表示由 chars 中的 k 个字符（也就是集合里的 k 个元素）构成的一种组合形式。

我们打算用头尾分割法处理 chars 参数。例如，如果一开始触发的是 getCombos ('ABC', 2)，那么意味着我们需要寻找由 {A, B, C} 这一集合中的任意两个元素构成的全部组合，也就是寻找该集合的 2 组合。该函数先把 A 设为头部，并将 BC 视为尾部（然后分别通过递归调用，找到包含头部元素的组合与不包含头部元素的组合）。图 6-5 用树状结构演示了函数如何寻找 {A, B, C} 的各种 2 组合形式。

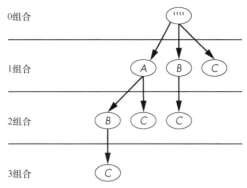

图 6-5　怎样从集合 {*A*, *B*, *C*} 中寻找每一种 2 组合

接下来，我们解答设计这个递归算法时需要考虑的 3 个问题。

☐ **什么是基本情况?** 有两种基本情况。一种是 k 参数为 0 的情况，也就是从 chars 参数表示的集合中选取 0 个元素。此时无论 chars 参数的具体内容如何，选取方式都只有一种，也就是什么都不选，因此只需要把空白字符串放在数组中并返回即可。另一种基本情况是 chars 参数为空白字符串（也就是空集）的情况，从这样的集合中是无法选取一个或多个元素的，因此我们直接返回一个空白的数组（以表示这种情况下不存在任何的组合形式）。

☐ **在递归函数调用中应该传入什么样的参数?** 对于第一次递归调用，传入 tail（也就是当前的 chars 参数的尾部）与 k - 1 这两个参数（以寻找由尾部集合中的元素构成且元素数比当前的 k 少 1 的组合，并把这些组合与头部相拼接）。对于接下来的那次递归调用，传入 tail 与 k 这两个参数（以寻找由尾部集合中的元素构成且元素数与当前的 k 参数相同的组合，这些组合均不包含头部元素）。

☐ **在递归函数调用中传入的参数是如何向基本情况靠近的?** 在刚才说的那两种递归调用中，第一种递归调用中传入的 k 值比当前的小 1，第二种递归调用中传入的 k 值虽然不变，但 chars 参数与第一种的一样，都比当前少一个字符，因此无论如何，最终都会遇到 k 参数减小为 0 或 chars 参数缩短为空白字符串的情况。

下面这个 *combinations.py* 程序用 Python 语言实现了生成组合的功能。

Python

```
def getCombos(chars, k, indent=0):
    debugMsg = '.' * indent + "In getCombos('" + chars + "', " + str(k) + ")"
    print(debugMsg + ', start.')
    if k == 0:
        # 基本情况
        print(debugMsg + " base case returns ['']")
        # 如果 k 是 0，就返回 ''（空白字符串），以表示从 chars 参数的各个字符中
        # 选取 0 个字符，只有一种组合形式，也就是什么都不选
        return ['']
    elif chars == '':
        # 基本情况
        print(debugMsg + ' base case returns []')
        return [] # 如果 chars 本身是空白字符串，那么无论 k 的值是什么，都返回一个无元素的列表，以表示无法从这样的
                  # 集合中选取一个或多个元素以构成组合
```

```python
    # 递归情况
    combinations = []
❶  # 这是第一部分，用来生成包含头部元素的组合
    head = chars[:1]
    tail = chars[1:]
    print(debugMsg + " part 1, get combos with head '" + head + "'")
❷  tailCombos = getCombos(tail, k - 1, indent + 1)
    print('.' * indent + "Adding head '" + head + "' to tail combos:")
    for tailCombo in tailCombos:
        print('.' * indent + 'New combination', head + tailCombo)
        combinations.append(head + tailCombo)

❸  # 这是第二部分，用来生成不含头部元素的组合
    print(debugMsg + " part 2, get combos without head '" + head + "')")
❹  combinations.extend(getCombos(tail, k, indent + 1))

    print(debugMsg + ' results are', combinations)
    return combinations

print('2-combinations of "ABC":')
print('Results:', getCombos('ABC', 2))
```

等效的 JavaScript 代码写在 *combinations.html* 之中。

```javascript
<script type="text/javascript">
function getCombos(chars, k, indent) {
    if (indent === undefined) {
        indent = 0;
    }
    let debugMsg = ".".repeat(indent) + "In getCombos('" + chars + "', " + k + ")";
    document.write(debugMsg + ", start.<br />");
    if (k == 0) {
        // 基本情况
        document.write(debugMsg + " base case returns ['']<br />");
        // 如果k是0，就返回 ''（空白字符串），以表示从chars参数的各个字符中选取0个字符，只有一种组合形
        // 式，也就是什么都不选
        return [""];
    } else if (chars == "") {
        // 基本情况
        document.write(debugMsg + " base case returns []<br />");
        return []; // 如果chars本身是空白字符串，那么无论k的值是什么，都返回一个无元素的数组，以表示无法从这样
                   // 的集合中选取一个或多个元素以构成组合
    }

    // 递归情况
    let combinations = [];
    // 这是第一部分，用来生成包含头部元素的组合 ❶
    let head = chars.slice(0, 1);
    let tail = chars.slice(1, chars.length);
    document.write(debugMsg + " part 1, get combos with head '" + head + "'<br />");
    let tailCombos = getCombos(tail, k - 1, indent + 1); ❷
    document.write(".".repeat(indent) + "Adding head '" + head + "' to tail combos:<br />");
    for (tailCombo of tailCombos) {
        document.write(".".repeat(indent) + "New combination " + head + tailCombo + "<br />");
        combinations.push(head + tailCombo);
    }
    // 这是第二部分，用来生成不含头部元素的组合 ❸
    document.write(debugMsg + " part 2, get combos without head '" + head + "')<br />");
    combinations = combinations.concat(getCombos(tail, k, indent + 1)); ❹
```

```
        document.write(debugMsg + " results are " + combinations + "<br />");
        return combinations;
}

document.write('<pre>2-combinations of "ABC":<br />');
document.write("Results: " + getCombos("ABC", 2) + "<br /></pre>");
</script>
```

这个程序会输出下列内容。

```
2-combinations of "ABC":
In getCombos('ABC', 2), start.
In getCombos('ABC', 2) part 1, get combos with head 'A'
.In getCombos('BC', 1), start.
.In getCombos('BC', 1) part 1, get combos with head 'B'
..In getCombos('C', 0), start.
..In getCombos('C', 0) base case returns ['']
.Adding head 'B' to tail combos:
.New combination B
.In getCombos('BC', 1) part 2, get combos without head 'B')
..In getCombos('C', 1), start.
..In getCombos('C', 1) part 1, get combos with head 'C'
...In getCombos('', 0), start.
...In getCombos('', 0) base case returns ['']
..Adding head 'C' to tail combos:
..New combination C
..In getCombos('C', 1) part 2, get combos without head 'C')
...In getCombos('', 1), start.
...In getCombos('', 1) base case returns []
..In getCombos('C', 1) results are ['C']
.In getCombos('BC', 1) results are ['B', 'C']
Adding head 'A' to tail combos:
New combination AB
New combination AC
In getCombos('ABC', 2) part 2, get combos without head 'A')
.In getCombos('BC', 2), start.
.In getCombos('BC', 2) part 1, get combos with head 'B'
..In getCombos('C', 1), start.
..In getCombos('C', 1) part 1, get combos with head 'C'
...In getCombos('', 0), start.
...In getCombos('', 0) base case returns ['']
..Adding head 'C' to tail combos:
..New combination C
..In getCombos('C', 1) part 2, get combos without head 'C')
...In getCombos('', 1), start.
...In getCombos('', 1) base case returns []
..In getCombos('C', 1) results are ['C']
.Adding head 'B' to tail combos:
.New combination BC
.In getCombos('BC', 2) part 2, get combos without head 'B')
..In getCombos('C', 2), start.
..In getCombos('C', 2) part 1, get combos with head 'C'
...In getCombos('', 1), start.
...In getCombos('', 1) base case returns []
..Adding head 'C' to tail combos:
..In getCombos('C', 2) part 2, get combos without head 'C')
...In getCombos('', 2), start.
...In getCombos('', 2) base case returns []
..In getCombos('C', 2) results are []
.In getCombos('BC', 2) results are ['BC']
In getCombos('ABC', 2) results are ['AB', 'AC', 'BC']
Results: ['AB', 'AC', 'BC']
```

每次触发 getCombos() 函数，都会让该递归算法执行两次递归调用。以 getCombos('ABC', 2)为例，第一次递归调用（❶）是为了获取包含头部元素 A 的所有 2 组合（或者说，不含 A 元素的所有 1 组合）。在图 6-5 所示的树状结构中，这相当于获取 1 组合这一层中节点 A 之下的各种 1 组合。

为此，我们需要把表示尾部的 tail 变量（该变量包含 A 元素之外的各元素）以及 k - 1 的值当作参数，触发下一级递归调用。在本例中，这指的就是调用 getCombos('BC', 1)（❷）。等这次递归调用返回各种组合之后，我们就把 A 元素分别与每一种组合拼接，并把拼接的结果添加到用来收集结果的数组或列表之中。这里还需要思维跳跃，也就是说，尽管目前并没有把 getCombos() 函数彻底写好，但是我们依然假设它能够根据传入的 chars 与 k 参数，正确地返回由 chars 中的各字符构成的 k 组合。对于本例来说，相信它能够返回 ['B', 'C']。于是，用来收集结果的那个数组或列表就会变成 ['AB', 'AC']，它正确地收录了两种含头部元素 A 的 2 组合。

第二次递归调用（❸）是为了获取不含头部元素 A 的各种 2 组合。在图 6-5 所示的树状结构中，这相当于在 1 组合那一层的节点 A 右侧寻找符合要求的各种 2 组合。为此，我们需要把表示尾部的 tail 变量以及 k 的值当作参数，触发下一级递归调用，在本例中，这指的就是调用 getCombos('BC', 2)。这会返回 ['BC']，因为由 {B, C} 这个集合中的任意两个元素构成的组合只有一种，也就是 BC 本身。

触发完第一次递归调用之后，调用 getCombos('ABC', 2)的结果会出现在用来收集最终结果的那个数组或列表中，也就是说，combinations 的内容会变为 ['AB', 'AC']，等到完成第二次递归调用之后，函数会把这次递归调用返回的结果——['BC']添加到 combinations 之中，令其变为 ['AB', 'AC', 'BC']（❹）。即使集合中的元素比这更多，它也是如此运作的。

6.6   获取各种正确的括号匹配形式

如果某个由左、右圆括号（简称括号）构成的字符串中的每一个左括号都能与某一个相应的右括号正确匹配，那么这个字符串就具备平衡的括号（balanced parentheses），或者说，这个字符串中的所有括号都是配套的。例如，'()()' 与 '(())'就属于这种所有括号都配套的字符串，')(())' 与 '(()'则不是。

一道很常见的面试题是让你写一个递归函数，把由 n 对括号构成的每一种正确匹配形式都找出来。例如，调用 getBalancedParens(3) 就应该返回 ['((()))', '(()())', '(())()', '()(())', '()()()']。注意，getBalancedParens(n) 返回的每一种字符串的长度都是 2n，因为它是由 n 对（而不是 n 个）括号构成的。

我们可以把由这 n 对括号构成的每一种排列方式都找出来，但那样会将正确匹配与错误匹配的字符串全考虑进来。即使稍后把无效的字符串排除掉，也还有 2n! 种排列方式需要考虑。这样的算法特别慢，很不实用。

因此通过递归函数寻找这些所有括号均配套的字符串。这个 getBalancedParens()

函数接收一个正整数，用来表示要找的字符串由几对括号构成，它会返回列表或数组中的每个字符串，每个字符串都有 n 对正确匹配的括号。为了构建这些字符串，这个函数会考虑当前能否向已经构建好的这部分字符串中添加左括号或右括号。只要当前还没把左括号全用完，函数就可以向正在构建的这部分字符串里添加左括号。只有在已经用掉的左括号比右括号多（或者说，还没用完的右括号比左括号多）的前提下，才能够向正在构建的这部分字符串里添加右括号。

我们用 openRem 与 closeRem 这两个参数记录当前还剩多少个左括号与右括号。目前已经构建好的这部分字符串也可作为函数的一个参数，这个参数叫作 current，前面的 *permutationsWithRepetition* 程序在寻找各种排列方式时，使用 prefix 参数，表示目前已经确定的前缀元素。这两个参数的功能其实是类似的。第一种基本情况出现在 openRem 与 closeRem 均为 0 时，此时所有的左括号与右括号已用完，因此不需要再考虑往 current 字符串中添加括号。因为这样的字符串本身已经成为一个所有括号都匹配的字符串。第二种基本情况出现在函数处理完两种递归情况之后，两种递归情况分别是指还可以向当前已经构建好的这部分字符串中继续添加一个左括号和一个右括号的情况。处理完两种递归情况后，getBalancedParens() 函数就把所有括号均配套的各种字符串收集起来了，此时只需要将其返回即可。

下面我们把设计这个递归式的 getBalancedParens() 函数时需要考虑的 3 个问题回答一遍。

- ❑ **什么是基本情况？** 第一种基本情况是指还没用完的左括号与右括号数量均为 0 的情况，这种情况意味着目前构建的这部分字符串已经平衡。第二种基本情况出现在函数已经把两种递归情况全处理完毕之后。

- ❑ **在递归函数调用中应该传入什么样的参数？** 传入总的括号对数（pairs）、当前还未使用的左括号与右括号数量（openRem 与 closeRem），以及当前已经构建好的这部分字符串（current）。

- ❑ **在递归函数调用中传入的参数是如何向基本情况靠近的？** 每次往当前构建好的这部分字符串里添加左括号或右括号时，都会使 openRem 或 closeRem 减 1，因此最后肯定会遇到二者均为 0 的情况。

下面这个 *balancedParentheses.py* 程序用 Python 语言实现一个递归式的函数，以生成所有括号均匹配的字符串。

```python
def getBalancedParens(pairs, openRem=None, closeRem=None, current='', indent=0):
    if openRem is None:  ❶
        openRem = pairs
    if closeRem is None:
        closeRem = pairs

    print('.' * indent, end='')
    print('Start of pairs=' + str(pairs) + ', openRem=' +
    str(openRem) + ', closeRem=' + str(closeRem) + ', current="' + current + '"')
    if openRem == 0 and closeRem == 0:  ❷
        # 基本情况
        print('.' * indent, end='')
        print('1st base case. Returning ' + str([current]))
        return [current]  ❸
```

```python
    # 递归情况
    results = []
    if openRem > 0: ❹
        print('.' * indent, end='')
        print('Adding open parenthesis.')
        results.extend(getBalancedParens(pairs, openRem - 1, closeRem,
        current + '(', indent + 1))
    if closeRem > openRem: ❺
        print('.' * indent, end='')
        print('Adding close parenthesis.')
        results.extend(getBalancedParens(pairs, openRem, closeRem - 1,
        current + ')', indent + 1))

    # 基本情况
    print('.' * indent, end='')
    print('2nd base case. Returning ' + str(results))
    return results ❻

print('All combinations of 2 balanced parentheses:')
print('Results:', getBalancedParens(2))
```

等效的 JavaScript 代码写在 *balancedParentheses.html* 文件中。

```javascript
<script type="text/javascript">
function getBalancedParens(pairs, openRem, closeRem, current, indent) {
    if (openRem === undefined) { ❶
        openRem = pairs;
    }
    if (closeRem === undefined) {
        closeRem = pairs;
    }
    if (current === undefined) {
        current = "";
    }
    if (indent === undefined) {
        indent = 0;
    }

    document.write(".".repeat(indent) + "Start of pairs=" +
    pairs + ", openRem=" + openRem + ", closeRem=" +
    closeRem + ", current=\"" + current + "\"<br />");
    if (openRem === 0 && closeRem === 0) { ❷
        // 基本情况
        document.write(".".repeat(indent) +
        "1st base case. Returning " + [current] + "<br />");
        return [current]; ❸
    }

    // 递归情况
    let results = [];
    if (openRem > 0) { ❹
        document.write(".".repeat(indent) + "Adding open parenthesis.<br />");
        Array.prototype.push.apply(results, getBalancedParens(
        pairs, openRem - 1, closeRem, current + '(', indent + 1));
    }
    if (closeRem > openRem) { ❺
        document.write(".".repeat(indent) + "Adding close parenthesis.<br />");
        results = results.concat(getBalancedParens(
        pairs, openRem, closeRem - 1, current + ')', indent + 1));
    }
```

```
    // 基本情况
    document.write(".".repeat(indent) + "2nd base case. Returning " + results + "<br />");
    return results; ❻
}

document.write("<pre>All combinations of 2 balanced parentheses:<br />");
document.write("Results: ", getBalancedParens(2), "</pre>");
</script>
```

这个程序会输出类似下面这样的信息。

```
All combinations of 2 balanced parentheses:
Start of pairs=2, openRem=2, closeRem=2, current=""
Adding open parenthesis.
.Start of pairs=2, openRem=1, closeRem=2, current="("
.Adding open parenthesis.
..Start of pairs=2, openRem=0, closeRem=2, current="(("
..Adding close parenthesis.
...Start of pairs=2, openRem=0, closeRem=1, current="(()"
...Adding close parenthesis.
....Start of pairs=2, openRem=0, closeRem=0, current="(())"
....1st base case. Returning ['(())']
...2nd base case. Returning ['(())']
..2nd base case. Returning ['(())']
.Adding close parenthesis.
..Start of pairs=2, openRem=1, closeRem=1, current="()"
..Adding open parenthesis.
...Start of pairs=2, openRem=0, closeRem=1, current="()("
...Adding close parenthesis.
....Start of pairs=2, openRem=0, closeRem=0, current="()()"
....1st base case. Returning ['()()']
...2nd base case. Returning ['()()']
..2nd base case. Returning ['()()']
.2nd base case. Returning ['(())', '()()']
2nd base case. Returning ['(())', '()()']
Results: ['(())', '()()']
```

在主程序触发 getBalancedParens() 函数时（❶），只需要向该函数传入一个参数 pairs，用于表示括号有几对，这个数量是由用户指定的。然而，在后续的递归调用过程中，函数还需要其他一些信息才能运行，因此在触发那些调用时，还需要再传入一些参数。这包括当前还未使用的左括号数量（openRem）、当前还未使用的右括号数量（closeRem），以及目前已经构建好的这部分字符串（current）。openRem 与 closeRem 参数的初始值都与 pairs 参数的相同，current 参数的初始值是一个空白的字符串。indent 参数只用于在输出调试信息时确定当前的递归调用深度。

getBalancedParens() 函数首先判断还剩多少个左括号与右括号没有添加到字符串中。如果二者均为 0（❷），那么意味着 getBalancedParens() 函数遇到了基本情况，也就是说，current 表示的这部分字符串本身已经是长度符合要求且所有括号都匹配的字符串。由于 getBalancedParens() 函数要返回的是含字符串的数组或列表，因此我们要构造一个数组或列表，并将这个字符串（也就是 current）放在其中，然后返回这个数组或列表（❸）。

如果二者中有任何一个不为 0，那么意味着函数遇到的是递归情况。此时它先判断当前还有没有未使用的左括号（❹），如果有，就把这个左括号添加到目前正在构建的这部分字符串中，然后递归调用自身。判断完这种情况后，getBalancedParens() 函数还会判断当前剩余的右括号是否比左括号多（❺），如果多，就在目前正在构建的这部分字符串后面补一个右括号，然后递归调用自身。为什么不像添加左括号时那样，只要发现剩余的右括号数量大于 0，就立刻决定添加一个右括号，而要在剩余的右括号比左括号多的情况下才添加呢？这是因为那样做会导致字符串里出现错误的括号搭配方式，例如，会出现 ()) 这样的搭配。即使将来有相应的左括号出现，例如 ())(，这种搭配方式也是错误的，因为在一对相互匹配的左、右括号之中左括号始终出现在右括号之前。

　　处理完这两种递归情况之后，函数就必然会进入另外一种基本情况。此时，用来收集结果的 results 列表或数组中，已经有本程序在执行前面那两次递归调用的过程中（当然，那两次递归调用还有可能继续触发递归调用）收集到的各种括号匹配方式，于是，我们只需要返回这个 results 即可（❻）。

6.7　幂集

　　集合的幂集（power set）是由该集合的所有子集构成的集合。例如，对于 {A, B, C} 这个集合来说，它的幂集是 {{ }, {A}, {B}, {C}, {A, B}, {A, C}, {B, C}, {A, B, C}}。这相当于把该集合的各种 k 组合都找出来。这个集合的幂集中，含该集合的各种 0 组合、1 组合、2 组合以及 3 组合。

　　现实中在什么场合下需要生成某集合的幂集呢？这可能是在面试时。除此之外，其他场合下几乎不太可能遇到这种需求，就算面试题里有这种题目，你所应聘的工作也不会真的要求你生成幂集。

　　要想找到集合的所有子集，我们可以复用已经写好的 getCombos() 函数，分别以 0 ～ n 的整数作为 k 值，调用此函数，以生成由该集合中的 0 个、1 个直至 n 个元素构成的各种子集，把这些子集放在一个集合中，这个集合就是该集合的幂集。用这种办法编写的代码可参见 *powerSetCombinations.py* 与 *powerSetCombinations.html* 程序。

　　然而，我们还可以用另一种更高效的方式，生成幂集。例如，我们已经知道{A, B} 的幂集是 {{A, B}, {A}, {B}, { }}。现在以此为基础，考虑集合中多出一个元素 C（也就是集合变成了 {A, B, C}）之后，幂集会怎样变化。以前找到的那 4 个集合依然是 {A, B, C} 的子集。另外，我们还发现，把元素 C 分别添加到那 4 个集合中形成的 4 个新集合（也就是 {A, B, C}、{A, C}、{B, C}、{C}）同样为 {A, B, C} 的子集，这样我们就把 {A, B, C} 的 8 个子集都找到了。将这些子集放在一个集合中，这个集合就是 {A, B, C} 的幂集。表 6-3 演示了怎样从有 n 个元素的集合及其幂集出发，为有 n + 1 个元素的集合生成幂集。

表 6-3　集合之中多出一个元素后，它的幂集会如何变化（幂集中新出现的集合标为粗体）

出现了新元素的集合	从这个新元素衍生的新子集	该集合的幂集
{ }	{ }	{{ }}
{A}	{A}	{{ }, {A}}

续表

出现了新元素的集合	从这个新元素衍生的新子集	该集合的幂集
{*A, B*}	{*B*}, {*A, B*}	{{ }, {*A*}, {**B**}, {***A, B***}}
{*A, B, C*}	{*C*}, {*A, C*}, {*B, C*}, 　{*A, B, C*}	{{ }, {*A*}, {*B*}, {*C*}, {*A, B*}, {***A, C***}, {***B, C***}, {***A, B, C***}}
{*A, B, C, D*}	{*D*}, {*A, D*}, {*B, D*}, {*C, D*}, {*A, B, D*}, {*A, C, D*}, {*B, C, D*}, {*A, B, C, D*}	{{ }, {*A*}, {*B*}, {*C*}, {***D***}, {*A, B*}, 　{*A, C*}, {***A, D***}, {*B, C*}, {***B, D***}, 　{***C, D***}, {*A, B, C*}, {*A, B, D*}, {*A, C, D*}, {***B, C, D***}, {***A, B, C, D***}}

表 6-3 演示的是集合元素较少的几种情况。对于集合元素比较多的情况来说，我们仍然能够按照刚才的方式递推，这就提醒我们，可以创建一个递归函数来生成某集合的幂集。这个函数的基本情况是指该集合为空集的情况，在这种情况下，只需要返回一个仅含空集的集合。其他情况属于递归情况，可以用头尾分割法来处理。把集合头部元素单独拿出来，然后递归调用函数，以生成由尾部各元素构成的那个集合的幂集。该幂集中的各个集合将来会出现在用于表示最终结果的幂集之中。接下来，把那个头部元素分别添加到刚才获得的那个幂集中的每一个集合之中，并把添加而成的集合收集到用来表示最终结果的幂集中。最后，把刚才那个幂集中的各集合也添加进来，这样就找到了由 chars 参数表示的集合对应的幂集。

我们把设计这个递归式的幂集生成算法时需要考虑的 3 个问题回答一遍。

- **什么是基本情况？** chars 参数为空白字符串（或者说，集合为空集）的情况，在这种情况下，getPowerSet() 函数返回一个只含空白字符串的数组或列表，因为空集的子集只有一种，也就是空集本身。
- **在递归函数调用中应该传入什么样的参数？** 把 chars 的首字符之外的那些字符视为尾部，并将这个尾部当作参数传进去。
- **在递归函数调用中传入的参数是如何向基本情况靠近的？** 由于每一次递归都会从 chars 参数的开头去掉一个字符，因此最后肯定会出现 chars 参数不含任何字符（也就是变为空白字符串）的情况。

下面这个 *powerSet.py* 程序用 Python 语言实现递归式的 getPowerSet() 函数。

Python

```
def getPowerSet(chars, indent=0):
    debugMsg = '.' * indent + 'In getPowerSet("' + chars + '")'
    print(debugMsg + ', start.')

❶ if chars == '':
        # 基本情况
        print(debugMsg + " base case returns ['']")
        return ['']

    # 递归情况
    powerSet = []
    head = chars[0]
    tail = chars[1:]
```

```
    # 在第一个环节，获取不含头部元素的各子集
    print(debugMsg, "part 1, get sets without head '" + head + "'")
❷  tailPowerSet = getPowerSet(tail, indent + 1)

    # 在第二个环节，产生包含头部元素的各子集
    print(debugMsg, "part 2, get sets with head '" + head + "'")
    for tailSet in tailPowerSet:
        print(debugMsg, 'New set', head + tailSet)
      ❸ powerSet.append(head + tailSet)

    powerSet = powerSet + tailPowerSet
    print(debugMsg, 'returning', powerSet)
❹ return powerSet

print('The power set of ABC:')
print(getPowerSet('ABC'))
```

等效的 JavaScript 代码写在 *powerSet.html* 文件中。

```
<script type="text/javascript">
function getPowerSet(chars, indent) {
    if (indent === undefined) {
        indent = 0;
    }
    let debugMsg = ".".repeat(indent) + 'In getPowerSet("' + chars + '")';
    document.write(debugMsg + ", start.<br />");

    if (chars == "") { ❶
        // 基本情况
        document.write(debugMsg + " base case returns ['']<br />");
        return [''];
    }

    // 递归情况
    let powerSet = [];
    let head = chars[0];
    let tail = chars.slice(1, chars.length);

    // 第一个环节，获取不含头部元素的各子集
    document.write(debugMsg +
    " part 1, get sets without head '" + head + "'<br />");
    let tailPowerSet = getPowerSet(tail, indent + 1); ❷

    // 第二个环节，产生包含头部元素的各子集
    document.write(debugMsg +
    " part 2, get sets with head '" + head + "'<br />");
    for (tailSet of tailPowerSet) {
        document.write(debugMsg + " New set " + head + tailSet + "<br />");
        powerSet.push(head + tailSet); ❸
    }

    powerSet = powerSet.concat(tailPowerSet);
    document.write(debugMsg + " returning " + powerSet + "<br />");
    return powerSet; ❹
}

document.write("<pre>The power set of ABC:<br />")
document.write(getPowerSet("ABC") + "<br /></pre>");
</script>
```

程序会输出下面这样的信息。

```
The power set of ABC:
In getPowerSet("ABC"), start.
In getPowerSet("ABC") part 1, get sets without head 'A'
.In getPowerSet("BC"), start.
.In getPowerSet("BC") part 1, get sets without head 'B'
..In getPowerSet("C"), start.
..In getPowerSet("C") part 1, get sets without head 'C'
...In getPowerSet(""), start.
...In getPowerSet("") base case returns ['']
..In getPowerSet("C") part 2, get sets with head 'C'
..In getPowerSet("C") New set C
..In getPowerSet("C") returning ['C', '']
.In getPowerSet("BC") part 2, get sets with head 'B'
.In getPowerSet("BC") New set BC
.In getPowerSet("BC") New set B
.In getPowerSet("BC") returning ['BC', 'B', 'C', '']
In getPowerSet("ABC") part 2, get sets with head 'A'
In getPowerSet("ABC") New set ABC
In getPowerSet("ABC") New set AB
In getPowerSet("ABC") New set AC
In getPowerSet("ABC") New set A
In getPowerSet("ABC") returning ['ABC', 'AB', 'AC', 'A', 'BC', 'B', 'C', '']
['ABC', 'AB', 'AC', 'A', 'BC', 'B', 'C', '']
```

getPowerSet()只需要一个 chars 参数,它是一个字符串。其中,各字符代表集合中的各元素。如果 chars 是空白字符串,那么集合就是空集。此时,函数遇到的是基本情况(❶)。集合的幂集是一个由该集合的所有子集构成的集合。而空集只有一个子集,也就是空集本身,因此空集的幂集是一个仅含空集的集合。为了表示这样的集合,这个函数在这种情况下返回 ['']。

除这种情况之外,函数遇到的都是递归情况。在递归情况下,函数需要分两个环节处理。在第一个环节,用 chars 的尾部元素(也就是首元素之外的那些元素)构成一个名为 tail 的集合,并获取 tail 的幂集。这里需要思维跳跃,尽管 getPowerSet()函数的代码当前还没有写完,但是我们仍然假设这个函数已经能够正确地运行,因此只需要把 tail 当作参数,递归调用函数(❷),就可以获取到 tail 的幂集。

这个幂集只含我们要找的一部分子集。为了生成另外一部分子集,getPowerSet()函数还需要进入第二个环节,也就是将头部元素分别添加到 tail 的幂集包含的那些子集之中,并把这样形成的子集收录到表示最终结果的 powerSet 中(❸)。最后,我们把第一个环节中生成的那个集合(也就是 tail 的幂集)之中的各个子集也收录到表示最终结果的 powerSet 中。于是,它现在就包含 chars 的全部子集,函数将该集合返回给调用方(❹)。

6.8 小结

对排列与组合这两类问题,许多程序员不知道该从哪里入手解决。对于常见的编程任务而言,用递归来解决太复杂,但对于本章讲解的这些排列与组合问题来说,递归相当合适。

本章首先简单介绍了集合论。有了这个基础,我们才能知道自己的递归算法应该怎样操作相关的数据结构。集合是由互不相同的元素构成的。由某集合中的零个、一个、多个或全部元素构成的集合都属于该集合的子集。顺序对集合中的元素不重要,但是由这些元素所构成的各种排列方式要求有特定顺序（元素相同但位置不同属于两种不同的排列）。与排列相比，组合是不要求有特定顺序的，从某集合中选出零个、一个、多个或者全部元素都可以形成该集合的一种组合。由某集合中的 k 个元素形成的各种组合统称该集合的 k 组合，这些组合所对应的集合均为此集合的子集。

同一种元素在排列或组合中最多只允许出现一次，也允许出现多次。前者称为无重复元素（或者说，元素不重复）的排列或组合，后者称为可以有重复元素（或者说，元素可重复）的排列或组合。本章对这两种元素选取模式分别给出了相应的算法。

本章还讲解了如何生成具有平衡括号（也就是所有括号均匹配）的字符串，这是常见的编程面试题。我们给出的这种算法从一个空白的字符串开始，反复尝试向其中添加左括号或右括号（直至将所有的括号用完）。由于该算法在找到其中一种匹配方式之后，还要回到以前的字符串上面，继续寻找其他的匹配方式，因此这很适合用递归实现。

最后，我们看到了如何用递归函数生成幂集，也就是由某集合中的全部 k 组合构成的集合。本来我们可以复用早前写好的那个组合生成函数，把 $0 \sim n$ 的整数分别当作 k 参数传进去，以获取元素个数为 $0 \sim n$ 的所有子集，但我们这次写的递归函数在效率上要远远高于那种做法。

延伸阅读

知道如何生成排列与组合，只算懂得了一些浅显的知识，排列与组合是数理逻辑中的集合论涉及的两个话题，它们与集合论本身一样，其实还有着许多的意义。维基百科上关于 set theory、combination、permutation 的这几个页面详细讲述了这些话题，并且还有指向其他词条的链接，那些词条讲得也很详细。

Python 标准库实现了排列、组合以及其他一些算法，这些算法位于 `itertools` 模块之中。这个模块的文档参见 Python 网站。

讲统计与概率的数学课程也会谈到排列和组合。

练习题

1. 集合中的各元素之间是否要求有特定顺序？对于某集合的排列来说，元素之间是否要求有特定顺序？对于某集合的组合来说，元素之间是否要求有特定顺序？
2. 由 n 个元素所构成的集合共有多少种元素不重复的排列方式与多少种元素可重复的排列方式？
3. 由 n 个元素所构成的集合共有多少种元素不重复的组合方式与多少种元素可重复的组合方式？
4. $\{A, B, C\}$ 是 $\{A, B, C\}$ 的子集吗？
5. 计算 n 选 k 问题的公式是什么？这个问题是指，从有 n 个元素的集合中选出 k 个元素，共有多少种组合方式。
6. 在下面 4 个选项之中，哪一个是元素可重复的排列？哪一个是元素不重复的排列？哪一个是元素可重复的组合？哪一个是元素不重复组合？

(a) *AAA, AAB, AAC, ABA, ABB, ABC, ACA, ACB, ACC, BAA, BAB, BAC, BBA, BBB, BBC, BCA, BCB, BCC, CAA, CAB, CAC, CBA, CBB, CBC, CCA, CCB, CCC*

(b) *ABC, ACB, BAC, BCA, CAB*

(c) （无）, *A, B, C, AB, AC, BC, ABC*

(d) （无）, *A, B, C, AA, AB, AC, BB, BC, CC, AAA, AAB, AAC, ABB, ABC, ACC, BBB, BBC, BCC, CCC*

7. 绘制一张树图（tree graph），使这张树图可以用来生成集合 $\{A, B, C, D\}$ 的各种组合。

8. 针对本章讲到的每一个递归算法，分别回答以下 3 个问题。

(a) 什么是基本情况？

(b) 在递归函数调用中应该传入什么样的参数？

(c) 在递归函数调用中传入的参数是如何向基本情况靠近的？

然后，不要看书里的代码，自己把这些递归算法再实现一遍。

实践项目

针对下列任务，分别编写函数。

1. 本章演示的排列生成函数是把字符串中的各字符当成集合中的元素来操作的。修改这个函数，它采用 Python 列表或 JavaScript 数组取代原有的字符串，这样集合中的元素就能够是任意一种数据类型的，而不再局限于字符。例如，修改之后，这个函数还可以接收由整数构成的数组（以生成由该数组中的各个整数所形成的各种排列），而不像原来那样，要求用户必须以字符串来表示集合。

2. 本章演示的组合生成函数是把字符串中的各字符当成集合中的元素来操作的。修改这个函数，它采用 Python 列表或 JavaScript 数组取代原有的字符串，这样集合中的元素就能够是任意一种数据类型的，而不再局限于字符。例如，修改之后，这个函数还可以接收由整数构成的数组（以生成由该数组中的各个整数所形成的各种组合），而不像原来那样，要求用户必须以字符串来表示集合。

第7章 记忆化与动态规划

本章要讲解记忆化技术，这种技术能让递归算法运行得更快。大家会看到什么是记忆化，如何运用它，并了解它在函数式编程与动态规划领域的作用。我们会基于斐波那契算法，讲解如何在程序中使用该技术，并演示 Python 标准库中一些涉及记忆化的特性。本章还会解释为什么不是每一个递归函数都能运用记忆化技术。

7.1 记忆化

记忆化是一种优化技术，用来记忆函数在遇到特定的参数时返回的结果。例如，如果有人问我 720 的平方根是多少，我就会拿出笔和纸，花上几分钟时间演算（当然，我也可以调用 JavaScript 的 Math.sqrt(720) 或 Python 的 math.sqrt(720) 方法），然后告诉对方，结果是 26.832 815 729 997 478。要是对方过一会儿又来问我，我就不用再重复计算一遍了，因为我手中有刚才计算好的结果。这就是记忆化技术的原理，也就是把以前计算好的结果缓存起来，这虽然增加了程序占据的内存空间，但缩短了程序的执行时间。

7.1.1 自上而下的动态规划

记忆化是动态规划中常用的一种手法，动态规划（dynamic programming）指的是把大问题分解成相互重叠的（也就是重复出现的）小问题。这听上去与以前讲过的普通递归有点像。但它与那种递归的关键区别在于，动态规划使用的这种递归可能有重复（也就是说，同一种递归情况可能会多次出现在整个递归过程之中），这种有所重复的递归情况反映的就是刚才说的那些相互重叠的小问题。

例如，考虑斐波那契算法。如果以 6 为参数，调用递归式的 fibonacci() 函数，就会促使该函数递归调用 fibonacci(5) 与 fibonacci(4)，而其中调用 fibonacci(5) 又会递归地触发 fibonacci(4) 与 fibonacci(3)。于是，对 fibonacci(4) 所做的调用就会出现不止一次，因此这个问题在解决整个 fibonacci(6) 问题的过程中就属于重叠的小问题。由于计算斐波那契数的过程中出现了这样的现象，因此这意味着该问题是一种动态规划问题。

按照普通的递归方式计算，效率相当低，因为这会出现许多无谓的重复操作，在刚才那个示例中，fibonacci(4) 的值会计算两遍，其实第二遍根本没有必要算，因为它的结果与第一遍算出来的一样，都是整数 3。因此，我们应该让程序记下来：以后凡是以 4 作为参数调用这个递归函数，就不要再重复计算了，而直接返回以前算好的结果，也就是 3。

图 7-1 用树状图的形式演示了可以通过记忆化技术加以优化的递归调用，也就是说，树状图中那些重复的递归调用都能够通过记忆化技术得以省略。与早前的递归调用重复的那些调用用灰色表示。与斐波那契算法相比，虽然快速排序算法与归并排序算法也是递归式的分治算法，但它们划分出的小问题是彼此不同的，那些小问题之间没有重叠。因此，动态规划技术并不适用于那两种排序算法。

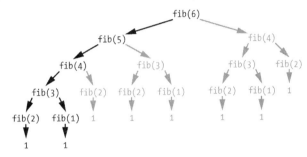

图 7-1　通过记忆化技术加以优化的递归调用

动态规划的一种手法是把递归函数早前的调用结果记下来，这样以后用相同的参数调用这个递归函数时，就无须重复计算了。把递归函数以前返回的值记下来并予以复用，能够轻松地处理那些有所重叠的小问题。

通过运用记忆化技术的递归函数实现动态规划，称为自上而下的动态规划（top-down dynamic programming，又叫作自顶向下的动态规划）。这会把大问题划分成多个相互重叠的小问题。另一种动态规划称为自下而上的动态规划（bottom-up dynamic programming，又叫作自底向上的动态规划），它从小问题（这相当于递归函数中的基本情况）出发，逐步向上求解大问题，直至把最初要解决的那个问题算出来。迭代式的斐波那契算法用的就是自下而上的动态规划，它从前两个斐波那契数出发，逐步计算第 3 个、第 4 个、第 5 个斐波那契数，一直算到我们要找的那个。这种自下而上的动态规划并不使用递归函数。

注意，刚才说的自上而下与自下而上针对的是动态规划，而不是递归。总有人用这两个词来形容递归，其实这是错误的。因为所有的递归都是自上而下的，所以直接说递归就行，没有必要再说成自上而下的递归（top-down recursion）。另外，所有自下而上的解法用的都不是递归，因此不存在所谓自下而上的递归（bottom-up recursion）。

7.1.2　函数式编程中的记忆化

并非所有的函数都能做记忆化处理。为了解释原因，首先介绍什么叫函数式编程（functional programming），这是一种编程范式，要求函数不修改局部变量或外部状态（例如，不修改硬盘中的文件、网络连接或数据库的内容等）。Erlang、Lisp 与 Haskell 等编程语言就是围绕着函数式编程的概念而设计的。其实使用任何一种编程语言都能实现函数式编程，其中也包括 Python 与 JavaScript 语言。

函数式编程中有这样几个概念——确定性函数（deterministic function）、非确定性函数（nondeterministic function）、副作用（side effect）、纯函数（pure function）。本章开头提到的 sqrt() 函数是一个确定性函数，因为只要它收到的参数不变，就肯定会返回相同的结果。Python 的 random.randint() 函数则是一个非确定性函数，因为它返回的是随机的整数，而不是固定的整数，即使传入相同的参数，它返回的结果也未必相同。另外，time.time() 函数也是一个非确定性函数，因为它返回的是现在的时间，而时间始终在流逝。

副作用是指函数对自身的代码与局部变量以外的东西所做的修改。为了说明这个概念，我们在 Python 中编写一个名为 subtract() 的函数，以实现减法（-）运算。

Python

```
>>> def subtract(number1, number2):
...     return number1 - number2
...
>>> subtract(123, 987)
-864
```

这个 subtract() 函数没有副作用，因为对于程序中那些位于该函数代码之外的东西来说，调用这个函数并不会影响到它们。你没办法从程序或计算机的状态中看出这个 subtract() 函数是只调用过一两次，还是调用过好几百万次（假如该函数有副作用，你就能够通过它影响的那些东西推测出它的调用情况）。这样的函数或许会修改位于该函数之内的局部变量，但这些变化只局限在这一个函数中，不会影响到程序的其余部分。

接下来，再看这个 addToTotal() 函数，它会把参数所表示的值汇总到名为 TOTAL 的全局变量之中。

Python

```
>>> TOTAL = 0
>>> def addToTotal(amount):
...     global TOTAL
...     TOTAL += amount
...     return TOTAL
...
>>> addToTotal(10)
10
>>> addToTotal(10)
20
>>> TOTAL
20
```

addToTotal() 函数确实有副作用，因为它修改了函数范围之外的元素，也就是这个名叫 TOTAL 的全局变量。

除修改全局变量之外，许多操作也会产生副作用。例如，更新或删除文件，在屏幕上输出信息，开启数据库连接，登录服务器，以及用其他方式操纵函数之外的数据等。只要程序从某次函数调用中返回之后，留下了印记或痕迹，这次函数调用就是一次有副作用的函数调用。

具备确定性并且没有副作用的函数称为纯函数。只有在纯函数上面，才能够正确地运用记忆化技术。后续我们会对一个纯函数（也就是递归式的斐波那契函数），以及 doNotMemoize 程序中的几个非纯函数分别加以记忆化，以展示这种技术为什么只适用于纯函数。

7.1.3 对递归式的斐波那契算法做记忆化处理

现在我们就对第 2 章的递归式斐波那契函数做记忆化处理。这个函数的效率相当低。在笔者的计算机上,执行 `fibonacci(40)` 需要 57.8 s。然而,迭代式的 `fibonacci(40)` 运行得特别快,让性能分析器无法测量出它的执行时间,只好显示 0.000 s。

记忆化技术能够极大地提升递归版本的效率。例如,图 7-2 就对比了原始的 `fibonacci()` 函数与运用了记忆化技术之后的函数在计算前 20 个斐波那契数时的调用次数。原始版本的函数在执行过程中做了许多不必要的计算。

由图 7-2(a)与(b)可知,原版的 `fibonacci()` 函数的调用次数随着参数个数的增加快速增加,运用了记忆化技术之后的 `fibonacci()` 函数的调用次数增长得较平缓。

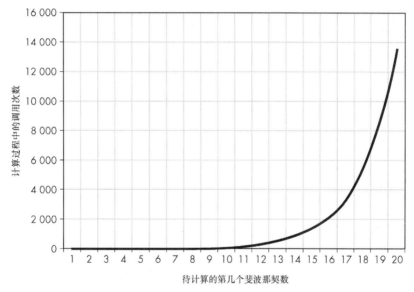

(a)原版的 `fibonacci()` 函数的调用次数

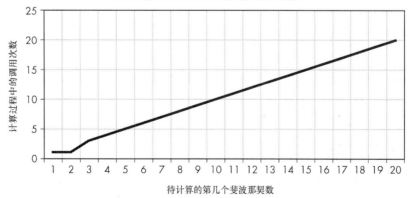

(b)运用了记忆化技术之后 `fibonacci()` 函数的调用次数

图 7-2　原版的 `fibonacci()` 函数的调用次数和运用了记忆化技术之后 `fibonacci()` 函数的调用次数

下面这个 *fibonacciByRecursionMemoized.py* 程序是用 Python 语言写的，它对原来的递归式斐波那契算法做了记忆化处理。与第 2 章的原版程序 *fibonacciByRecursion.py* 相比，新添加的代码和注释用粗体标记。

Python

```
fibonacciCache = {} ❶ # 创建全局缓存

def fibonacci(nthNumber, indent=0):
    global fibonacciCache
    indentation = '.' * indent
    print(indentation + 'fibonacci(%s) called.' % (nthNumber))

    if nthNumber in fibonacciCache:
        # 如果要计算的值已经位于缓存之中，就返回该值
        print(indentation + 'Returning memoized result: %s' % (fibonacciCache[nthNumber]))
        return fibonacciCache[nthNumber] ❷

    if nthNumber == 1 or nthNumber == 2:
        # 基本情况
        print(indentation + 'Base case fibonacci(%s) returning 1.' % (nthNumber))
        fibonacciCache[nthNumber] = 1 ❸ # 更新缓存
        return 1
    else:
        # 递归情况
        print(indentation + 'Calling fibonacci(%s) (nthNumber - 1).' % (nthNumber - 1))
        result = fibonacci(nthNumber - 1, indent + 1)

        print(indentation + 'Calling fibonacci(%s) (nthNumber - 2).' % (nthNumber - 2))
        result = result + fibonacci(nthNumber - 2, indent + 1)

        print('Call to fibonacci(%s) returning %s.' % (nthNumber, result))
        fibonacciCache[nthNumber] = result ❹ # 更新缓存
        return result

print(fibonacci(10))
print(fibonacci(10)) ❺
```

用 JavaScript 语言编写的代码放在 *fibonacciByRecursionMemoized.html* 文件中。与第 2 章的原版程序 *fibonacciByRecursion.html* 相比，多出来的那些代码和注释用粗体标记。

JavaScript

```
<script type="text/javascript">

❶ let fibonacciCache = {}; // 创建全局缓存

function fibonacci(nthNumber, indent) {
    if (indent === undefined) {
        indent = 0;
    }
    let indentation = '.'.repeat(indent);
    document.write(indentation + "fibonacci(" + nthNumber + ") called.
<br />");

    if (nthNumber in fibonacciCache) {
        // 如果要计算的值已经位于缓存之中，就返回该值
        document.write(indentation +
        "Returning memoized result: " + fibonacciCache[nthNumber] + "<br />");
❷      return fibonacciCache[nthNumber];
    }

    if (nthNumber === 1 || nthNumber === 2) {
```

```
       // 基本情况
       document.write(indentation +
       "Base case fibonacci(" + nthNumber + ") returning 1.<br />");
    ❸ fibonacciCache[nthNumber] = 1; // 更新缓存
       return 1;
    } else {
       // 递归情况
       document.write(indentation +
       "Calling fibonacci(" + (nthNumber - 1) + ") (nthNumber - 1).<br />");
       let result = fibonacci(nthNumber - 1, indent + 1);

       document.write(indentation +
       "Calling fibonacci(" + (nthNumber - 2) + ") (nthNumber - 2).<br />");
       result = result + fibonacci(nthNumber - 2, indent + 1);

       document.write(indentation + "Returning " + result + ".<br />");
    ❹ fibonacciCache[nthNumber] = result; // 更新缓存
       return result;
    }
}

document.write("<pre>");
document.write(fibonacci(10) + "<br />");
❺ document.write(fibonacci(10) + "<br />");
document.write("</pre>");
</script>
```

相对于第 2 章的那个递归式程序，目前这个程序输出的信息相当简短。这意味着，它不仅避免了许多重复的计算，而且能够计算出与以前一样的正确结果。

```
fibonacci(10) called.
Calling fibonacci(9) (nthNumber - 1).
.fibonacci(9) called.
.Calling fibonacci(8) (nthNumber - 1).
..fibonacci(8) called.
..Calling fibonacci(7) (nthNumber - 1).
--省略--
.......Calling fibonacci(2) (nthNumber - 1).
.......fibonacci(2) called.
.......Base case fibonacci(2) returning 1.
.......Calling fibonacci(1) (nthNumber - 2).
.......fibonacci(1) called.
.......Base case fibonacci(1) returning 1.
Call to fibonacci(3) returning 2.
......Calling fibonacci(2) (nthNumber - 2).
......fibonacci(2) called.
......Returning memoized result: 1
--省略--
Calling fibonacci(8) (nthNumber - 2).
.fibonacci(8) called.
.Returning memoized result: 21
Call to fibonacci(10) returning 55.
55
fibonacci(10) called.
Returning memoized result: 55
55
```

为了给 fibonacci() 函数做记忆化处理，创建一个名叫 fibonacciCache 的全局变量（❶），这个变量在 Python 语言里是一个字典，在 JavaScript 语言里是一个对象。它的键是 fibonacci() 函数通过 nthNumber 收到的参数，值则是函数在这样的参数下返回的整数。每次调用时，fibonacci() 函数都会首先检查 nthNumber 参数是否已经位于缓存之中（或者说，检查缓存中是否已经有了 `nthNumber` 这个键）。如果有，就返回早前缓存过的值（❷）；否则，该函数会像以前那样执行，只不过它在即将返回之前，会把结果先添加到缓存中（❸、❹）。

对 `fibonacci()` 函数做记忆化处理，能够大幅提升斐波那契算法在执行过程中遇到基本情况的次数（因为凡是能够从缓存中查出结果的情况都算基本情况）。只有在 `nthNumber` 参数值是 1 或 2 时，以前那个版本才会遇到基本情况，在那种情况下，函数立刻返回 1，因为第 1 个与第 2 个斐波那契数均为 1。但是现在这个版本不同，只要计算出了某个斐波那契数，它就会以 `nthNumber` 参数作为键，将该数添加至缓存，这样以后凡是用这个参数来调用函数的情况都成了基本情况，因为 `fibonacci()` 函数能够直接从 `fibonacciCache` 中查出早前已经算好的结果，并立刻返回它。例如，如果早前已经调用过 `fibonacci(99)`，那么以 99 作为参数的调用（也就是 `fibonacci(99)`）就与以 1 或 2 为参数的调用（也就是 `fibonacci(1)` 或 `fibonacci(2)`）一样，都成了基本情况。换句话说，记忆化技术提升了这种递归函数的效率，让它在执行过程中不再需要重复计算那些以前已经处理过的小问题，因为那些小问题的答案已经缓存起来，它们无须再当成递归情况来处理，而可以视为基本情况。注意，程序在触发过 `fibonacci(10)` 之后，又触发了一次 `fibonacci(10)`，让它再次输出第 10 个斐波那契数（❺），这回函数连一次递归都没有做，直接返回早前缓存的结果，也就是 55。

记忆化技术能够缩减递归算法在执行过程中所做的多余调用，但它未必能降低调用栈中帧对象的数量。也就是说，尽管它不会让函数再像原来那样，重复做那么多次递归调用，但依然有可能发生栈溢出（因为它未必能降低调用栈的最大深度）。所以，最好使用更直观的迭代式算法替换递归式算法。

7.2　Python 的 functools 模块

每次都像刚才那样，通过添加全局变量以及相关的管理代码实现缓存，进而实现函数的记忆化处理，或许比较麻烦。Python 的标准库中有一个 `functools` 模块，它提供名叫 `@lru_cache()` 的函数修饰器，用于自动对它修饰的函数做记忆化。按照 Python 的语法，只要在定义函数的 `def` 语句上方添加 `@lru_cache()`，就意味着该函数经过修饰，自动得到了记忆化处理。

缓存受制于内存空间的大小（因此应该把其中的某些条目删去，以减少内存占用量）。这个修饰器中的 *lru* 是指 *least recently used*（最近未使用的），这是一种缓存替换策略（cache replacement policy）。也就是说，如果缓存中的条目已满，就把上次使用时间距离当前最久的那个条目替换掉。LRU 是一种简单而迅速的缓存替换策略。除此之外，还有其他一些缓存替换策略，那些策略适用于不同的软件需求。

下面这个 *fibonacciFunctools.py* 程序演示了 `@lru_cache()` 修饰器的用法。与第 2 章的原版 *fibonacciByRecursion.py* 程序相比，多出来的那些代码用粗体标记。

Python

```
import functools

@functools.lru_cache()
def fibonacci(nthNumber):
```

```
    print('fibonacci(%s) called.' % (nthNumber))
if nthNumber == 1 or nthNumber == 2:
    # 基本情况
    print('Call to fibonacci(%s) returning 1.' % (nthNumber))
    return 1
else:
    # 递归情况
    print('Calling fibonacci(%s) (nthNumber - 1).' % (nthNumber - 1))
    result = fibonacci(nthNumber - 1)

    print('Calling fibonacci(%s) (nthNumber - 2).' % (nthNumber - 2))
    result = result + fibonacci(nthNumber - 2)

    print('Call to fibonacci(%s) returning %s.' % (nthNumber, result))
    return result
```

```
print(fibonacci(99))
```

把这段代码与之前我们自己实现缓存机制的 *fibonacciByRecursionMemoized.py* 程序对比一下，就会发现，用 Python 的 `@lru_cache()` 修饰器实现缓存机制是较简单的。如果不利用缓存做记忆化处理，那么用递归算法来计算 `fibonacci(99)` 可能要花好几分钟，但做了记忆化之后，程序只需要几毫秒就能显示出结果。

记忆化技术适合优化在执行过程中反复遇到某些小问题的递归函数，但其实无论是不是递归函数，任何一个纯函数都可以利用该技术，以占用计算机内存为代价来提升运行速度。

7.3 对非纯函数做记忆化会怎样

非纯函数不应该用 `@lru_cache` 来修饰，也就是说，不应该把 `@lru_cache` 运用在非确定性函数或带副作用的函数上面。记忆化技术让程序能够跳过函数中的一些代码，直接返回早前已经缓存起来的值。这对纯函数是没有问题的，但是在非纯函数上面这样做可能导致各种 bug。

对非确定性函数做记忆化可能导致函数返回不正确的结果，例如，查询当前时间的函数就是一个非确定性函数，它不应该加以记忆化。对带副作用的函数做记忆化会让本来应该表现出的副作用无法出现，例如，在屏幕上面输出文字的函数就是一个有副作用的函数，它也不应该加以记忆化。下面这个 *doNotMemoize.py* 程序演示了在非纯函数上面运用 `@lru_cache` 函数修饰器会产生什么后果。

Python

```
import functools, time, datetime

@functools.lru_cache()
def getCurrentTime():
    # 这是一个非确定性函数，每次调用它时，应该返回不同的值
    # it's called.
    return datetime.datetime.now()

@functools.lru_cache()
def printMessage():
    # 这个函数应该在屏幕上输出一条信息，说明它的副作用
    print('Hello, world!')
```

```
print('Getting the current time twice:')
print(getCurrentTime())
print('Waiting two seconds...')
time.sleep(2)
print(getCurrentTime())

print()

print('Displaying a message twice:')
printMessage()
printMessage()
```

运行这个程序，会看到下面这样的输出信息。

```
Getting the current time twice:
2022-07-30 16:25:52.136999
Waiting two seconds...
2022-07-30 16:25:52.136999

Displaying a message twice:
Hello, world!
```

注意，第二次调用 getCurrentTime() 函数之后返回的时间与第一次的相同，其实这两次调用之间隔了 2 s。另外，程序把 printMessage() 连续调用了两次，但仅在第一次调用时，显示了 Hello, world! 消息。

这些 bug 很难捕获，因为它们并没有让程序崩溃，它们会导致函数出现错误的行为。无论你手动对函数做记忆化处理，还是利用编程语言的机制实现，都应该全面测试函数的效果。

7.4　小结

记忆化是一种优化技术，能够用来提高递归算法的效率，它会把以前计算出的结果记录下来，让递归算法在遇到重复的小问题时，无须再次计算。记忆化是动态规划领域常用的手法。它虽然增加了程序的内存占用量，但是缩短了程序的执行时间，这让一些本来无法实际运用的递归函数变得可行。

然而，记忆化技术并不能防止栈溢出错误。它不能取代那些简单的递归式解决方案。为了递归而递归，未必能够确保你所写出的代码比不用递归的方案更好。

只有纯函数才能做记忆化处理，也就是说，这个函数必须具备确定性，而且不带副作用。具备确定性是指它针对同样的参数必定返回同样的值，不带副作用是指它不会影响该函数之外的程序状态或计算机状态。纯函数经常用在函数式编程之中，这是一种频繁运用递归的编程范式。

记忆化通过缓存实现，你需要为每一个需要加以记忆化处理的函数创建相应的缓存。你可以自己编写代码，也可以使用 Python 内置的 @functools.lru_cache() 修饰器，这种修饰器能够对它修饰的函数自动做记忆化。

延伸阅读

除对函数做记忆化处理之外，许多技术也能用来执行动态规划。这些技术经常出现在编程面试与竞赛之中。Coursera 网站上有一门免费的"Dynamic Programming, Greedy Algorithms"课程。freeCodeCamp 网站上也有一系列讲解动态规划的课程。

如果你想详细了解 LRU 缓存以及其他一些与缓存有关的函数，那么可以从 Python 的官方文档中查阅 functools 模块。

练习题

1. 什么是记忆化？
2. 用动态规划方法来解决问题与不做动态规划的普通递归相比有何区别？
3. 函数式编程重视什么？
4. 某函数能否称为纯函数，关键要看它是否具备哪两个特征？
5. 返回当前日期与时间的函数是不是确定性函数？
6. 如果某个递归函数在执行过程中有可能遇到相互重叠的多个小问题，那么对该函数做记忆化处理是如何提升其执行效率的？
7. 把 @lru_cache() 这样的函数修饰器运用到一个递归式的归并排序函数上面能否提升该函数的性能？解释其原因。
8. 修改函数中局部变量的取值是否算作一种副作用？
9. 记忆化能否防止栈溢出？

## 第8章

尾调用优化

第 7 章讲了如何用记忆化技术来优化递归函数。本章要讲一种优化技术——尾调用优化（tail call optimization），这是由编译器或解释器提供的一项特性，用于防止栈溢出。尾递归优化也称作尾调用消除（tail call elimination）或尾递归消除（tail recursion elimination）。

本章的目标是解释什么叫作尾调用优化，而不是推荐该技术。笔者其实根本就不建议使用尾调用优化。稍后我们就会看到，该技术要求开发者重新调整函数的代码，而这么做通常会让代码变得特别难懂。所以，这种技术更像是一种临时方案，让你暂且能够采用递归式的算法来解决某个问题（同时又不会在递归过深的情况下发生栈溢出错误，等到将来，你可以再考虑把它改写为迭代式的算法）。这里再次强调，复杂的递归方案未必始终是良好的方案，如果某个问题本身就比较简单，那么最好还用简单的非递归方案。

许多流行的编程语言在实现层面根本就不提供尾调用优化功能。例如，Python、JavaScript 与 Java 等语言的解释器与编译器就是如此。然而，你还应该熟悉尾调用优化，因为有时你可能会在编程项目中遇到。

8.1 尾递归与尾调用优化的原理

要对某函数运用尾调用优化技术，该函数首先必须是尾递归（tail recursion）函数才行。尾递归函数是指把递归调用当作其最后一个动作来执行的函数。从代码上来看，这种函数的最后一项操作应该是通过一条 return 语句返回递归调用的结果。

举一个实际的示例，你还记得前面的 *factorialByRecursion.py* 与 *factorialByRecursion.html* 程序吗？这两个程序都用来计算某个正整数的阶乘。例如，5!应该等于 5 × 4 × 3 × 2 × 1，也就是 120。由于 factorial(n) 相当于 n * factorial(n - 1)，因此我们可以用递归的方式计算阶乘。这种算法的基本情况是指 n == 1 的情况，在这种情况下，算法不需要递推，而可以直接返回 1。

我们重新编写这两个程序，把其中的函数改成尾递归函数。下面这个 *factorialTailCall.py* 就是修改后的 Python 程序，其中，factorial() 函数使用了尾递归。

Python

```python
def factorial(number, accum=1):
```

```python
    if number == 1:
        # 基本情况
        return accum
    else:
        # 递归情况
        return factorial(number - 1, accum * number)

print(factorial(5))
```

等效的 JavaScript 代码写在 *factorialTailCall.html* 文件之中。

JavaScript

```javascript
<script type="text/javascript">
function factorial(number, accum=1) {
    if (number === 1) {
        // 基本情况
        return accum;
    } else {
        // 递归情况
        return factorial(number - 1, accum * number);
    }
}

document.write(factorial(5));
</script>
```

注意，factorial() 函数在递归情况下以一条 return 语句结尾，这条语句返回的是递归调用 factorial() 的结果。要让某种编程语言的解释器或编译器运用尾调用优化技术，你必须确保递归函数的最后一项操作是返回递归调用的结果。也就是说，它一执行完递归调用，就必须立刻用 return 将这次调用的结果返回，两者之间不能出现其他指令。这个函数在基本情况下会返回 accum 参数的值。这种参数称为累加器（accumulator）参数。

为了理解尾调用优化的原理，我们回想第 1 章讲过的函数调用。在调用函数时，程序首先会创建一个（与这次调用相对应的）帧对象，并将其存储至调用栈中。如果在执行这次函数调用的过程中又需要调用另一个函数，就再创建一个（与那次调用相对应的）帧对象，并将其放在调用栈中现有的这个帧对象之上。程序从某次函数调用中返回时，会自动删除（或者说，弹出）栈顶的帧对象。

如果程序执行了许多次函数调用，并且一直没有返回，那么调用栈中的帧对象数量就有可能超过上限，从而导致栈溢出。对于 Python 程序来说，这个上限是 1000；对于 JavaScript 程序来说，这个上限大概是 10000。对于一般的程序而言，这样的上限已经足够用了，但递归算法有可能超过这个上限，从而导致程序发生栈溢出错误，进而崩溃。

帧对象中保存这次函数调用涉及的局部变量，以及执行完这次调用之后，程序应该返回的位置。然而，如果某函数在递归情况下的最后一项操作是返回递归调用的结果，就没有必要再把当前这一帧保留在调用栈中，因为其中的局部变量以后再也用不到了。函数执行完递归调用之后，直接返回调用的结果，而不再执行其他操作，因此不会再用到那些局部变量。其中保存的返回地址也可以直接交给接下来的那个帧对象，让程序在执行完那次递归调用之后，返回该地址所对应的指令，并继续往下执行。

由于程序能够把当前这个帧对象直接从调用栈中删除，因此在创建新的帧对象并将其压入调用栈之后，栈的深度并没有增加，这样也就不用担心栈溢出。

所有的递归算法都能通过栈与循环改写为迭代算法。尾调用优化技术让递归算法不再需要往调用栈中压入新的帧对象，因此这样的算法虽然从形式上看是递归的，但实际上与那种采用循环结构实现出的迭代式算法相似。这是否意味着不需要再编写迭代算法，只需要先把算法用递归方式实现，再做尾调用优化即可？但有些算法之所以适合用递归解决，是因为其中不仅涉及树状结构，而且可能要回溯。因此，并非所有的递归算法都能把自己在递归情况下的最后一项操作改为直接返回递归调用的结果。有时，递归算法还必须回溯，假如直接返回递归调用的结果，就没办法回溯。即使某个递归算法能够通过尾调用技术加以优化，你也还应该利用循环结构，将其实现成迭代算法，因为那样写出来的代码不仅更简单，还更容易看懂。为了递归而递归，并不能保证你写出来的代码比迭代式的方案更好。

8.2　如何通过累加器参数做尾递归

尾递归的缺点在于，你必须改写现有的递归函数，令其最后一项操作直接返回递归调用的结果。这样改写可能会让代码更加难懂。例如，本章的 *factorialTailCall.py* 与 *factorialTailCall.html* 程序中的 `factorial()` 函数就要比前面的 *factorialByRecursion.py* 与 *factorialByRecursion.html* 之中的那个版本稍微难懂一点儿。

以 `factorial()` 为例，为了做尾递归优化，设计了一个新的参数—— accum，用来记录目前已经执行过的这些调用计算出来的这部分乘积。这样的参数叫作累加器参数，它用来记录目前这一部分的计算结果。假如不设计这个参数，可能就要用一个局部变量来记录递归调用的返回值，然后用那个变量继续做运算（那样的话，该函数的最后一项操作就不是直接返回递归调用的结果）。其实并非所有的尾递归优化都要通过累加器参数来实现，但由于尾递归函数在执行完递归调用之后必须立刻返回调用的结果，而不能执行其他操作，因此导入这样一个变量有利于我们把一个普通的递归函数改写成尾递归函数。注意，*factorialByRecursion.py* 程序中的 `factorial()` 函数在递归情况下返回的是 `number * factorial(number - 1)`，这样写相当于在做完递归调用之后，没有立刻返回调用的结果，而把调用的结果与 `number` 相乘。导入 accum 参数之后，我们就可以把每次的 `number` 值直接与现有的 accum 相乘，并将这个乘积当作递归调用时的 accum 参数值传进去，这样就不需要在执行完递归调用之后再执行乘法操作，而可以直接返回递归调用的结果，从而令这个普通的函数变成尾递归函数。

另外，注意，改写后的 `factorial()` 函数在基本情况下不应该返回 1，而应该返回累加器参数（也就是 accum）的值。在 `number == 1` 这一条件成立时，该函数进入基本情况，此时它返回 accum 收集到的最终结果。为了把普通的递归函数改写成尾递归函数，你通常需要调整该函数在基本情况下执行的代码，让它返回累加器参数的值。

你可以这样理解：做完尾调用优化之后，程序再触发 `factorial(5)`，就会按照图 8-1 所示的形式执行返回操作。

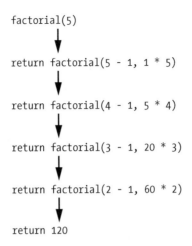

factorial(5)

↓

return factorial(5 - 1, 1 * 5)

↓

return factorial(4 - 1, 5 * 4)

↓

return factorial(3 - 1, 20 * 3)

↓

return factorial(2 - 1, 60 * 2)

↓

return 120

图 8-1　做完尾调用优化之后的 `factorial()` 函数
如何计算 `factorial(5)` 的值

　　刚才我们引入了累加器参数并调整代码，让 `factorial(5)` 函数的最后一项操作变成直接返回递归调用的结果，这可能会令递归函数的代码变得比以前更加难懂。除这一点之外，尾递归函数还有其他一些限制，这正是 8.3 节要讲的内容。

8.3　尾递归的局限

　　你必须先调整代码，把普通的递归函数改写成尾递归函数，然后才能让编译器或解释器对这个函数做尾调用优化。但问题是，并非所有的编译器与解释器都提供尾调用优化功能。其中相当明显的一个示例就是 CPython（从 Python 官网下载下来的 Python 环境用的就是这种解释器），它没有实现尾调用优化功能。因此，就算你把某个递归函数的最后一项操作写成直接返回递归调用的结果（从而令其变为尾递归函数，也未必能够确保该函数得到尾调用优化处理），程序在执行许多次递归调用之后，还有可能发生栈溢出。

　　CPython 不仅目前没有提供尾调用优化功能，而且以后可能也不会考虑提供这项功能。尾调用优化可能会让程序变得难于调试。这项优化技术会从调用栈中移除帧对象，从而令这些帧对象中的调试信息也随之丢失。CPython 一旦实现尾调用优化，许多 Python 开发者就会依赖这项特性而编写代码，于是导致这种代码在其他一些没有实现尾调用优化的 Python 解释器上面无法正常运作。

　　另外，递归并不是日常编程中的一个重要部分。尽管计算机科学家与数学家都认为递归是一种基本方法，但在日常的编程之中它用得可能并不那么频繁。而尾调用优化技术只是针对某些递归算法的一种小技巧，用来让原本可能因为栈溢出而无法使用的递归算法变得可行。既然递归本身用得不多，那么这项针对其中一部分递归算法而设的特性用得就更少了。

　　CPython 虽然没有提供尾调用优化功能，但并不意味着 Python 语言的其他编译器或解释器也不会做尾调用优化。然而，注意，除非编程语言在规范中明确指出它支持尾调用优化，否则，这项优化技术就不能视为该语言的特性，各种编译器或解释器是否支持这项特性要由对应的编程语言来定。

缺乏对尾调用优化的支持不单单是 Python 语言才有的现象。从第 8 版开始，Java 也没有让编译器支持过尾调用优化。JavaScript 语言是参照 ECMAScript 标准实现的，该标准的第 6 版包含尾调用优化，但截至 2022 年，只有 Safari 网页浏览器上面的 JavaScript 支持该技术。要想判断某种编程语言的编译器或解释器是否支持这项技术，你可以写一个尾递归的阶乘函数，然后试着用该函数计算 100000 的阶乘。如果程序崩溃了，就说明这款编译器或解释器不支持尾调用优化。

绝对不要专门使用尾递归。所有的递归算法都能够通过循环与栈实现为迭代算法。尾调用优化技术只不过让调用栈在递归函数的执行过程中不再增长，从而防止栈溢出（它既不能大幅优化程序，也不能让代码变得更加清晰）。既然如此，为什么不从一开始就用循环与栈把算法写成迭代式的呢？尾调用优化技术只适用于一部分递归算法，而所有的递归算法都能够通过循环与栈轻松实现。因此，与其对递归算法做尾调用优化，还不如一开始就用循环与栈实现迭代算法。

就算你使用的编译器或解释器支持尾调用优化，也还会有别的问题。要想让递归函数使用尾递归，你不但必须确保函数在每一种递归情况下都只做一次递归调用，而且要将递归调用放在最后执行，并让函数立刻返回这次递归调用的结果，但问题是有些算法需要做两次或两次以上的递归调用，因此这种算法没办法实现成尾递归。例如，斐波那契算法就需要做两次递归，一次是 `fibonacci(n - 1)`，另一次是 `fibonacci(n - 2)`。你可以把前一次递归调用的结果收集到累加器中，让函数在做完后一次递归调用之后立刻返回，从而令这次调用能够接受尾调用优化，即使如此，也无法防止栈溢出，因为如果参数比较大，那么前一次递归调用仍然有可能造成栈溢出。

8.4　尾递归案例研究

我们思考本书前面讲过的一些递归函数，看看它们适不适合改写成尾递归函数。记住，Python 与 JavaScript 语言并没有全面实现尾调用优化，因此就算把它们改写成尾递归函数，也仍然有可能让程序发生栈溢出。本节只展示如何改写。

8.4.1　用尾递归反转字符串

第一个示例是改写第 3 章的字符串反转程序。这次我们用尾递归函数实现反转，下面这个 *reverseStringTailCall.py* 程序是用 Python 语言写的。

Python

```
❶ def rev(theString, accum=''):
    if len(theString) == 0:
        # 基本情况
    ❷ return accum
```

```
        else:
            # 递归情况
            head = theString[0]
            tail = theString[1:]
        ❸ return rev(tail, head + accum)

text = 'abcdef'
print('The reverse of ' + text + ' is ' + rev(text))
```

等效的 JavaScript 代码写在 *reverseStringTailCall.html* 文件中。

JavaScript

```
<script type="text/javascript">
❶ function rev(theString, accum='') {
    if (theString.length === 0) {
        // 基本情况
      ❷ return accum;
    } else {
        // 递归情况
        let head = theString[0];
        let tail = theString.substring(1, theString.length);
      ❸ return rev(tail, head + accum);
    }
}

let text = "abcdef";
document.write("The reverse of " + text + " is " + rev(text) + "<br />");
</script>
```

这两个程序是在原来的 *reverseString.py* 与 *reverseString.html* 的基础上分别修改而成的，修改后的程序给原来的递归函数增设了一个累加器参数。这个参数的名字叫 accum，如果调用者没有指定该参数，程序就默认将其设置为空白字符串（❶）。另外，我们还把基本情况下的返回语句从 return '' 改成 return accum（❷），并把递归情况下的返回语句从 return rev(tail) + head 改成 return rev(tail, head + accum)。之前那种写法用于先执行递归调用，然后把调用结果与 head 所表示的字符串相拼接，现在直接返回递归调用的结果（❸）。图 8-2 演示了程序触发 rev('abcdef') 之后，该函数是怎样通过多次尾递归返回最终结果的。

我们通过累加器参数在历次函数调用之间共享数据，令 rev() 函数能够由普通的递归函数变成尾递归函数。

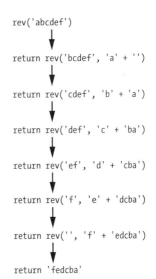

图 8-2 rev('abcdef') 如何通过多次尾递归调用返回最终结果

8.4.2 用尾递归寻找子字符串

在编写某些递归函数时，我们会很自然地做尾递归。*findSubstring.py* 与 *findSubstring.html* 程

序中的 findSubstringRecursive() 函数就这样,它的最后一项操作就是返回递归调用的
结果。因此,这个函数本身已经是尾递归函数了,无须再调整。

8.4.3　用尾递归做指数运算

前面的两个程序 *exponentByRecursion.py* 与 *exponentByRecursion.html* 里的递归函数不太适
合转换成尾递归函数。在参数 n 为偶数与奇数时,这些程序分别有对应的递归情况。递归函数
中有多种递归情况,这并不妨碍我们把它转换成尾递归函数,因为只要每种递归情况都仅有一
次递归调用,而且函数在这种递归情况的最后直接返回这次递归调用的结果,就可以使用尾调
用优化。

什么导致这个函数不便转换成尾递归? n 是偶数时的递归情况无法满足刚才说的要求。查
看程序的 Python 代码。

Python

```
--省略--
    elif n % 2 == 0:
        # n是偶数时的递归情况
        result = exponentByRecursion(a, n / 2)
        return result * result
--省略--
```

与这种递归情况相对应的 JavaScript 代码是这样的。

JavaScript

```
--省略--
    } else if (n % 2 === 0) {
        // n是偶数时的递归情况
        result = exponentByRecursion(a, n / 2);
        return result * result;
--省略--
```

函数在这种递归情况下最后执行的操作并不是返回递归调用的结果(而将表示该结果的
result 相乘并返回乘积)。我们可以把这个表示递归调用结果的 result 变量省掉,于是
return 语句就变成下面这样。

```
--省略--
return exponentByRecursion(a, n / 2) * exponentByRecursion(a, n / 2)
--省略--
```

这样写导致递归函数在这种递归情况下执行两次递归调用。这不仅让递归算法的运算量毫
无必要地翻倍,而且依然没能把递归函数的最后一项操作改为直接返回递归调用的结果,它现
在返回的是这两次递归调用的结果之积。于是,我们就遇到了与斐波那契算法相同的问题:递
归函数在递归情况下需要执行多次递归调用,即使能够设法将递归函数的最后一项操作变为返
回其中一次递归调用的执行结果,也会有需要在这之前执行的其他一些递归调用。

8.4.4　用尾递归判断某数是奇数还是偶数

要判断某个整数是奇数还是偶数,可以使用模运算符(%,也叫作求余运算符)。如果

number % 2 == 0 这一表达式的结果是 True，number 就是偶数；若结果是 False，则 number 为奇数。但如果你要想故意构造一个"精妙"的递归算法，那么可以试试用 *isOdd.py* 中的写法，实现 isOdd() 函数（*isOdd.py* 程序还有其他代码，那些代码会在本节后面给出）。

Python

```python
def isOdd(number):
    if number == 0:
        # 基本情况
        return False
    else:
        # 递归情况
        return not isOdd(number - 1)
print(isOdd(42))
print(isOdd(99))
--省略--
```

等效的 JavaScript 代码写在 *isOdd.html* 文件中。

JavaScript

```javascript
<script type="text/javascript">

function isOdd(number) {
    if (number === 0) {
        // 基本情况
        return false;
    } else {
        // 递归情况
        return !isOdd(number - 1);
    }
}
document.write(isOdd(42) + "<br />");
document.write(isOdd(99) + "<br />");
--省略--
```

isOdd() 有两种情况要考虑。如果 number 参数是 0，那么它遇到的是基本情况，此时函数返回 False，以表示待判断的数字 0 不是奇数。为了简单起见，我们实现的这个 isOdd() 函数只处理 0 与正整数（而不考虑负整数）。于是，只要 number 不为 0，函数就进入递归情况，此时它返回与 isOdd(number - 1) 相反的值。

这样写的原理可以用一个示例来解释，例如，我们考虑 isOdd(42)，此时 isOdd() 函数无法直接判断出 42 是奇数还是偶数，但它知道这个结果肯定与 isOdd(41) 相反。于是，isOdd() 函数就返回 not isOdd(41)。而 isOdd(41) 的结果也无法直接求得，于是 isOdd() 函数又会触发 not isOdd(40)，以此类推，直到触发 not isOdd(0)，而 isOdd(0) 会返回 False 并促使以前的历次递归调用分别返回相应的结果，直至得出最终结果。isOdd() 函数的总递归次数与它在得出最终结果之前需要执行的 not 运算次数相关。

这种写法会让这个递归函数在参数比较大时发生栈溢出。例如，调用 isOdd(100000) 会导致程序连续执行 100001 次调用而不返回，这个次数远远超出了一般调用栈的上限。不过，我们可以调整函数的代码，让它把递归调用放在最后来执行，并返回调用的结果，于是这个递归函数就成了尾递归函数。我们把改写之后的 isOddTailCall() 函数也放在 *isOdd.py* 文件中。下面就是 *isOdd.py* 程序的后一半内容。

Python

```python
--省略--
def isOddTailCall(number, inversionAccum=False):
    if number == 0:
        # 基本情况
        return inversionAccum
    else:
        # 递归情况
        return isOddTailCall(number - 1, not inversionAccum)

print(isOddTailCall(42))
print(isOddTailCall(99))
```

等效的 JavaScript 代码写在 *isOdd.html* 文件中。

JavaScript

```javascript
--省略--
function isOddTailCall(number, inversionAccum) {
    if (inversionAccum === undefined) {
        inversionAccum = false;
    }

    if (number === 0) {
        // 基本情况
        return inversionAccum;
    } else {
        // 递归情况
        return isOddTailCall(number - 1, !inversionAccum);
    }
}

document.write(isOdd(42) + "<br />");
document.write(isOdd(99) + "<br />");
</script>
```

在支持尾调用优化的解释器上面调用 isOddTailCall(100000) 不会让这个 Python 或 JavaScript 程序发生栈溢出。然而，即使用尾调用优化技术，也不如直接用 % 运算符判断奇偶性更快。

无论做不做尾递归，这种用递归来判断某个正整数是否为奇数的写法都相当低效。没错，确实是这样。与迭代式的方案相比，这种递归式的写法容易让程序发生栈溢出。即使通过尾调用优化避开栈溢出的问题，也没办法提高效率，因为这项需求本身就不适合用这种递归方式满足。递归并不能保证你的方案一定比迭代式的方案更好。即使执行尾递归，也肯定不会比采用循环或其他解决方案更简单。

8.5　小结

尾调用优化是编程语言的编译器或解释器有可能支持的一项特性，要想让某个递归函数能够接受尾调用优化，必须把它写成尾递归函数才行。这种函数在递归情况下只做一次递归调用，它把递归放到最后去做，并立刻返回这次递归调用的结果。这样的话，程序在执行这种函数时，就能够先将当前的帧对象从栈中删除，再执行递归调用。这使调用栈不会因为执行递归而增长，让我们无须担心程序会因为递归层数过多（或者递归得过深）而发生栈溢出。

尾递归是一种权宜之计，让某些递归算法在遇见比较大的参数时不致崩溃。然而，为了做尾递归，你不仅可能要重新调整函数的代码，还有可能必须引入一个累加器参数。这会让代码变得更加难懂。将来你可能就会意识到，为了递归而写出令人费解的代码，还不如改成迭代式的方案简单。

延伸阅读

Python 的标准库有一个名叫 inspect 的模块，让你能够在 Python 程序的运行过程中观察调用栈中的帧对象。这个模块的官方文档参见 Python 官网。Doug Hellmann 的博客 "Python 3 Module of the Week" 中的一篇文章也讲了这个模块的用法。

练习题

1. 尾调用优化是为了防止什么现象？
2. 要想让某个递归函数成为尾递归函数，该函数的最后一项操作必须是什么？
3. 是不是所有的编译器与解释器都实现了尾调用优化？
4. 什么叫作累加器参数？
5. 尾递归的缺点是什么？
6. 能否将快速排序算法改写成尾递归函数，进而对其施加尾调用优化？

第9章　绘制分形

在递归的各种用途之中，最有意思的一种当然就是绘制分形了。分形（fractal）是指这样一种图形，它的整体与它的各个部分在形状上面相似（某些分形可能显得不是特别规则）。分形这个术语源自拉丁文 frāctus，意思是"破碎的"东西，例如碎玻璃。许多自然图形与人造图案属于分形。在自然界中，树的形状、蕨类植物的叶子、山脉、闪电、海岸线、河流网以及雪花或许均能呈现出分形。数学家、程序员以及艺术家都可以根据几条分形规则，创建精妙的几何图形。

通过递归，我们只需要编写少量代码，就能够绘制出精美的分形。本章会讲解怎样用 Python 内置的 turtle 模块编写代码，以生成几种常见的分形。要想用 JavaScript 语言做海龟绘图，你可以使用 Greg Reimer 的 jtg 库。为了简单起见，本章只展示用 Python 语言编写的分形绘图程序，而不展示等效的 JavaScript 代码。不过，我们还会讲解 jtg 这个 JavaScript 库。

9.1　海龟绘图

海龟绘图（turtle graphics）原本是 Logo 编程语言的一项功能，用来帮助儿童学习编程概念。后来，这项功能移植到了其他许多种编程语言和平台上面。它的核心理念是采用一个叫作海龟（turtle）的对象来绘图。

这里的海龟相当于一支可编程的画笔，能够在二维窗口（也叫作二维视窗）中绘制线条。你可以想象有一只海龟拿着笔，一边走一边画线。笔的粗细和颜色是可以调整的，而且海龟还可以"抬起笔"，这样它就能只走而不画线了。海龟绘图程序能够绘制出像图 9-1 这样比较复杂的几何图形。

只要通过循环与函数调绘图指令，我们就能用相当简单的几行代码绘制出很漂亮的几何图形。例如，下面这个 spiral.py 程序就是如此。

Python

```
import turtle
turtle.tracer(1, 0) # 让海龟绘制得快一些
for i in range(360):
    turtle.forward(i)
    turtle.left(59)
turtle.exitonclick() # 让海龟停在这里，等到用户单击窗口时，令程序退出
```

运行这个程序，会看到一个用于绘图的窗口。海龟（也就是窗口中那个三角形的箭头）会

迅速绘制出图 9-1 中的螺旋图样。这虽然不是分形，但是很漂亮。

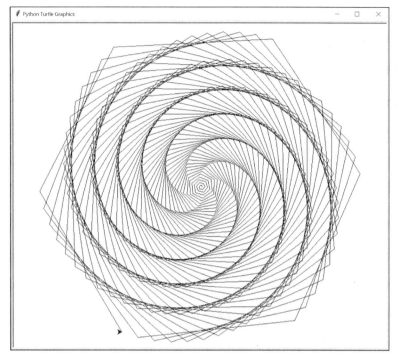

图 9-1　用 Python 的 `turtle` 模块编写程序，绘制螺旋图样

　　这个窗口就是海龟绘图系统的绘制窗口，它采用笛卡儿坐标描述各点的位置。x 轴的正方向朝右，负方向朝左，y 轴的正方向朝上，负方向朝下。有了 x 坐标（横坐标）与 y 坐标（纵坐标），我们就能在窗口中找到位于该坐标处的那个点。默认情况下，原点位于窗口正中。

　　海龟还有一个属性——heading，这指的是它的朝向，这个属性可以取 $0 \sim 359$ 的数（这个数字是角度，原地转一圈相当于转 360°）。Python 的 `turtle` 模块把正东方（也就是朝向屏幕右侧的那个方向）视为 0°，并按照逆时针增加度数。JavaScript 的 jtg 库把正北方视为 0°，并按照顺时针增加度数。图 9-2（a）与（b）分别演示了 Python 的 `turtle` 模块与 JavaScript 的 jtg 库是如何计算海龟朝向的。

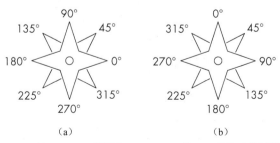

（a）　　　　　　　　（b）

图 9-2　Python 的 `turtle` 模块与 JavaScript 的 `jtg` 库如何计算海龟朝向

打开 Invent with Python 网站，这里的一个交互界面能够使用 JavaScript 代码操纵 jtg 库，以绘制图形，你可以把下面这行代码输入网页底部的文本框并按 Enter 键执行。

JavaScript

```
for (let i = 0; i < 360; i++) { t.fd(i); t.lt(59) }
```

这会在网页的主体部分绘制出与图 9-1 所示相同的螺旋图样。

9.2　基本的海龟函数

常见的几个海龟函数是调整海龟朝向的函数，以及令海龟前后移动的函数。其中，turtle.left() 与 turtle.right() 函数分别让海龟从目前的方向向左或向右旋转一定的角度，turtle.forward() 与 turtle.backward() 函数则用来让海龟从目前的位置向前或向后移动一定的距离。

表 9-1 列出了某些海龟函数。其中，第 1 列（也就是以 turtle. 开头）的函数针对的是 Python 语言，第 2 列（也就是以 t. 开头）的函数针对的是 JavaScript 语言。Python 语言 turtle 模块的完整文档参见 Python 网站。当使用 JavaScript 的 jtg 界面编写绘图代码时，可以按 F1 键查看帮助信息。

表 9-1　Python 的 turtle 模块与 JavaScript 的 jtg 库支持的海龟函数

Python 的 turtle 模块支持的海龟函数	JavaScript 的 jtp 库支持的海龟函数	描述
goto(x, y)	xy(x, y)	把海龟移动到 (x, y) 坐标处
setheading(deg)	heading(deg)	设置海龟的朝向。Python 模块中的 0° 指的是正东方（正右方），JavaScript 库中的 0° 指的是正北方（正上方）
forward(steps)	fd(steps)	让海龟沿着它目前的朝向，往前走一定的步数
backward(steps)	bk(steps)	让海龟沿着与它目前的朝向相反的方向，往前走一定的步数
left(deg)	lt(deg)	让海龟左转一定的度数。这个函数会改变海龟的朝向
right(deg)	rt(deg)	让海龟右转一定的度数。这个函数会改变海龟的朝向
penup()	pu()	"抬起画笔"，这样海龟在移动的过程中就不会画线了
pendown()	pd()	"把画笔放低"，这样海龟在移动的过程中就能够画线了
pensize(size)	thickness(size)	改变海龟所绘线条的宽度（或者粗细）。默认宽度是 1 像素
pencolor(color)	color(color)	改变海龟所绘线条的颜色。这个颜色值，可以是某种常见颜色的名称，例如 "red"（红色）或 "white"（白色）。默认是 "black"（黑色）
xcor()	get.x()	返回海龟目前的 x 坐标（横坐标）
ycor()	get.y()	返回海龟目前的 y 坐标（纵坐标）
heading()	get.heading()	返回海龟目前的朝向，这是个大于或者等于 0 且小于 360 的浮点数。Python 模块中的 0° 指的是正东方（正右方），JavaScript 库中的 0° 指的是正北方（正上方）
reset()	reset()	清除已经绘制的全部内容，把海龟移动到原点，并令其恢复默认的朝向
clear()	clean()	清除已经绘制的全部内容，但不重置海龟的位置与朝向

表 9-2 列出了 Python 的 turtle 模块特有的一些函数。

表 9-2　Python 的 `turtle` 模块特有的海龟函数

Python 的 `turtle` 特有的海龟函数	描述
`zbegin_fill()`	开始绘制一个实心的图形。在调用这个函数之后画的线用来表示有待填充的这个形状所具备的边界
`end_fill()`	把之前调用 `turtle.begin_fill()` 界定的图形绘制出来，并予以填充
`fillcolor(color)`	设置海龟填充图形时所用的颜色
`hideturtle()`	把表示海龟的那个三角形隐藏起来
`showturtle()`	把表示海龟的那个三角形显示出来
`tracer(drawingUpdates, delay)`	调整绘制速度。delay 参数的单位是毫秒，表示画布每隔多少毫秒会刷新一次（或者说，海龟每隔多少毫秒画一次），将该参数设为 0，意味着海龟在画线的过程中不会停歇。传给 drawingUpdates 的值越大，海龟的实际绘制速度就越快，因为这意味着每发生 drawingUpdates 次常规更新，海龟绘图系统才会做一次实际更新
`update()`	把已经绘制到缓冲区但还没有实际显示出来的内容展示到屏幕上。海龟已经执行完一系列绘制指令之后，你可以调用一下这个函数（让缓冲区内尚未显示到屏幕上面的那些内容能够展示出来）
`setworldcoordinates(llx, lly, urx, ury)`	重新设置窗口中的坐标平面。前两个参数表示窗口的左下角在新的坐标平面中所处的横、纵坐标，后两个参数表示窗口的右上角在新的坐标平面中所处的横、纵坐标
`exitonclick()`	令程序暂时停在这里，并等待用户单击，只要用户在窗口中的任意位置单击，窗口就会关闭。如果程序最后没有调用这个函数，那么程序执行完毕后，海龟绘图窗口可能很快就会关闭（导致用户看不清你绘制的是什么内容）

当用 Python 的 `turtle` 模块实现海龟绘图时，你画的线会立刻显示到屏幕上面。但如果程序要绘制大量的线条，那么这会让绘制速度变得很慢。为此，我们应该先在屏幕之外的缓冲区（buffer）中画线，等画了许多条线之后，再把这些线全显示到屏幕上面。

调用 `turtle.tracer(1000, 0)`，能够让 `turtle` 模块先将线绘制到缓冲区，等缓冲区中积累了 1000 条线时，再把这些线全画出来。另外，你在程序中调用完一批画线的函数之后，应该记得调用一次 `turtle.update()`，以便将那些还停留在缓冲区中的线条展示到屏幕上。如果程序还画得太慢，就向 `turtle.tracer()` 方法的第一个参数传入更大的值[①]，如 2000 或 10000。

9.3　谢尔宾斯基三角形

最容易绘制在纸面上的分形是谢尔宾斯基三角形（Sierpiński triangle），它是由波兰数学家瓦茨瓦夫·谢尔宾斯基（Wacław Sierpiński）提出的。

要绘制谢尔宾斯基三角形，可以先画一个等边三角形。然后，在这个等边三角形中，画一个倒置的小等边三角形。接下来，在其他 3 个小的等边三角形中，继续分别绘制一个倒置的小等边三角形，并递归地绘制这种倒置小等边三角形。具体操作方式如图 9-3（a）～（d）所示。

① 也可以传入 0，以关闭动画效果。——译者注

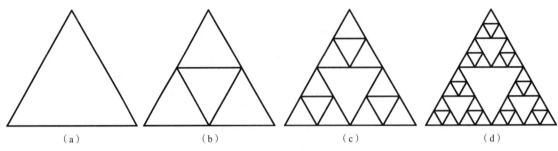

图 9-3　绘制谢尔宾斯基三角形

　　在大的等边三角形中,画了这样一个倒置的小等边三角形之后,就会出现很有意思的现象。也就是说,这会让我们看到另外 3 个小的等边三角形,这 3 个三角形的方向与原来那个大三角形的一致(或者说,与刚才画的那个小等边三角形的相反)。接下来,分别在这 3 个三角形中画倒置的小等边三角形,这会出现 9 个与这次的倒置小等边三角形面积相同但是方向相反的三角形。从数学上来讲,你可以把这个过程无限递归下去,但实际上,画到一定程度之后,就没有办法再画更小的三角形了,因为你用笔画出来的线条是有宽度的。

　　某物体在整体上与其自身的一部分相似的特征称为该物体的自相似性(self-similarity)。具备自相似性的物件可以用递归函数来生成,因为这种函数会不断地调用自身,而这其实就相当于逐层深入地描绘这个物体,把其中的每一级都描述出来。从实际编程的角度来讲,这样的递归函数肯定会遇到基本情况(也就是遇到再也无法深入描绘的情况)。然而,从数学上来说,这种物体(或者图形)是可以一直描绘下去的,因为不管其中的某个部分多么小,我们都能在数学上把它放大,然后针对这一部分继续递归。

　　现在我们就写一个递归程序,以绘制谢尔宾斯基三角形。程序中有一个递归的 drawTriangle() 函数,它用来绘制等边三角形,该函数会针对这个等边三角形中的 3 个部分(也就是那 3 个小的等边三角形)分别递归,如图 9-4 所示。程序中的 midpoint() 函数用来寻找某两个点之间的中点,也就是寻找与这两个点在同一条线上且与二者距离相等的那个点。我们在确定那 3 个小等边三角形的顶点坐标时,需要用到这个函数。

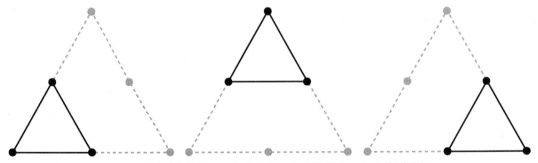

图 9-4　针对大的等边三角形中那 3 个小的等边三角形分别递归

　　注意,这个程序会调用 turtle.setworldcoordinates(0, 0, 700, 700),以便重

新设立一套坐标系，将窗口左下角那个点视为新坐标系的原点，并把窗口右上角那个点在新坐标系中的坐标定为 (700, 700)。程序的代码写在 *sierpinskiTriangle.py* 文件中。

```python
import turtle
turtle.tracer(100, 0) # 要是觉得程序画得太慢，就增加第一个参数的值
turtle.setworldcoordinates(0, 0, 700, 700)
turtle.hideturtle()

MIN_SIZE = 4 # 试着修改这个值，以降低或增加递归的程度

def midpoint(startx, starty, endx, endy):
    # 返回由这4个参数表示的那两个点的中点的横、纵坐标
    xDiff = abs(startx - endx)
    yDiff = abs(starty - endy)
    return (min(startx, endx) + (xDiff / 2.0), min(starty, endy) + (yDiff / 2.0))

def isTooSmall(ax, ay, bx, by, cx, cy):
    # 判断这个三角形是否太小，如果太小，就不要继续在其中画小三角形了
    width = max(ax, bx, cx) - min(ax, bx, cx)
    height = max(ay, by, cy) - min(ay, by, cy)
    return width < MIN_SIZE or height < MIN_SIZE

def drawTriangle(ax, ay, bx, by, cx, cy):
    if isTooSmall(ax, ay, bx, by, cx, cy):
        # 基本情况
        return
    else:
        # 递归情况
        # 绘制大三角形
        turtle.penup()
        turtle.goto(ax, ay)
        turtle.pendown()
        turtle.goto(bx, by)
        turtle.goto(cx, cy)
        turtle.goto(ax, ay)
        turtle.penup()

        # 分别计算A、B两点，B、C两点以及C、A两点之间的中点
        mid_ab = midpoint(ax, ay, bx, by)
        mid_bc = midpoint(bx, by, cx, cy)
        mid_ca = midpoint(cx, cy, ax, ay)

        # 递归地绘制大三角形中的3个小三角形
        drawTriangle(ax, ay, mid_ab[0], mid_ab[1], mid_ca[0], mid_ca[1])
        drawTriangle(mid_ab[0], mid_ab[1], bx, by, mid_bc[0], mid_bc[1])
        drawTriangle(mid_ca[0], mid_ca[1], mid_bc[0], mid_bc[1], cx, cy)
        return

# 绘制标准的谢尔宾斯基三角形
drawTriangle(50, 50, 350, 650, 650, 50)

# 绘制倾斜的谢尔宾斯基三角形
#drawTriangle(30, 250, 680, 600, 500, 80)

turtle.exitonclick()
```

运行这段代码，会看到图 9-5 所示的效果。

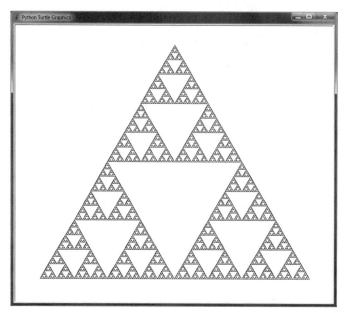

图 9-5   标准的谢尔宾斯基三角形

　　谢尔宾斯基三角形不一定要画成等边的。只要你根据大三角形 3 条边的中点，确定那 3 个小三角形，就可以将这套递归逻辑运用到其他的大三角形上。把第一条 drawTriangle()语句注释掉，并把第二条 drawTriangle() 语句（也就是位于"# 绘制倾斜的……"这行注释下方的那条语句）恢复成普通语句，再次运行程序。这次看到的效果应该如图 9-6 所示。

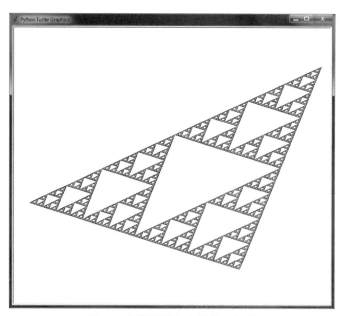

图 9-6   倾斜的谢尔宾斯基三角形

drawTriangle() 函数接收 6 个参数，这些参数表示外围大三角形的 3 个顶点的横、纵坐标。你可以试着把参数改成其他的值，看看各种形状的谢尔宾斯基三角形的样子。另外，可以把 MIN_SIZE 常量的值改得大一些，这会让程序尽快遇到基本情况，令其少绘制一些三角形。

9.4 谢尔宾斯基地毯

还有一种与谢尔宾斯基三角形相似的分形图案，但它的基本图案是矩形，而不是三角形。这种图案称为谢尔宾斯基地毯（Sierpiński carpet）。假设将一个黑色的矩形划分为 3×3 的网格，然后把正中间那个格子"剪掉"（也就是把它填充成白色）。接下来，对这个格子周边的 8 个格子分别运用相同的处理方法。像这样一直递归下去，就会生成图 9-7 所示的图案。

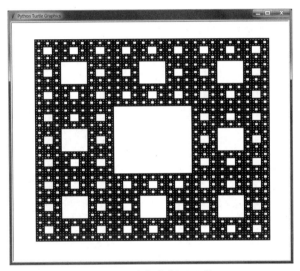

图 9-7 谢尔宾斯基地毯

绘制谢尔宾斯基地毯的这个 Python 程序通过 turtle.begin_fill() 与 turtle.end_fill() 方法绘制带填充色的实心形状。海龟在程序执行完第一个方法但尚未执行第二个方法时所画的那些线用来定义这个形状的边界，如图 9-8（a）～（c）所示。首先调用 turtle.begin_fill() 方法，然后绘制一段路径（以表示即将填充的这个形状），最后调用 turtle.end_fill() 方法把这个形状填充成实心的形状。

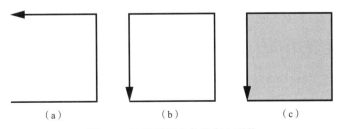

图 9-8 绘制带填充色的实心形状

如果某矩形的宽度或高度小于 6 像素，那么程序就认为它遇到了基本情况，此时，它不再把这样的矩形继续划分为 3 × 3 的网格。你可以把 MIN_SIZE 常量的值调大，让程序尽快遇到基本情况。下面就是这个程序的源代码，这些代码写在 *sierpinskiCarpet.py* 文件之中。

```python
import turtle
turtle.tracer(10, 0) # 要是觉得程序画得太慢，就增加第一个参数的值
turtle.setworldcoordinates(0, 0, 700, 700)
turtle.hideturtle()

MIN_SIZE = 6 # 试着修改这个值，以降低或增加递归的程度
DRAW_SOLID = True

def isTooSmall(width, height):
    # 判断这个矩形是不是太小，如果太小，就不要在其中继续划分小的矩形了
    return width < MIN_SIZE or height < MIN_SIZE

def drawCarpet(x, y, width, height):
    # x 与 y 参数表示地毯左下角那个点的横、纵坐标

    # 把画笔移动到那个位置
    turtle.penup()
    turtle.goto(x, y)

    # 绘制外围的大矩形
    turtle.pendown()
    if DRAW_SOLID:
        turtle.fillcolor('black')
        turtle.begin_fill()
    turtle.goto(x, y + height)
    turtle.goto(x + width, y + height)
    turtle.goto(x + width, y)
    turtle.goto(x, y)
    if DRAW_SOLID:
        turtle.end_fill()
    turtle.penup()

    # 处理这个大矩形中的 9 个小矩形
    drawInnerRectangle(x, y, width, height)

def drawInnerRectangle(x, y, width, height):
    if isTooSmall(width, height):
        # 基本情况
        return
    else:
        # 递归情况

        oneThirdWidth = width / 3
        oneThirdHeight = height / 3
        twoThirdsWidth = 2 * (width / 3)
        twoThirdsHeight = 2 * (height / 3)

        # 把画笔移动到中间那个小矩形的左下角
        turtle.penup()
        turtle.goto(x + oneThirdWidth, y + oneThirdHeight)

        # 绘制中间那个小矩形
        if DRAW_SOLID:
            turtle.fillcolor('white')
            turtle.begin_fill()
```

```
turtle.pendown()
turtle.goto(x + oneThirdWidth, y + twoThirdsHeight)
turtle.goto(x + twoThirdsWidth, y + twoThirdsHeight)
turtle.goto(x + twoThirdsWidth, y + oneThirdHeight)
turtle.goto(x + oneThirdWidth, y + oneThirdHeight)
turtle.penup()
if DRAW_SOLID:
    turtle.end_fill()

# 处理中间那个小矩形上方的3个小矩形
drawInnerRectangle(x, y + twoThirdsHeight, oneThirdWidth, oneThirdHeight)
drawInnerRectangle(x + oneThirdWidth, y + twoThirdsHeight, oneThirdWidth, oneThirdHeight)
drawInnerRectangle(x + twoThirdsWidth, y + twoThirdsHeight, oneThirdWidth, oneThirdHeight)

# 处理中间那个小矩形左、右两侧的两个小矩形
drawInnerRectangle(x, y + oneThirdHeight, oneThirdWidth,
oneThirdHeight)
drawInnerRectangle(x + twoThirdsWidth, y + oneThirdHeight, oneThirdWidth,
oneThirdHeight)

# 处理中间那个小矩形下方的3个小矩形
drawInnerRectangle(x, y, oneThirdWidth, oneThirdHeight)
drawInnerRectangle(x + oneThirdWidth, y, oneThirdWidth, oneThirdHeight)
drawInnerRectangle(x + twoThirdsWidth, y, oneThirdWidth,
oneThirdHeight)

drawCarpet(50, 50, 600, 600)
turtle.exitonclick()
```

你还可以把 DRAW_SOLID 常量设置为 False，然后重新运行程序。这会跳过 turtle.begin_fill() 与 turtle.end_fill() 语句，让程序像图 9-9 这样，只绘制矩形的轮廓（也就是外框线）而不填充。

尝试给 drawCarpet() 传入不同的参数。前两个参数用来指定地毯左下角那个点的横、纵坐标，后两个参数用来表示地毯的宽度与高度。另外，你还可以把 MIN_SIZE 常量调得大一些，这会让程序尽快遇到基本情况，并少绘制一些矩形。

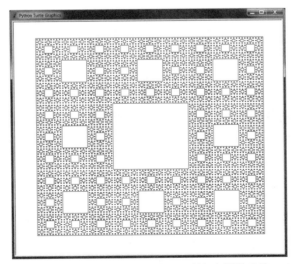

图 9-9　只带外框线而不填充的谢尔宾斯基地毯

有一种三维的谢尔宾斯基地毯，它把原来的矩形或正方形改成立方体。这种形式的谢尔宾斯基地毯称为谢尔宾斯基立方体（Sierpiński cube）或者门格海绵（Menger sponge）。它是由数学家卡尔·门格（Karl Menger）提出的。图 9-10 演示了通过电子游戏 *Minecraft*（《我的世界》）创建的门格海绵。

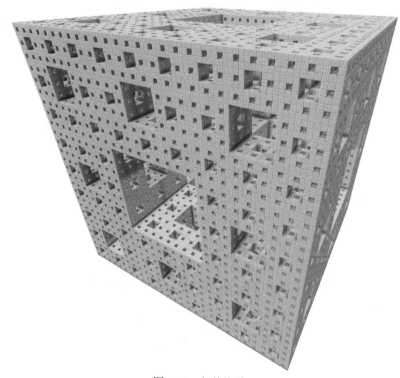

图 9-10   门格海绵

9.5   分形树

谢尔宾斯基三角形以及谢尔宾斯基地毯等分形都属于人工分形（artificial fractal），这种分形是完全自相似（perfectly self-similar）的。然而，除此之外，还有一些分形，它们并不是完全自相似的。自然界中的许多形状（例如山、海岸线、植物、血管以及星系团等）其实也能归入分形（只不过它们可能属于不完全自相似的分形）。仔细观察，你会发现，这些形状是由较"粗糙"的图形（而不是平滑的曲线或直线等简单的几何图形）组成的。

下面我们就以递归生成分形树（fractal tree）为例，演示什么叫作完全自相似，什么叫作不完全自相似。为了生成这样的树，我们必须从主干（也就是主树枝）中伸出两个分枝，这两个分枝的角度不同（一个朝左，一个朝右），它们的长度都要比主干短。生成这个基本的 Y 形图案之后，分别以两个分枝当作"主干"，继续用这样的方式递归，以便绘制看起来较真实的树形，如图 9-11 与图 9-12 所示。

图 9-11   以固定的角度与长度绘制左、右分枝，从而生成一棵完全自相似的分形树

图 9-12   用随机变化的角度与长度绘制左、右分枝，从而生成一棵不完全自相似的分形树

电影与电子游戏能够采用这种递归算法，实现程序化生成（procedural generation，也叫作过程生成），这是指以自动（而非手动）的方式创建三维模型，用来表示树、蕨叶、花以及其他

植物。这种算法能让计算机迅速创建出由好几百万棵不同的树木构成的森林,假如不这么做,可能就要让许多位 3D 设计师手工绘制了,那相当费力。

下面我们就编写这样一个程序,让它每两秒就生成一棵随机的分形树。程序的源代码写在 *fractalTree.py* 文件之中。

Python

```python
import random
import time
import turtle
turtle.tracer(1000, 0) # 要是觉得程序画得太慢,就增加第一个参数的值
turtle.setworldcoordinates(0, 0, 700, 700)
turtle.hideturtle()

def drawBranch(startPosition, direction, branchLength):
    if branchLength < 5:
        # 基本情况
        return

    # 把海龟移动到起始点,并让它面朝起始方向
    turtle.penup()
    turtle.goto(startPosition)
    turtle.setheading(direction)

    # 绘制主干(线条粗细是树枝长度的 1/7)
    turtle.pendown()
    turtle.pensize(max(branchLength / 7.0, 1))
    turtle.forward(branchLength)

    # 把当前这支主干的终止点记录下来,并将该点视为其左、右分枝的起始点
    endPosition = turtle.position()
    leftDirection = direction + LEFT_ANGLE
    leftBranchLength = branchLength - LEFT_DECREASE
    rightDirection = direction - RIGHT_ANGLE
    rightBranchLength = branchLength - RIGHT_DECREASE

    # 递归情况
    drawBranch(endPosition, leftDirection, leftBranchLength)
    drawBranch(endPosition, rightDirection, rightBranchLength)

seed = 0
while True:
    # 获取伪随机数,以便用这些数确定主干的长度与左、右两个分枝的角度及长度
    random.seed(seed)
    LEFT_ANGLE      = random.randint(10,  30)
    LEFT_DECREASE   = random.randint( 8,  15)
    RIGHT_ANGLE     = random.randint(10,  30)
    RIGHT_DECREASE  = random.randint( 8,  15)
    START_LENGTH    = random.randint(80, 120)

    # 把生成伪随机数时使用的种子显示出来
    turtle.clear()
    turtle.penup()
    turtle.goto(10, 10)
    turtle.write('Seed: %s' % (seed))

    # 绘制整棵树
    drawBranch((350, 10), 90, START_LENGTH)
    turtle.update()
    time.sleep(2)

    seed = seed + 1
```

这个程序生成的分形树都是完全自相似的，因为在触发 drawBranch((350, 10), 90, START_LENGTH) 以绘制整棵树之前，它已经把决定左、右分枝的角度与长度变化的 LEFT_ANGLE、LEFT_DECREASE、RIGHT_ANGLE 与 RIGHT_DECREASE 变量以及决定主干长度的 START_LENGTH 变量确定下来了。虽然这些变量的值是在程序这次调用 drawBranch() 之前随机选出来的，但是选定之后，这些值在程序绘制这棵树的过程中不会再变化。random.seed() 函数用来给 Python 的随机函数设定种子值。这样的随机数种子值（random number seed value）会让程序产生看上去比较随机的数字，但实际上，只要种子不变，由该种子确定的这个"随机"数序列就是固定的。因此，程序在绘制当前这棵树的左、右分枝，以及递归绘制这两个分枝各自的左、右分枝时采用的一些参数就同样不会变化。这意味着，用同一个种子值始终会让程序画出同样的树。

为了查看这种"随机"数的效果，请在交互式的 Python shell 界面输入下列命令。

Python
```
>>> import random
>>> random.seed(42)
>>> [random.randint(0, 9) for i in range(20)]
[1, 0, 4, 3, 3, 2, 1, 8, 1, 9, 6, 0, 0, 1, 3, 3, 8, 9, 0, 8]
>>> [random.randint(0, 9) for i in range(20)]
[3, 8, 6, 3, 7, 9, 4, 0, 2, 6, 5, 4, 2, 3, 5, 1, 1, 6, 1, 5]
>>> random.seed(42)
>>> [random.randint(0, 9) for i in range(20)]
[1, 0, 4, 3, 3, 2, 1, 8, 1, 9, 6, 0, 0, 1, 3, 3, 8, 9, 0, 8]
```

在本例中，先把随机数种子值设置为 42。然后，生成 20 个随机整数，这样会得到 1、0、4、3 等整数。接下来，再生成 20 个随机整数，这样又会显示另外 20 个看似随机的数字。但如果重新设置一次种子，还把种子值设置为 42，那么接下来生成的 20 个随机整数就与一开始生成的那 20 个完全一样了。

如果你想绘制出更自然的分形树，就用下面 5 行代码来替换前文中"# 把当前这支主干的终止点记录下来……"这行注释之后的那 5 行。于是，每次执行递归调用之前，程序都会生成一组随机数，并用它们来分别调整现有的 leftDirection 等变量，以确定这次递归时画的左、右分枝应具备何种角度及长度，而不会像原来那样，始终采用绘制整棵树之前就已经定好的随机数，调整这 4 个变量。这样绘制出的分形树更加接近自然界中的树。

Python
```
# 把当前这支主干的终止点记录下来，并将该点视为其左、右分枝的起始点
endPosition = turtle.position()
leftDirection = direction + random.randint(10, 30)
leftBranchLength = branchLength - random.randint(8, 15)
rightDirection = direction - random.randint(10, 30)
rightBranchLength = branchLength - random.randint(8, 15)
```

你不仅可以修改调用 random.randint() 时用的那两个参数，以调整随机数的范围，你还可以再多执行几次递归调用，以便绘制更多的分枝，而不像现在这样，从每根树枝只延伸出两个分枝。

9.6　科赫曲线及科赫雪花

科赫曲线（Koch curve）是一种分形。这种分形是由瑞典数学家海里格·冯·科赫（Helge von Koch）提出的，它属于很早就以数学方式描述的一种分形。为了构建这样的曲线，我们找一条长度为 b 的线段，将它分成 3 个相等的部分，每一部分的长度都是 $b/3$。接下来，用一个凸起的等边三角形替换中间的部分，这个等边三角形的边长是 $b/3$。把中间那一部分擦掉，现在就有了这样一个由 4 条短线段构成的图形，每条线段的长度都是 $b/3$。然后，我们可以分别对这 4 条短线段递归地执行刚才那组操作。图 9-13（a）～（c）演示了如何绘制科赫曲线。将起始线段三等分，以中间那段为边长画凸起的等边三角形，然后，对 4 条短线段分别做刚才那个"三等分并令中部凸起"的操作。

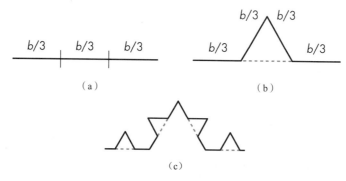

图 9-13　如何绘制科赫曲线

如果先画一个等边三角形，再用它的 3 条边分别绘制科赫曲线，那么构建出来的就是科赫雪花（Koch snowflake），如图 9-14（a）与（b）所示。

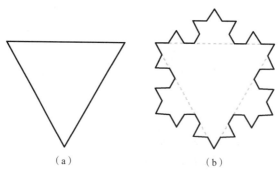

图 9-14　用等边三角形的 3 条边分别构建科赫曲线，就能形成科赫雪花

每次以一条线段的中间部分为边长画凸起的等边三角形，都会把线段的总长度由 b 增加到 $4b/3$，因为原来只有 3 条长度为 $b/3$ 的短线段，现在却有 4 条。用等边三角形的 3 条边分别构建科赫曲线，就能绘制出图 9-15 所示的科赫雪花。图 9-15 中有一些小点，这是程序在构建过程中留下的痕迹，由于舍入问题，turtle 模块没能完全准确地擦除中间那些长度是 $b/3$ 的短虚

线段。无论线段有多么短，都可以执行这个"三等分并以中间部分为边长画凸起的等边三角形"的操作，但这个程序如果发现线段的长度少于一定的像素，就不再继续递归了。

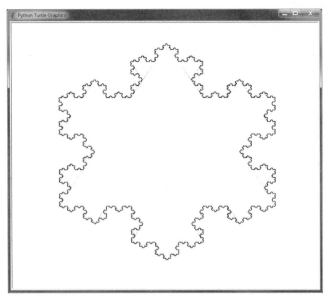

图 9-15 科赫雪花

这个程序的源代码写在 *kochSnowflake.py* 文件中。

Python

```
import turtle
turtle.tracer(10, 0) # 要是觉得程序画得太慢，就增加第一个参数的值
turtle.setworldcoordinates(0, 0, 700, 700)
turtle.hideturtle()
turtle.pensize(2)

def drawKochCurve(startPosition, heading, length):
    if length < 1:
        # 基本情况
        return
    else:
        # 递归情况
        # 把海龟移动到当前这条线段的起点
        recursiveArgs = []
        turtle.penup()
        turtle.goto(startPosition)
        turtle.setheading(heading)
        recursiveArgs.append({'position':turtle.position(),
                    'heading':turtle.heading()})

        # 绘制两条小线段，并把第二条短线段擦掉
        turtle.pendown()
        turtle.forward(length / 3)
        turtle.pencolor('white')

        # 在刚才擦掉的第二条小线段上方绘制凸起来的两条短线段
        turtle.backward(length / 3)
        turtle.left(60)
```

```
            recursiveArgs.append({'position':turtle.position(),
                                   'heading':turtle.heading()})
            turtle.pencolor('black')
            turtle.forward(length / 3)
            turtle.right(120)
            recursiveArgs.append({'position':turtle.position(),
                                   'heading':turtle.heading()})
            turtle.forward(length / 3)
            turtle.left(60)
            recursiveArgs.append({'position':turtle.position(),
                                   'heading':turtle.heading()})
            turtle.forward(length / 3)
            for i in range(4):
                drawKochCurve(recursiveArgs[i]['position'],
                        recursiveArgs[i]['heading'],
                        length / 3)
            return

def drawKochSnowflake(startPosition, heading, length):
    # 针对等边三角形的 3 条边分别绘制科赫曲线，这样就能形成科赫雪花

    # 移动到三角形其中一条边的起始点
    turtle.penup()
    turtle.goto(startPosition)
    turtle.setheading(heading)

    for i in range(3):
        # 记录起始点的坐标以及海龟此时的朝向以便在画完这条科赫曲线之后复位
        curveStartingPosition = turtle.position()
        curveStartingHeading = turtle.heading()
        drawKochCurve(curveStartingPosition,
                curveStartingHeading, length)

        # 把海龟的坐标与朝向，恢复到绘制这条科赫曲线之前的样子
        turtle.penup()
        turtle.goto(curveStartingPosition)
        turtle.setheading(curveStartingHeading)

        # 让海龟移动到这个三角形下一条边的起点并令其向右旋转120°
        turtle.forward(length)
        turtle.right(120)

drawKochSnowflake((100, 500), 0, 500)
turtle.exitonclick()
```

科赫雪花有时也称为科赫岛（Koch island）。它的“海岸线”实际上可以画得无限长。科赫雪花这样的形状完全能够容纳在一页纸的篇幅中，但它的周长是无限的，于是，这就产生了一个虽然违背直觉但很引人思考的现象：在面积有限的区域之中，竟然能出现周长无限长的图形！

9.7 希尔伯特曲线

空间填充曲线（space-filling curve）是能够完全填满二维空间且不交叉的一维曲线。德国数学家大卫·希尔伯特（David Hilbert）提出了一种空间填充曲线，也就是希尔伯特曲线（Hilbert curve）。如果把某个二维区域划分成网格，那么这种一维的希尔伯特曲线能够走遍其中的每一个格子（所以，它是一条空间填充曲线）。

图 9-16 演示了希尔伯特曲线的前三阶。它的每一阶都把上一阶的结果复制 4 份并调整其位置与角度，然后在相应的地方绘制连接线，将这 4 部分连接起来（连接线在图 9-16 中以虚线表示）。

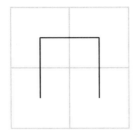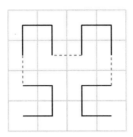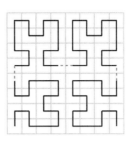

图 9-16 希尔伯特曲线的前三阶

如果在二维空间中绘制一组极其细密的网格，让每个网格都变成无限小的点，那么这条一维的曲线就能够像二维的正方形等平面图形那样，填满这个二维空间。于是，就出现了一个违背常理的现象：使用一条一维的曲线竟然能够创建出占满二维平面的图形。

下面这个程序能够绘制希尔伯特曲线，它的源代码写在 *hilbertCurve.py* 文件之中。

```
import turtle
turtle.tracer(10, 0)  # 要是觉得程序画得太慢，就增加第一个参数的值
turtle.setworldcoordinates(0, 0, 700, 700)
turtle.hideturtle()

LINE_LENGTH = 5  # 试着把每一笔的长度稍微修改一下
ANGLE = 90  # 试着把每次旋转的角度稍微修改一下
LEVELS = 6  # 试着把递归的层数（也就是曲线的阶数）稍微修改一下
DRAW_SOLID = False
# turtle.setheading(20)  # 把这一行恢复成普通代码，就能让整条曲线倾斜

def hilbertCurveQuadrant(level, angle):
    if level == 0:
        # 基本情况
        return
    else:
        # 递归情况
        turtle.left(angle)
        # 绘制左侧那条连接线之前的那部分曲线（相当于二阶曲线的左下角）
        hilbertCurveQuadrant(level - 1, -angle)
        turtle.forward(LINE_LENGTH)

        turtle.right(angle)
        # 绘制左侧那条连接线与中部那条连接线之间的那部分曲线（相当于二阶曲线的左上角）
        hilbertCurveQuadrant(level - 1, angle)
        turtle.forward(LINE_LENGTH)
        # 绘制中部那条连接线与右侧那条连接线之间的那部分曲线（相当于二阶曲线的右上角）
        hilbertCurveQuadrant(level - 1, angle)
        turtle.right(angle)

        turtle.forward(LINE_LENGTH)

        # 绘制右侧那条连接线之后的那部分曲线（相当于二阶曲线的右下角）
        hilbertCurveQuadrant(level - 1, -angle)
        turtle.left(angle)
        return


def hilbertCurve(startingPosition):
    # 把海龟移动到整条曲线的起点
    turtle.penup()
    turtle.goto(startingPosition)
    turtle.pendown()
    if DRAW_SOLID:
```

```
        turtle.begin_fill()

    hilbertCurveQuadrant(LEVELS, ANGLE)
        turtle.forward(LINE_LENGTH)
        hilbertCurveQuadrant(LEVELS, ANGLE)
        turtle.left(ANGLE)
        turtle.forward(LINE_LENGTH)
        turtle.left(ANGLE)
        hilbertCurveQuadrant(LEVELS, ANGLE)
        turtle.forward(LINE_LENGTH)
        hilbertCurveQuadrant(LEVELS, ANGLE)
        turtle.left(ANGLE)
        turtle.forward(LINE_LENGTH)
        turtle.left(ANGLE)
    if DRAW_SOLID:
        turtle.end_fill()

hilbertCurve((30, 30))
turtle.exitonclick()
```

你可以试着修改代码,减小 LINE_LENGTH 的值,以缩短每一笔的长度,或增大 LEVELS 的值,以增加递归的深度(也就是曲线的阶数)。由于这个程序在绘制曲线的过程中采用相对距离与角度来移动海龟,因此只要起始角度有所变化,整条曲线的角度就会跟着变化,你可以把 turtle.setheading(20) 这一行由注释恢复为普通代码,让整条曲线倾斜 20°。图 9-17 展示了程序在 LINE_LENGTH 为 10 且 LEVELS 为 5 的情况下绘制的曲线[1]。

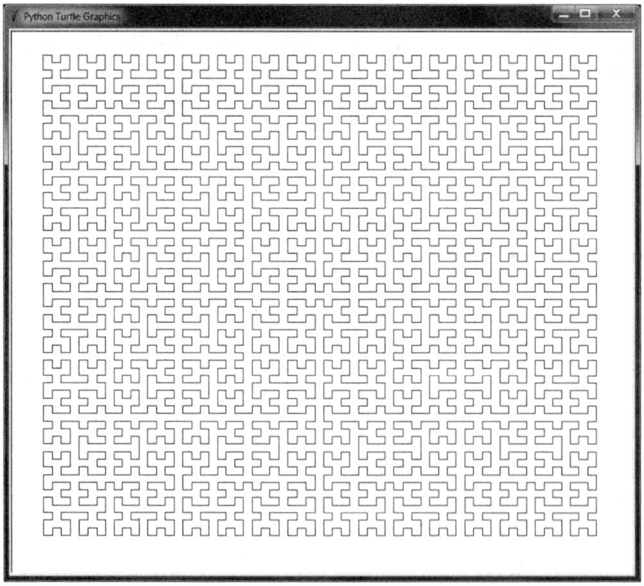

图 9-17　每一笔的长度为 10 且阶数为 5 的希尔伯特曲线

希尔伯特曲线中的转角都是直角。然而,你也可以试着稍微修改一下 ANGLE 变量,把它调

① 原书的程序与希尔伯特曲线的绘制方式不完全相同,译者按照该曲线的常见画法调整了这段程序。这样绘制出的曲线与图 9-17 略有区别。——译者注

整成 86～89 的某个值，然后再运行一遍程序，看看这次有什么变化。另外，DRAW_SOLID 变量可以改为 True，这会让程序绘制出填充版的希尔伯特曲线，如图 9-18 所示。

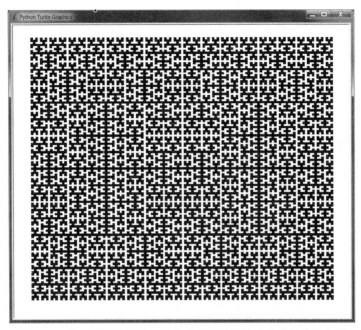

图 9-18　每一笔的长度为 5 且带有填充效果的 6 阶希尔伯特曲线

9.8　小结

分形是一个相当广泛的领域，它把编程与艺术中很有意思的那些地方结合起来，所以笔者觉得撰写本章的过程十分有趣。数学家与计算机科学家明白，各自研究的领域内有一些比较高深的概念，它们其实是相当美妙而优雅的，用递归绘制分形能够将让这些概念形象地展现出来，让大家领略到其中的美。

本章不仅介绍了几种分形，而且给出了绘制这些形状的程序。我们绘制了谢尔宾斯基三角形与谢尔宾斯基地毯，并通过程序生成分形树。另外，我们还画了科赫曲线、科赫雪花与希尔伯特曲线。这些程序都是利用 Python 的 turtle 模块编写的，我们设计了一些能够递归调用其自身的函数，让这些函数通过该模块绘制相应的形状。

延伸阅读

笔者发布了一套简单的教程（在 GitHub 网站搜索 "asweigart/simple-turtle-tutorial-for-python"），还汇集了一些自己的海龟绘图程序（在 GitHub 网站搜索 "asweigart/art-of-turtle-programming"），这些资料可以帮你进一步学习如何使用 Python 的 turtle 模块绘图。

还有一些空间填充曲线也是用递归绘制的，其中包括佩亚诺曲线（Peano curve）、高斯帕曲线（Gosper curve）以及龙形曲线（dragon curve）等，你可以在网上搜索资料，研究这些曲线。

练习题

1. 什么是分形？
2. 笛卡儿坐标系中的 x 坐标（横坐标）与 y 坐标（纵坐标）表示的是什么？
3. 笛卡儿坐标系的原点坐标是什么？
4. 什么叫程序化生成？
5. 什么是种子值？
6. 科赫雪花的周长是多少？
7. 什么是空间填充曲线？

实践项目

针对下面每项任务，分别编写程序。

1. 编写一个海龟绘图程序，以绘制图 9-19 所示的方格分形。这个程序与本章展示的谢尔宾斯基地毯绘制程序类似。你可以先用 turtle.begin_fill() 与 turtle.end_fill() 绘制一个大的黑色正方形，然后把这个正方形分成 9 个相等的小正方形，并将上方中部、左侧中部、右侧中部与下方中部那 4 个小正方形填充成白色。最后，针对中间与 4 个角落的那 5 个小正方形，递归执行这套操作。

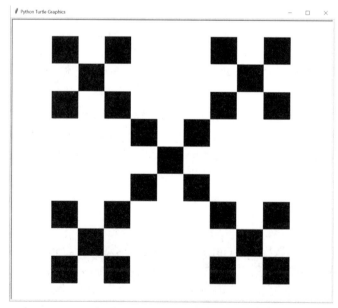

图 9-19　二阶的方格分形

2. 编写一个海龟绘图程序，以绘制佩亚诺空间填充曲线。这个程序与本章展示的希尔伯特曲线绘制程序类似。图 9-20（a）～（c）演示了前三阶的佩亚诺曲线，图 9-20（d）～（f）展示了针对上方的曲线绘制的相应的网格，将其分为 3×3 共 9 个部分（每个部分还可以继续这样细分）。希尔伯特曲线穿越的是 2×2 的区域（每一个这样的区域又可以再度细分为 2×2 的 4 块），但佩亚诺曲线穿越的是 3×3 的区域，每一个这样的区域又可以再度细分为 3×3 的 9 块。

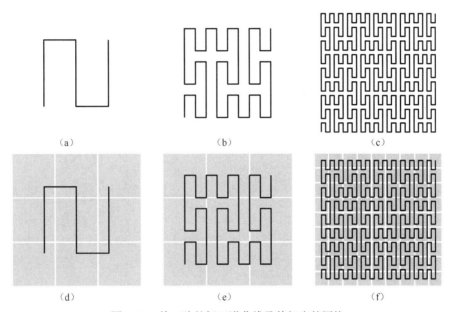

图 9-20　前三阶的佩亚诺曲线及其相应的网格

Part 2

第 2 部分

项目

本部分内容

- 第 10 章　文件查找器
- 第 11 章　迷宫生成器
- 第 12 章　解决滑块拼图问题
- 第 13 章　分形图案制作器
- 第 14 章　画中画制作器

第10章 文件查找器

本章要讲解怎样编写递归程序，以实现一款文件查找工具，让它根据特定的需求来搜索文件。你的计算机中，可能已经安装了一些能够搜索文件的命令与应用程序，但它们的功能通常有限，只能根据你指定的某个字符串，搜索名称中包含这个字符串的文件。但如果你的需求比较奇怪，或者相当特殊，那该怎么办？例如，你想寻找字节数为偶数的文件，或寻找名称包含每一个元音字母的文件。

你其实不太会遇到与刚才一模一样的搜索需求，但是有可能遇到那种比较奇怪的需求。如果你要不会自己编写代码来解决这个问题，就比较麻烦。

递归尤其适合处理那些呈现树状结构的问题，而计算机上的文件系统的结构就很像一棵树。在文件系统中，每个文件夹下面都能够出现多个子文件夹，而每个子文件夹下面也可以继续包含子文件夹。在本章中，我们会写一个递归函数，用于浏览这样的树状结构。

提示

基于浏览器的 JavaScript 代码无法访问计算机中的文件，因此本章的程序只用 Python 语言编写。

10.1 文件搜索程序的完整代码

我们先把这个递归式文件搜索程序的代码完整地看一遍。其后的各节会分别解释代码中的各个部分。把下面这段源代码复制到一个名叫 *fileFinder.py* 的源文件里，这个源文件表示我们要编写的这款文件搜索程序。

```python
import os

def hasEvenByteSize(fullFilePath):
    """如果fullFilePath参数所表示的文件占据偶数字节，就返回True；否则，返回False"""
    fileSize = os.path.getsize(fullFilePath)
    return fileSize % 2 == 0


def hasEveryVowel(fullFilePath):
    """如果fullFilePath参数所表示的文件的名称包含a、e、i、o、u这5个字母，就返回True；
    否则，返回False"""

    name = os.path.basename(fullFilePath).lower()
    return ('a' in name) and ('e' in name) and ('i' in name) and ('o' in name) and ('u' in name)
```

```
def walk(folder, matchFunc):
    """对folder表示的文件夹及其各级子文件夹中的文件执行matchFunc函数
    并返回一个文件列表，以表示能让matchFunc函数为True的各个文件"""
    matchedFiles = []  # 这个列表用来收集能够与matchFunc相匹配的文件
    folder = os.path.abspath(folder)  # 获取由folder参数表示的这个文件夹所处的绝对路径

    # 遍历这个文件夹中的每一份文件及每一个子文件夹
    for name in os.listdir(folder):
        filepath = os.path.join(folder, name)
        if os.path.isfile(filepath):
            # 如果是文件，就将其传给matchFunc函数，以判断该文件能否与这个函数匹配
            if matchFunc(filepath):
                matchedFiles.append(filepath)
        elif os.path.isdir(filepath):
            # 如果是子文件夹，就以这个子文件夹作为参数，递归地调用自身，并把这次递归调用
            # 返回的文件列表中的文件添加到用于收集结果的matchedFiles列表之中
            matchedFiles.extend(walk(filepath, matchFunc))
    return matchedFiles


print('All files with even byte sizes:')
print(walk('.', hasEvenByteSize))
print('All files with every vowel in their name:')
print(walk('.', hasEveryVowel))
```

这个文件搜索程序的主要功能在 walk() 函数中实现，这个函数的执行方式与它的名称一样，它会从你指定的文件夹开始，把其中的所有文件与各级子文件夹中的所有文件查一遍。每遇到一个文件，它都会把这个文件传给由 matchFunc 参数表示的定制函数，这个程序中有两个定制函数，分别用来描述本章开头说的那两种搜索需求。这款程序将这样的定制函数称为匹配函数（match function）。如果某文件符合匹配函数表示的搜索标准，那么该函数返回 True；否则，返回 False。

walk() 函数的任务就是查遍 folder 文件夹中的每一个文件，并将其分别传给 matchFunc 参数表示的匹配函数（把能够与之匹配的文件收录在列表里，最后返回这个列表）。下面我们就详细讲述这个文件搜索程序的代码。

10.2　用匹配函数来表示特定的搜索标准

Python 语言允许你在调用函数时，把某个函数本身当成参数传递进去。请看下面这段代码，它先调用一次 callTwice() 函数，将 sayHello() 函数当作参数传递进去，然后又 callTwice() 调用一次，但这次传递的是 sayGoodbye() 函数。

Python

```
>>> def callTwice(func):
...     func()
...     func()
...
>>> def sayHello():
...     print('Hello!')
...
>>> def sayGoodbye():
...     print('Goodbye!')
```

```
...
>>> callTwice(sayHello)
Hello!
Hello!
>>> callTwice(sayGoodbye)
Goodbye!
Goodbye!
```

　　callTwice()函数通过func参数，接收调用方传递的函数，无论传入的是什么函数，它都把这个函数执行两遍。注意，我们给callTwice()传递的应该是函数名本身，不应该再加一对圆括号，例如，我们要写callTwice(sayHello)，而不能写成callTwice(sayHello())。因为我们要把sayHello()函数本身当作参数传递给callTwice()，假如带了那一对圆括号，就变成先执行sayHello()函数，然后把执行的结果（也就是返回值）当作参数传递给callTwice()。

　　walk()函数与刚才的callTwice()类似，也通过这样一个参数接收调用方传递的函数，用于表示某种搜索标准。这样设计的好处在于，我们无须修改walk()函数本身的代码，就能定制这个程序的行为，令其满足许多种文件搜索需求（因为我们只需要把这些需求分别表达成相应的匹配函数，并把这些函数当作参数传递给walk()即可）。walk()函数稍后再讲，现在先看看程序里的这两个匹配函数是怎么写的。

10.2.1　寻找偶数字节的文件

　　我们编写第一个匹配函数，它用于寻找字节数为偶数的文件。

Python

```
import os

def hasEvenByteSize(fullFilePath):
    """如果fullFilePath参数表示的文件占据的字节数是偶数，就返回True；否则，返回False"""
    fileSize = os.path.getsize(fullFilePath)
    return fileSize % 2 == 0
```

　　首先导入os模块，让程序能够利用该模块，获取与计算机中的文件有关的信息，例如，通过该模块的getsize()、basename()以及其他一些函数，查询文件的大小与基本名称等。导入这个模块之后，创建一个名叫hasEvenByteSize()的匹配函数。所有的匹配函数都只有一个参数，这个参数是名为fullFilePath的字符串（用来表示待测文件所处的完整路径），函数会返回True或False，以表示该文件能否与本函数相匹配。

　　接下来，我们需要把fullFilePath参数表示的文件传递给os.path.getsize()函数，以查询该文件所占据的字节数。知道了字节数，我们就可以用 % 运算符判断这个数是否为偶数。如果是偶数，就让函数的return语句返回True；如果是奇数，则令其返回False。举一个示例，我们可以使用Windows操作系统中的Notepad（记事本）应用程序，查看它有多少字节（如果你用的是macOS或Linux系统，就使用/bin/ls程序）。

Python

```
>>> import os
>>> os.path.getsize('C:/Windows/system32/notepad.exe')
```

```
211968
>>> 211968 % 2 == 0
True
```

除通过 os.path.getsize() 函数查询文件大小之外，hasEvenByteSize() 函数还可以用其他任何一个 Python 函数，查询与 fullFilePath 表示的这份文件有关的信息。因此，无论我们要根据什么样的标准搜索文件，都可以在匹配函数中编写相应的代码来表示这样的逻辑。walk() 函数会把它在走查某文件夹及其各级子文件夹的过程中遇到的每个文件都传递给匹配函数，这样它就能够根据匹配函数返回的是 True 还是 False，确定这份文件是不是我们要找的那种文件。

10.2.2　寻找名称包含所有元音字母的文件

现在看第二个匹配函数。

```
def hasEveryVowel(fullFilePath):
    """如果fullFilePath参数所表示的文件的名称包含a、e、i、o、u这5个字母
    就返回True；否则，返回False"""
    name = os.path.basename(fullFilePath).lower()
    return ('a' in name) and ('e' in name) and ('i' in name) and ('o' in name) and ('u' in name)
```

hasEveryVowel() 函数首先把 fullFilePath 传递给 os.path.basename()，以便将这个完整的路径中与文件夹有关的那一部分去掉（只留下文件名这一部分）。接下来，注意，由于 Python 的字符串比较操作是区分大小写的，因此我们决定先把文件名中的字符全转换为大写或小写形式，再进行比较，假如不这么转换，就要把大写和小写的元音字母同时考虑进来。举一个示例，如果 fullFilePath 是 'C:/Windows/system32/notepad.exe'，那么调用 path.basename('C:/Windows/system32/notepad.exe') 就会得到 "notepad.exe" 这样一个字符串。然后，在这个字符串上面调用 lower() 方法，把字符串里的所有字母都转换为小写形式，这样就只需要判断那组小写的元音字母。本章后面还会讲解其他一些用来查询文件信息的函数。

最后，我们用一个很长的表达式来判断 name 是否包含 a、e、i、o、u 这 5 个字母，如果全包含，那么这个表达式的值就是 True，这表示该文件符合标准（或者说，该文件正是 hasEveryVowel() 函数要找的那种文件）。否则，hasEveryVowel() 函数返回 False。

10.3　用递归式的 walk() 函数走查文件夹

刚才讲解的那些匹配函数用于判断某一个文件是否符合相应的标准，而现在我们需要一个像 walk() 这样的函数，用来把某个文件夹中的所有文件查一遍，这样才能知道其中哪些文件符合标准。有了这个函数，我们就能够把待测文件夹的名称传给 walk()，再传入一个表示查询标准的匹配函数，让 walk() 从该文件夹出发，把其中的所有文件搜索一遍。

在搜索这个起始文件夹的过程中，如果 walk() 函数发现其中还有子文件夹，就把每一个子文件夹分别当作起始文件夹，递归地调用自身，以便在这些子文件夹中继续搜索。下面我们把设计递归函数时需要考虑的 3 个问题回答一遍。

❑ **什么是基本情况？** 函数已经把起始文件夹中的每份文件与每个子文件夹都处理完毕的情况。

❑ **在递归函数调用中应该传入什么样的参数？** 一开始传入的是待搜索的那个文件夹，以及一个用来判断某文件是否符合搜索标准的匹配函数。在搜索该文件夹的过程中，如果发现了子文件夹，就把这个子文件夹当成表示起始文件夹的 folder 参数，递归地调用自身。

❑ **在递归函数调用中传入的参数是如何向基本情况靠近的？** 像这样逐个子文件夹深入下去，最终会遇到不再继续包含子文件夹的情况。

图 10-1 演示了 walk() 函数怎样通过递归调用走查 C 盘中的所有文件。

图 10-1 walk() 函数怎样通过递归调用走查 C 盘中的所有文件

下面来看 walk() 函数的前几行代码。

```
def walk(folder, matchFunc):
    """对folder表示的文件夹及其各级子文件夹中的文件执行matchFunc函数
    并返回一个文件列表，以表示能让matchFunc函数为True的各个文件"""
    matchedFiles = [] # 这个列表用来收集能够与matchFunc相匹配的文件
    folder = os.path.abspath(folder) # 获取由folder参数表示的这个文件夹所处的绝对路径
```

walk() 函数有两个参数。第一个参数是 folder，这是一个字符串，用来表示从哪个目录开始搜索（如果想从运行这一个 Python 程序时所处的当前文件夹开始搜索，那么可以传入 '.'）。第二个参数是 matchFunc，这是一个匹配函数，它以某文件的完整路径作为参数，并返回 True 或 False，以表示该文件是不是这个匹配函数要找的那种文件。

walk() 函数接下来的这部分代码用来走查 folder 文件夹中的内容。

Python

```
# 遍历这个文件夹中的每一个文件及每一个子文件夹
for name in os.listdir(folder):
    filepath = os.path.join(folder, name)
    if os.path.isfile(filepath):
```

这个 for 循环会遍历 os.listdir() 函数返回的列表，该列表包含 folder 文件夹中的每一项内容。这些内容有的表示文件，有的表示子文件夹。无论是文件还是子文件夹，我们都把 folder 所处的绝对路径与 name 表示的当前这项内容的名称用路径分隔符连接起来，以得到这项内容的完整路径，也就是 filepath。然后，调用 os.path.isfile() 函数，判断这项内容到底是文件还是子文件夹，如果该函数返回 True，那么说明这是文件，于是我们需要判断该文件是不是要找的那种文件。

Python

```
# 如果当前内容是文件，就将其传给 matchFunc 函数，以判断该文件能否与这个函数匹配
if matchFunc(filepath):
    matchedFiles.append(filepath)
```

在已经确定当前这项内容是文件的前提下，我们把这个文件的完整路径传递给匹配函数。注意，在触发 walk() 函数时，当前这个文件的完整路径会传递给 matchFunc 参数指定的是函数。例如，如果当时指定的是 hasEvenByteSize，这就相当于调用 hasEvenByteSize (filepath)；如果指定的是 hasEveryVowel，就相当于调用 hasEveryVowel(filepath)；如果指定的是其他的匹配函数，就相当于以 filepath 作为参数调用那个匹配函数。如果 filepath 表示的这个文件符合匹配函数表达的搜索标准，就把这个文件添加到用于收录最终结果的 matchedFiles 列表中（接下来，再看后面的一段代码）。

Python

```
elif os.path.isdir(filepath):
    # 如果当前内容是子文件夹，就以这个子文件夹作为参数，递归地调用自身，并把这次递归调用
    # 返回的文件列表中的文件添加到用于收集结果的 matchedFiles 列表中
    matchedFiles.extend(walk(filepath, matchFunc))
```

如果当前这项内容不是文件，那么用 os.path.isdir() 函数判断它是否表示文件夹，这个函数若返回 True，则表明这是 folder 下面的一个子文件夹。于是，我们把这个子文件夹当成起始文件夹，递归地调用 walk() 函数。这次递归调用会返回一个列表，其中有这个子文件夹（以及它名下的各级子文件夹）中能够与 matchFunc 匹配的文件，我们调用 extend() 方法，将这些文件添加到用于收录最终结果的 matchedFiles 列表中（接下来，我们看最后一行代码）。

```
return matchedFiles
```

这行代码写在 for 循环结束之后。此时，matchedFiles 列表中已经写好了 folder 文件夹（及其各级子文件夹）中能够与 matchFunc 匹配的所有文件。于是，我们只需要将这个列表当作返回值返回给 walk() 函数的调用方即可。

10.4   用特定的匹配函数调用 walk() 函数以执行搜索

实现 walk() 函数与那几个表示搜索需求的匹配函数之后，我们就可以触发 walk()，以便根据特定的标准在文件夹中搜索文件。我们传入的第一个参数是 '.'，这是一个特殊的目录名，用来表示执行这款 Python 程序时所处的当前目录（current directory），这样做的目的是让 walk() 函数从这个文件夹出发（或者以这个文件夹作为起始文件夹），执行搜索（除这个参数之外，我们还要传入一个匹配函数的名称，以表示要找的是哪种文件）。

Python

```
print('All files with even byte sizes:')
print(walk('.', hasEvenByteSize))
print('All files with every vowel in their name:')
print(walk('.', hasEveryVowel))
```

这个程序输出什么内容取决于你的计算机中有什么文件。总之，写这样一个程序是想告诉大家，无论你有什么样的搜索需求，都能够将其写成相应的匹配函数，并让该程序调用这种函数，以完成搜索。例如，程序可能会搜索出下面这些文件。

Python

```
All files with even byte sizes:
['C:\\Path\\accesschk.exe', 'C:\\Path\\accesschk64.exe',
'C:\\Path\\AccessEnum.exe', 'C:\\Path\\ADExplorer.exe',
'C:\\Path\\Bginfo.exe', 'C:\\Path\\Bginfo64.exe',
'C:\\Path\\diskext.exe', 'C:\\Path\\diskext64.exe',
'C:\\Path\\Diskmon.exe', 'C:\\Path\\DiskView.exe',
'C:\\Path\\hex2dec64.exe', 'C:\\Path\\jpegtran.exe',
'C:\\Path\\Tcpview.exe', 'C:\\Path\\Testlimit.exe',
'C:\\Path\\wget.exe', 'C:\\Path\\whois.exe']
All files with every vowel in their name:
['C:\\Path\\recursionbook.bat']
```

10.5　用 Python 标准库中的函数处理文件

下面我们看看哪些函数能够帮助你编写自己的匹配函数。Python 标准库中的模块提供了许多个有用的函数，用于获取与文件有关的信息。其中许多函数存放在 `os` 与 `shutil` 模块中，所以程序在调用这些函数之前，需要先执行 `import os` 或 `import shutil` 语句，以导入相应的模块。

10.5.1　寻找与文件名有关的信息

你可以用 `os.path.basename()` 或 `os.path.dirname()` 函数从匹配函数收到的完整文件路径之中获取基本名称或目录名，也可以通过 `os.path.split()` 函数同时获取这两部分，并将其放置在一个元组（tuple）之中。请在 Python 的交互式 shell 中输入下列语句。使用 macOS 与 Linux 操作系统的读者可以把 `filename` 表示的文件名换成 `'/bin/ls'`（在下面几节中也是如此）。

Python

```
>>> import os
>>> filename = 'C:/Windows/system32/notepad.exe'
>>> os.path.basename(filename)
'notepad.exe'
>>> os.path.dirname(filename)
'C:/Windows/system32'
>>> os.path.split(filename)
('C:/Windows/system32', 'notepad.exe')
>>> folder, file = os.path.split(filename)
>>> folder
'C:/Windows/system32'
>>> file
'notepad.exe'
```

获取文件的基本名称或目录名之后，你可以像早前的 `lower()` 与 `hasEveryVowel()` 等匹配函数那样，根据需求，在这些字符串值上面调用 Python 语言中的某个字符串方法，以帮助自己判断这个文件是不是要找的文件。

10.5.2　寻找与文件的时间戳有关的信息

文件有 3 个时间戳（timestamp），它们分别表示文件的创建时间、最近一次修改时间以及最近一次访问时间。Python 的 os.path.getctime()、os.path.getmtime() 与 os.path.getatime() 方法分别返回这 3 个时间戳，这些都是浮点值，表示从 UNIX 时间戳（1970 年 1 月 1 日 0 时 0 分 0 秒）开始经过的时间（以秒为单位），这 3 个时间戳对应的时区都是 UTC（Universal Time Coordinated，协调世界时）。请在 Python 的交互式 shell 中输入下列语句。

Python

```
> import os
> filename = 'C:/Windows/system32/notepad.exe'
> os.path.getctime(filename)
1625705942.1165037
> os.path.getmtime(filename)
1625705942.1205275
> os.path.getatime(filename)
1631217101.8869188
```

对于计算机来说，用浮点值的形式表示时间戳很方便，因为每个时间戳都只需要一个数字就能表示出来，但如果想把它变成用户容易理解的形式，就要调用 Python 的 time 模块。这个模块中的 time.localtime() 函数能够把从 UNIX 时间戳起算的时间戳转换为 struct_time 对象，并将时区变为计算机所用的当地时区。struct_time 对象中有许多名称以 tm_ 开头的属性，它们表示与日期和时间有关的信息。请在 Python 的交互式 shell 中输入下列语句。

Python

```
>>> import os
>>> filename = 'C:/Windows/system32/notepad.exe'
>>> ctimestamp = os.path.getctime(filename)
>>> import time
>>> time.localtime(ctimestamp)
time.struct_time(tm_year=2021, tm_mon=7, tm_mday=7, tm_hour=19,
tm_min=59, tm_sec=2, tm_wday=2, tm_yday=188, tm_isdst=1)
>>> st = time.localtime(ctimestamp)
>>> st.tm_year
2021
>>> st.tm_mon
7
>>> st.tm_mday
7
>>> st.tm_wday
2
>>> st.tm_hour
19
>>> st.tm_min
59
>>> st.tm_sec
2
```

注意，`tm_mday` 属性是指这一天为当月的第几天，这个值从 1 开始算，最大值是 31。`tm_wday` 属性是指这一天为当周的第几天（或者这一天是周几），这个值的范围为 0～6。0 表示周一，6 表示周日。

如果你想把 `time_struct` 转换成一个简明易懂的字符串，那么可以将其传给 `time.asctime()` 函数。

Python

```
>>> import os
>>> filename = 'C:/Windows/system32/notepad.exe'
>>> ctimestamp = os.path.getctime(filename)
>>> import time
>>> st = time.localtime(ctimestamp)
>>> time.asctime(st)
'Wed Jul  7 19:59:02 2021'
```

除 `time.localtime()` 函数之外，`time.gmtime()` 函数也能把从 UNIX 时间戳开始经过的浮点型秒数转化成 `struct_time` 对象，但这个函数用的不是计算机的当地时间，而是协调世界时或者格林尼治标准时（Greenwich Mean Time，GMT）。请在 Python 的交互式界面中输入下列语句。

Python

```
>>> import os
>>> filename = 'C:/Windows/system32/notepad.exe'
>>> ctimestamp = os.path.getctime(filename)
>>> import time
>>> ctimestamp = os.path.getctime(filename)
>>> time.localtime(ctimestamp)
time.struct_time(tm_year=2021, tm_mon=7, tm_mday=7, tm_hour=19,
tm_min=59, tm_sec=2, tm_wday=2, tm_yday=188, tm_isdst=1)
>>> time.gmtime(ctimestamp)
time.struct_time(tm_year=2021, tm_mon=7, tm_mday=8, tm_hour=0,
tm_min=59, tm_sec=2, tm_wday=3, tm_yday=189, tm_isdst=0)
```

`os.path` 模块中的函数返回的是从 UNIX 时间戳开始经过的时间戳，而 `time` 模块中的 `time.localtime()` 与 `time.gmtime()` 函数都可以将这样的时间戳转化为 `struct_time` 对象，这两种表示时间的方式有时容易混淆。图 10-2 演示了怎样从一个表示文件名的字符串开始，通过调用相应的函数获取时间戳并将其转化为 `struct_time` 对象，最后通过该对象中的相应字段，访问这个时间戳中的日期与时间等部分。

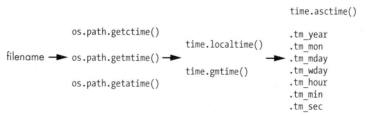

图 10-2 怎样从文件名开始，通过相应的函数与字段访问时间戳中的各项属性

最后还有一个 `time.time()` 函数，该函数用来返回从 UNIX 时间戳到当前这一时刻的

时间（以秒为单位）。

10.5.3　修改文件

用 walk() 函数返回符合标准的文件列表之后，你可能想对这些文件执行重命名、删除或其他某种操作。Python 标准库中的 shutil 与 os 模块中的有些函数能够执行这样的操作。另外，有一个第三方模块——send2trash，它能够把文件移动到操作系统的回收站中，而不直接将其永久删除。

移动文件可以通过调用 shutil.move() 函数实现，调用时需要传入两个参数。第一个表示你要移动哪个文件，第二个表示你想把这个文件移动到哪个目录。例如，可以像这样调用这个函数。

Python

```
>>> import shutil
>>> shutil.move('spam.txt', 'someFolder')
'someFolder\\spam.txt'
```

shutil.move() 函数会把文件的新路径当作字符串，返回给调用方。第二个参数也可以不是目录，而是某个文件，这会让函数将第一个参数表示的文件移动到第二个参数表示的这份文件所在的目录中，并将文件名修改为与这份文件的名称相同。

Python

```
>>> import shutil
>>> shutil.move('spam.txt', 'someFolder/newName.txt')
'someFolder\\newName.txt'
```

如果第二个参数只指定了文件名，而没有指定文件所在的目录，就相当于把第一个参数表示的文件保留在当前目录之中，并重命名它。

Python

```
>>> import shutil
>>> shutil.move('spam.txt', 'newName.txt')
'newName.txt'
```

注意，与 UNIX 操作系统和 macOS 中的 mv 命令类似，shutil.move() 函数能够对文件同时执行移动与重命名这两项操作。所以 shutil 模块不提供专门用来改名的 shutil.rename() 函数。

复制文件可以通过调用 shutil.copy() 函数实现，调用时需要传入两个参数。第 1 个参数表示待复制的文件，第 2 个参数表示副本应该叫什么名字。例如，可以像下面这样调用这个函数。

Python

```
>>> import shutil
>>> shutil.copy('spam.txt', 'spam-copy.txt')
'spam-copy.txt'
```

shutil.copy() 函数会返回副本的名称。要删除文件，调用 os.unlink() 函数，并把要删除的这个文件的名字传过去。

Python

```
>>> import os
>>> os.unlink('spam.txt')
>>>
```

这个函数叫 unlink（解除链接）而不叫 delete（删除），因为从技术上来讲，它并不直接移除文件本身，而移除从这个文件名指向真正文件的那条链接。但由于大多数文件只会有一个文件名链接到它，因此将唯一链接移除之后，文件本身也就会遭到删除。即使你不懂文件系统方面的这些概念，也没有关系，只需要知道 os.unlink() 能够用来删除文件就好。

调用 os.unlink() 会将文件永久删除，如果程序有 bug，调用该函数删除了不该删的文件，就很麻烦。你可以改用 send2trash 模块中的 send2trash() 函数来删除文件，这会将文件放入操作系统的回收站。这是一个第三方模块，使用之前必须先安装。在 Windows 系统下，在命令提示符界面中，执行 **python -m pip install --user send2trash** 命令，安装该模块。在 macOS 与 Linux 系统下，在终端界面中，执行 **python3 -m pip install --user send2trash** 命令，安装该模块。安装好之后，通过 import send2trash 语句导入这个模块。

在 Python 的交互式 shell 中输入下列代码。

Python

```
>>> open('deleteme.txt', 'w').close() # 创建一份空白的文件
>>> import send2trash
>>> send2trash.send2trash('deleteme.txt')
```

这段示例代码先创建名为 *deleteme.txt* 的空白文件。然后，调用 send2trash.send2trash() 函数，将该文件移入回收站（注意，这个函数与它所在的模块同名，都叫 send2trash）。

10.6　小结

在本章的文件搜索程序中，用递归式的写法走查某个文件夹及其各级子文件夹中的内容。该程序的 walk() 函数会递归地浏览起始文件夹及其下面的各级子文件夹，并分别判断其中的各个文件是否与用户的搜索标准相符。用户可以把各种搜索需求实现成相应的匹配函数，并在触发 walk() 时指定这样一个函数。这么设计使我们无须修改 walk() 的代码，就能让程序满足新的搜索需求。

在这个程序中，实现了两个匹配函数，一个用来判断某文件的字节数是否为偶数，另一个用来判断文件的名称是否包含所有的元音字母。除此之外，你还可以编写自己的匹配函数并将其传递给 walk()。这正是编程的强大之处，它让你能够创建出符合自身需求的功能，而那些需要付费购买的软件未必提供这种功能。

延伸阅读

Python 本身也有一个 os.walk() 函数，该函数与这个文件搜索程序中的 walk() 类似，walk() 函数的文档参见 Python 官网。

Python 标准库中的模块 datetime 还提供了许多种操作时间戳数据的方式。

## 第 11 章

迷宫生成器

第 4 章描述了一种递归式的走迷宫算法。然而，还应该有一种递归式的算法，让我们用来造迷宫。所以在本章中，我们就编写一个迷宫生成器，用来建立迷宫，这种迷宫的格式与第 4 章的走迷宫算法所用的那种迷宫的相同。因此，无论你喜欢走迷宫，还是喜欢造迷宫，都能够自己编写程序来实现。

这个算法首先访问迷宫里的某个地点，它会把这个地点当作出发点，从而递归地访问与之相邻的地点。每访问一个地点，它就会把这里挖开，然后继续访问相邻的其他地点，这就相当于在迷宫中"凿路"。如果走进了死路（也就是走到了一个周围已经没有其他地点可访问的地方），它就逐级回溯，直到发现某个地点的周围还有其他地点尚未访问，然后，该算法会从那里继续访问。如果该算法回溯到了起始点，那么意味着整个迷宫生成完毕。

这种递归式的回溯算法容易造出具有较长走廊的迷宫（在这种迷宫中，从某路口到下一个路口之间的路径可能比较长），这样的迷宫走起来也比较简单。不过，与克鲁斯卡尔算法（Kruskal's algorithm）及威尔逊算法（Wilson's algorithm）等算法相比，这种算法实现起来更容易，因此很适合用来讲解迷宫生成问题。

11.1　完整的迷宫生成程序

首先，我们把这个程序的 Python 与 JavaScript 代码完整地看一遍，这些代码利用递归式的回溯算法来生成迷宫。本章接下来的各节会分别讲解代码的各个部分。

把下面这段 Python 代码复制到名为 *mazeGenerator.py* 的文件中。

Python

```
import random

WIDTH = 39 # 迷宫的宽度（必须是奇数）
HEIGHT = 19 # 迷宫的高度（必须是奇数）
assert WIDTH % 2 == 1 and WIDTH >= 3
assert HEIGHT % 2 == 1 and HEIGHT >= 3
SEED = 1
random.seed(SEED)

# 以下是造迷宫与显示迷宫时需要用到的一些字符
EMPTY = ' '
MARK = '@'
WALL = chr(9608) # 这是 Unicode 值为 9608 的字符，该字符显示成 ■，它用来表示墙
```

```
NORTH, SOUTH, EAST, WEST = 'n', 's', 'e', 'w'

# 把表示迷宫的数据结构创建出来，并填充此结构，让该算法能够在这样的结构中造迷宫
maze = {}
for x in range(WIDTH):
    for y in range(HEIGHT):
        maze[(x, y)] = WALL # 开始造迷宫之前，这个结构中的每一个点都是墙

def printMaze(maze, markX=None, markY=None):
    """把maze参数表示的迷宫数据结构显示出来。markX与markY参数用来在迷宫中
    显示 '@' 标志，以表示迷宫生成算法当前正在处理这个点"""

    for y in range(HEIGHT):
        for x in range(WIDTH):
            if markX == x and markY == y:
                # 在这里显示 '@' 标志
                print(MARK, end='')
            else:
                # 显示当前点，这里可能是墙，也可能是空地
                print(maze[(x, y)], end='')
        print() # 每显示完一行，就输出一个换行符


def visit(x, y):
    """把迷宫中（x,y）这一点挖开，然后递归地移动到与之相邻且
    尚未访问过的点。这个函数会在遇到死路时回溯"""
    maze[(x, y)] = EMPTY # 将（x,y）处的点挖开
    printMaze(maze, x, y) # 显示此时已经生成的这部分迷宫
    print('\n\n\n')

    while True:
        # 判断周围有没有尚未访问过的点，如果有，就把这些点记下来
        unvisitedNeighbors = []
        if y > 1 and (x, y - 2) not in hasVisited:
            unvisitedNeighbors.append(NORTH)

        if y < HEIGHT - 2 and (x, y + 2) not in hasVisited:
            unvisitedNeighbors.append(SOUTH)

        if x > 1 and (x - 2, y) not in hasVisited:
            unvisitedNeighbors.append(WEST)

        if x < WIDTH - 2 and (x + 2, y) not in hasVisited:
            unvisitedNeighbors.append(EAST)

        if len(unvisitedNeighbors) == 0:
            # 基本情况
            # 所有的相邻点已访问过，因此该算法走入了死路。回溯到早前的某个点
            return
        else:
            # 递归情况
            # 随机选一个还没访问过的相邻点，并访问该点
            nextIntersection = random.choice(unvisitedNeighbors)

            # 把接下来要访问的点设置成刚才选的那个点

            if nextIntersection == NORTH:
                nextX = x
                nextY = y - 2
                maze[(x, y - 1)] = EMPTY # 将当前点与接下来要访问的那个点之间的这一点"挖开"，令二者相通
            elif nextIntersection == SOUTH:
                nextX = x
```

```
                nextY = y + 2
                maze[(x, y + 1)] = EMPTY # 将当前点与接下来要访问的那个点之间的这一点挖开，令二者相通
            elif nextIntersection == WEST:
                nextX = x - 2
                nextY = y
                maze[(x - 1, y)] = EMPTY # 将当前点与接下来要访问的那个点之间的这一点挖开，令二者相通
            elif nextIntersection == EAST:
                nextX = x + 2
                nextY = y
                maze[(x + 1, y)] = EMPTY # 将当前点与接下来要访问的那个点之间的这一点挖开，令二者相通

            hasVisited.append((nextX, nextY)) # 把接下来要访问的那个点标注为"已访问"
            visit(nextX, nextY) # 从那个地点开始，递归地访问下去


# 在尚未开挖的迷宫中凿出路径
hasVisited = [(1, 1)] # 从左上角开始挖路
visit(1, 1)

# 把该算法最终处理好的迷宫数据结构显示出来
printMaze(maze)
```

把下面这段 JavaScript 代码复制到名为 *mazeGenerator.html* 的文件中。

JavaScript

```
<script type="text/javascript">

const WIDTH = 39; // 迷宫的宽度（必须是奇数）
const HEIGHT = 19; // 迷宫的高度（必须是奇数）
console.assert(WIDTH % 2 == 1 && WIDTH >= 2);
console.assert(HEIGHT % 2 == 1 && HEIGHT >= 2);

// 以下是造迷宫与显示迷宫时需要用到的一些字符
const EMPTY = " ";
const MARK = "@";
const WALL = "&#9608;"; // 这是Unicode值为9608的字符，该字符显示成 ■，它用来表示墙
const [NORTH, SOUTH, EAST, WEST] = ["n", "s", "e", "w"];

// 把表示迷宫的数据结构创建出来，并填充此结构，让该算法能够在这样的结构中造迷宫
let maze = {};
for (let x = 0; x < WIDTH; x++) {
    for (let y = 0; y < HEIGHT; y++) {
        maze[[x, y]] = WALL; // 开始造迷宫之前，这个结构中的每一个点都是墙
    }
}


function printMaze(maze, markX, markY) {
    // 把maze参数所表示的迷宫数据结构显示出来。markX与markY参数用来在迷宫中
    // 显示 '@' 标志，以表示迷宫生成算法当前正在处理这个点
    document.write('<code>');
    for (let y = 0; y < HEIGHT; y++) {
        for (let x = 0; x < WIDTH; x++) {
            if (markX === x && markY === y) {
                // 在这里显示 '@' 标志
                document.write(MARK);
            } else {
                // 显示当前地点，这里可能是墙，也可能是空地
                document.write(maze[[x, y]]);
            }
        }
        document.write('<br />'); // 每显示完一行，就输出一个换行符
```

```
    }
    document.write('</code>');
}


function visit(x, y) {
    // 把迷宫中(x,y)这一处的点挖开, 然后递归地移动到与之相邻且
    // 尚未访问过的点。这个函数会在遇到死路时回溯

    maze[[x, y]] = EMPTY; // 将(x,y)处的点挖开
    printMaze(maze, x, y); // 显示此时已经生成的这部分迷宫
    document.write('<br /><br /><br />');

    while (true) {
        // 判断周围有没有尚未访问过的点, 如果有, 就把这些点记下来
        let unvisitedNeighbors = [];
        if (y > 1 && !JSON.stringify(hasVisited).includes(JSON.stringify([x, y - 2]))) {
            unvisitedNeighbors.push(NORTH);
        }
        if (y < HEIGHT - 2 &&
        !JSON.stringify(hasVisited).includes(JSON.stringify([x, y + 2]))) {
            unvisitedNeighbors.push(SOUTH);
        }
        if (x > 1 &&
        !JSON.stringify(hasVisited).includes(JSON.stringify([x - 2, y]))) {
            unvisitedNeighbors.push(WEST);
        }
        if (x < WIDTH - 2 &&
        !JSON.stringify(hasVisited).includes(JSON.stringify([x + 2, y]))) {
            unvisitedNeighbors.push(EAST);
        }

        if (unvisitedNeighbors.length === 0) {
            // 基本情况
            // 所有的相邻点已访问过, 因此该算法走入了死路。回溯到早前的某个点
            return;
        } else {
            // 递归情况
            // 随机选一个还没访问过的相邻点, 并访问该点
            let nextIntersection = unvisitedNeighbors[
            Math.floor(Math.random() * unvisitedNeighbors.length)];

            // 把接下来要访问的点设置成刚才选的那个点
            let nextX, nextY;
            if (nextIntersection === NORTH) {
                nextX = x;
                nextY = y - 2;
                // 将当前点与接下来要访问的那个点之间的这一点挖开, 令二者相通
                maze[[x, y - 1]] = EMPTY;
            } else if (nextIntersection === SOUTH) {
                nextX = x;
                nextY = y + 2;
                // 将当前点与接下来要访问的那个点之间的这一点挖开, 令二者相通
                maze[[x, y + 1]] = EMPTY;
            } else if (nextIntersection === WEST) {
                nextX = x - 2;
                nextY = y;
                // 将当前点与接下来要访问的那个点之间的这一点挖开, 令二者相通
                maze[[x - 1, y]] = EMPTY;
            } else if (nextIntersection === EAST) {
                nextX = x + 2;
                nextY = y;
```

```
            // 将当前点与接下来要访问的那个点之间的这一点挖开，令二者相通
            maze[[x + 1, y]] = EMPTY;
        }
        hasVisited.push([nextX, nextY]); // 把接下来要访问的那个点，标注为"已访问"
        visit(nextX, nextY); // 从那个地点开始，递归地访问下去
    }
  }
}


// 在尚未开挖的迷宫中凿出路径
let hasVisited = [[1, 1]]; // 从左上角开始挖路
visit(1, 1);

// 把该算法最终处理好的迷宫数据结构显示出来
printMaze(maze);
</script>
```

　　这个程序运行之后，会在终端或浏览器窗口中输出大量字符，以表示它每一步构建的迷宫。你必须通过滚动条回到起始点，然后逐渐往下查看，这样才能了解整个构建过程。

　　该程序所要操纵的迷宫数据结构刚开始是一个完全填充过的二维空间，其中的每一个单元格（或者每一个点）都是墙。然后，该程序会在迷宫里指定一个点作为起点，让递归回溯算法从这个点出发，访问某个尚未访问过的相邻点，并在当前点与相邻点之间挖开一条路。然后，这个算法会把那个相邻点视为当前点，并递归地调用自身。如果当前点的所有相邻点都已访问过，那么说明该算法走入了死路，于是它会回溯到早前已经访问过的点，继续寻找与那个点相邻且尚未访问的点。若该算法回溯到起点，则表明迷宫已经构建完毕，此时该程序就可以结束了。

　　运行一下这个迷宫生成程序，你就知道其中的算法是怎么造迷宫的了。在迷宫中挖路时，它会用 @ 符号把当前这一点在二维迷宫之中的位置标注出来。图 11-1（a）～（j）演示了构建过程中的几个步骤。图 11-1（e）演示的是一种需要回溯的情形：该算法在上一步走入了死路，于是回溯到了它早前访问过的一个位置，并从那个位置开始沿着新的方向（在本例中是正右方）访问与之相邻的点。

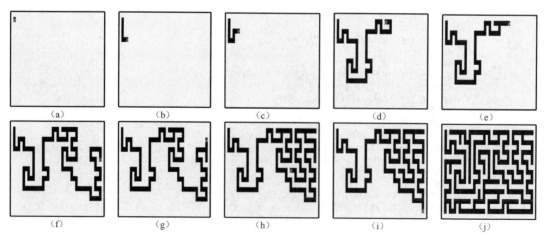

图 11-1　递归回溯算法在二维空间中凿路造迷宫的过程

下面详细讲解代码中的每一部分。

11.2 设定迷宫生成器所使用的常量

迷宫生成器要用几个常量，你可以先修改这些常量，再运行程序，这样就会生成尺寸不同的迷宫。与这些常量有关的 Python 代码如下。

Python

```
import random

WIDTH = 39 # 迷宫的宽度（必须是奇数）
HEIGHT = 19 # 迷宫的高度（必须是奇数）
assert WIDTH % 2 == 1 and WIDTH >= 3
assert HEIGHT % 2 == 1 and HEIGHT >= 3
SEED = 1
random.seed(SEED)
```

与这段代码相对应的 JavaScript 代码如下。

JavaScript

```
<script type="text/javascript">

const WIDTH = 39; // 迷宫的宽度（必须是奇数）
const HEIGHT = 19; // 迷宫的高度（必须是奇数）
console.assert(WIDTH % 2 == 1 && WIDTH >= 3);
console.assert(HEIGHT % 2 == 1 && HEIGHT >= 3);
```

WIDTH 与 HEIGHT 这两个常量决定了迷宫的宽度和高度。这个算法每次要挖两格。如果先沿着某个方向挖，然后拐回来，沿反方向挖，那么这两条通路之间就会用墙隔开；否则，这两条通路会合并成一条大的通路，从而导致迷宫中出现回路。为此，我们必须要求迷宫的宽度及高度都是奇数。为了确保 WIDTH 与 HEIGHT 常量的取值是合理的，我们用断言来阻拦常量不是奇数或者常量不够大的情况（换句话说，通过断言阻拦常量是偶数或常量太小的情况）。

这个程序想要设置随机数种子，这样一来，只要种子值固定，每次运行时生成的迷宫就是相同的。Python 版的代码通过 random.seed() 函数设置种子值。但 JavaScript 并没有提供明确设置种子值的方式，因此每次运行程序时都会产生不同的迷宫。

提示

Python 程序生成的"随机"数其实是能够预判的，只要起始的种子值不变，它就会按照固定的顺序生成一系列数字，因此该程序每次制作的迷宫都是相同的。在生成随机数之前，先设置固定的种子值有这样一个好处：如果发现程序中有 bug，那么这会让该程序每次都产生相同的迷宫，以便于调试。

接下来，还有一批常量需要设置，与之相关的 Python 代码如下。

Python

```
# 以下是造迷宫与显示迷宫时需要用到的一些字符
EMPTY = ' '
MARK = '@'
```

```
WALL = chr(9608) # 这是Unicode值为9608的字符，该字符显示成 ■，它用来表示墙
NORTH, SOUTH, EAST, WEST = 'n', 's', 'e', 'w'
```

对应的 JavaScript 代码如下所示。

JavaScript

```
// 以下是造迷宫与显示迷宫时需要用到的一些字符
const EMPTY = " ";
const MARK = "@";
const WALL = "&#9608;"; // 这是Unicode值为9608的字符，该字符显示成 ■，它用来表示墙
const [NORTH, SOUTH, EAST, WEST] = ["n", "s", "e", "w"];
```

EMPTY 与 WALL 常量决定了程序如何显示迷宫中的通路与墙。MARK 常量决定了该算法使用什么符号来标注它当前正在处理的这个位置。NORTH、SOUTH、EAST 与 WEST 常量表示该算法能够在迷宫中朝着北（正上）、南（正下）、东（正右）、西（正左）这 4 个方向挖路，把这 4 个方向定义为常量是为了让代码更好懂。

11.3　创建表示迷宫的数据结构

这个迷宫生成程序是用 Python 的字典或 JavaScript 的对象结构来表示的。在这种结构中，每个条目的键都是 Python 的元组或 JavaScript 的数组，元组或数组中的两个元素指代迷宫之中某个点的横、纵坐标。与键相对应的值是一个字符串，该字符串有可能与 WALL 或 EMPTY 字符串常量相同。前者表示迷宫里的这个地方是墙，后者表示这个地方是通路。

举一个示例，图 11-2 中的迷宫在程序中是用以下数据结构表示的。

```
{(0, 0): '■', (0, 1): '■', (0, 2): '■', (0, 3): '■', (0, 4): '■',
(0, 5): '■', (0, 6): '■', (1, 0): '■', (1, 1): ' ', (1, 2): ' ',
(1, 3): ' ', (1, 4): ' ', (1, 5): ' ', (1, 6): '■', (2, 0): '■',
(2, 1): ' ', (2, 2): '■', (2, 3): '■', (2, 4): '■', (2, 5): ' ',
(2, 6): '■', (3, 0): '■', (3, 1): ' ', (3, 2): '■', (3, 3): ' ',
(3, 4): ' ', (3, 5): ' ', (3, 6): '■', (4, 0): '■', (4, 1): ' ',
(4, 2): '■', (4, 3): ' ', (4, 4): '■', (4, 5): ' ', (4, 6): '■',
(5, 0): '■', (5, 1): ' ', (5, 2): ' ', (5, 3): ' ', (5, 4): '■',
(5, 5): ' ', (5, 6): ' ', (6, 0): '■', (6, 1): '■', (6, 2): '■',
(6, 3): '■', (6, 4): '■', (6, 5): '■', (6, 6): '■'}
```

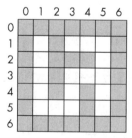

图 11-2　举例说明程序会用什么样的数据结构来表示这个迷宫

一开始，该程序必须把迷宫里的每个点都设置成 WALL。然后，它会调用递归的 visit() 函数，让这个函数将某些点设置为 EMPTY，以便在其中挖出通路与岔路。

Python

```
# 把表示迷宫的数据结构创建出来，并填充此结构，让算法能够在这样的结构中造迷宫
maze = {}
for x in range(WIDTH):
    for y in range(HEIGHT):
        maze[(x, y)] = WALL # 开始造迷宫之前，这个结构中的每一个点都是墙
```

与之相应的 JavaScript 代码如下。

JavaScript

```
// 把表示迷宫的数据结构创建出来，并填充此结构，让迷宫生成算法能够在这样的结构中造迷宫
let maze = {};
for (let x = 0; x < WIDTH; x++) {
    for (let y = 0; y < HEIGHT; y++) {
        maze[[x, y]] = WALL; // 开始造迷宫之前，这个结构中的每一个点都是墙
    }
}
```

创建名为 maze 的全局变量，这个变量在 Python 程序中是一个空白的字典，在 JavaScript 程序中是一个空白的对象。然后，用双层的 for 循环控制横坐标与纵坐标，从而遍历二维空间中的每一个点，并将这些点全设置成 WALL，使迷宫中的所有地方都变成墙。接下来，该程序会调用 visit() 函数，以便在这个表示迷宫的数据结构中挖路，这个函数会把它挖到的点改为 EMPTY。

11.4 输出表示迷宫的数据结构

Python 程序用字典来实现这个表示迷宫的数据结构，JavaScript 程序用的则是对象。在这样的结构中，每个条目的键都是一个列表或数组。这个列表或数组包含两个整数元素，它们分别表示某个点的横坐标与纵坐标。与该键相对应的值有可能是 WALL 或 EMPTY，这两种值都是由单个字符构成的字符串。要查询迷宫之中的某个点是墙还是空地，在 Python 代码中用 maze[(x, y)] 访问这个点，或者在 JavaScript 代码中用 maze[[x, y]] 访问它。

编写 printMaze() 函数，用来输出这种迷宫数据结构，这个函数的前几行 Python 代码如下所示。

Python

```
def printMaze(maze, markX=None, markY=None):
    """把 maze 参数表示的迷宫数据结构显示出来。markX 与 markY 参数用来在迷宫中
    显示 '@' 标志，以表示迷宫生成算法当前正在处理这个点"""

    for y in range(HEIGHT):
        for x in range(WIDTH):
```

与之相应的 JavaScript 代码如下。

JavaScript

```
function printMaze(maze, markX, markY) {
    // 把 maze 参数表示的迷宫数据结构显示出来。markX 与 markY 参数用来在迷宫中
    // 显示 '@' 标志，以表示迷宫生成算法当前正在处理这个点
    document.write('<code>');
    for (let y = 0; y < HEIGHT; y++) {
        for (let x = 0; x < WIDTH; x++) {
```

printMaze()函数会把调用方传给它的迷宫数据结构输出到屏幕上面。另外，调用方还可以传入 markX 与 markY 这两个参数，这会让函数在这两个参数表示的这一点上面显示出由 MARK 常量表示的标志（以便告诉用户，程序当前正在处理这个点），程序已经将这个常量设置成@字符。JavaScript 代码在开始显示迷宫之前，需要先向网页中书写一个 HTML 标签，也就是 <code>，以确保接下来写入网页之中的那些内容用的全是等宽字体。假如没有先书写这个标签，就有可能导致浏览器采用不同的宽度来展示 WALL 与 EMPTY，从而令迷宫变得扭曲。

printMaze()函数用双层的 for 循环来遍历这个迷宫数据结构。外层的 for 循环控制纵坐标，让它从 0 变到 HEIGHT（但不含 HEIGHT 本身），内层的 for 循环控制横坐标，让它从 0 变到 WIDTH（但不含 WIDTH 本身）。

进入内层的 for 循环之后，如果发现当前的横坐标及纵坐标分别与 markX 及 markY 参数相同，就说明当前的这个点是迷宫生成算法正在考虑的点。于是，printMaze()函数会在这里显示由 MARK 常量表示的标志（在本例中是 @ 字符）。用来显示迷宫内容的这部分 Python 代码如下所示。

Python

```
if markX == x and markY == y:
    # 在这里显示 '@' 标志
    print(MARK, end='')
else:
    # 显示当前点，这里可能是墙，也可能是空地
    print(maze[(x, y)], end='')

print() # 每显示完一行，就输出一个换行符
```

与之相应的 JavaScript 代码如下所示。

JavaScript

```
if (markX === x && markY === y) {
    // 在这里显示 '@' 标志
    document.write(MARK);
} else {
    // 显示当前点，这里可能是墙，也可能是空地
    document.write(maze[[x, y]]);
}
}
document.write('<br />'); // 每显示完一行，就输出一个换行符
}
document.write('</code>');
}
```

如果当前这个点不是迷宫生成算法正在考虑的点，就按照它的实际值来显示，这个值可能是 WALL 或 EMPTY 常量表示的字符。在 Python 代码中，通过 maze[(x, y)] 访问该值，在 JavaScript 代码中，用 maze[[x, y]] 访问。等到内层的 for 循环把一整行输出完之后，需要让程序在行尾输出一个换行符，然后才能开始输出下一行。

11.5   用递归回溯算法在迷宫中挖路

visit()函数用来实现递归回溯算法。这个函数需要用 Python 的字典或 JavaScript 的对象

来记录以前执行 visit() 时访问过的那些点的横、纵坐标。另外，该函数还会直接修改用来表示迷宫数据结构的 maze 全局变量。visit() 函数开头几行的 Python 代码如下。

Python

```
def visit(x, y):
    """把迷宫中(x,y)处的点"挖开"，然后递归地移动到与之相邻且
    尚未访问过的地点，这个函数会在遇到死路时回溯"""
    maze[(x, y)] = EMPTY # 将(x,y)处的点挖开
    printMaze(maze, x, y) # 显示此时已经生成的这部分迷宫
    print('\n\n')
```

与之相应的 JavaScript 代码如下。

JavaScript

```
function visit(x, y) {
    // 把迷宫中(x,y)处的点"挖开"，然后递归地移动到与之相邻且
    // 尚未访问过的地点，这个函数会在遇到死路时回溯

    maze[[x, y]] = EMPTY; // 将(x,y)处的点挖开
    printMaze(maze, x, y); // 显示此时已经生成的这部分迷宫
    document.write('<br /><br /><br />');
```

visit() 函数接收 x 与 y 这两个参数，以表示递归回溯算法当前访问的这一点的横、纵坐标。visit() 函数首先把迷宫中的这个点设为 EMPTY。然后，为了让用户看到程序目前已经处理至此处，它会调用 printMaze() 函数以显示迷宫的内容，并将 x 与 y 也当成参数传过去，用来标注当前正在处理的这个点。

接下来，这个递归回溯算法会寻找与当前这一点相邻且尚未访问过的点并在这些点中随机选出一个，然后以该点的坐标作为参数，递归地调用 visit()。用来选择相邻点的这部分 Python 代码如下所示。

Python

```
while True:
    # 判断周围有没有尚未访问过的点，如果有，就把这些点记下来
    unvisitedNeighbors = []
    if y > 1 and (x, y - 2) not in hasVisited:
        unvisitedNeighbors.append(NORTH)

    if y < HEIGHT - 2 and (x, y + 2) not in hasVisited:
        unvisitedNeighbors.append(SOUTH)

    if x > 1 and (x - 2, y) not in hasVisited:
        unvisitedNeighbors.append(WEST)

    if x < WIDTH - 2 and (x + 2, y) not in hasVisited:
        unvisitedNeighbors.append(EAST)
```

相应的 JavaScript 代码如下。

```
while (true) {
    //判断周围有没有尚未访问过的点，如果有，就把这些点记下来
    let unvisitedNeighbors = [];
    if (y > 1 && !JSON.stringify(hasVisited).includes(JSON.stringify([x, y - 2]))) {
        unvisitedNeighbors.push(NORTH);
    }
```

```
    if (y < HEIGHT - 2 && !JSON.stringify(hasVisited).includes(JSON.stringify([x, y + 2]))) {
        unvisitedNeighbors.push(SOUTH);
    }
    if (x > 1 && !JSON.stringify(hasVisited).includes(JSON.stringify([x - 2, y]))) {
        unvisitedNeighbors.push(WEST);
    }
    if (x < WIDTH - 2 && !JSON.stringify(hasVisited).includes(JSON.stringify([x + 2, y]))) {
        unvisitedNeighbors.push(EAST);
    }
```

　　只要迷宫中还有某些点与当前点相邻,却没有被访问,这个 while 循环就会一直执行下去。每次进入循环体时,函数都创建一个空白的列表或数组,并将其赋给 unvisitedNeighbors 变量,以记录当前可以考虑的相邻点。然后,通过 4 条 if 语句分别判断当前这一点的 4 个方向上有没有相邻且未访问的点。为此,这些语句首先需要检查当前这一点是否未处于迷宫的边界。如果该点已经在某条边界上,就不用再检查那个方向上的相邻点,因为肯定没有那样的点;如果没有处在边界上,那么还需要检查与它相邻的那个点的横坐标与纵坐标是否未出现在 hasVisited 变量表示的列表或数组之中(若出现在其中,则表明那个点早前已经访问过)。printMaze() 函数会把符合这两项要求的点所处的方向添加到 unvisitedNeighbors 之中,以便接下来能够从中选择某一个方向,并沿着那个方向继续挖路。

　　如果与当前点相邻的 4 个点全是以前访问过的点, printMaze() 函数就直接返回,这相当于让算法回溯到进入该点之前挖到的那个点。用来处理这种基本情况的 Python 代码如下所示。

Python

```
if len(unvisitedNeighbors) == 0:
    # 基本情况
    # 所有的相邻点都已访问过,因此递归回溯算法走入了死路。回溯到早前的某个点
    return
```

　　相应的 JavaScript 代码如下。

JavaScript

```
if (unvisitedNeighbors.length === 0) {
    // 基本情况
    // 所有的相邻点都已访问过,因此递归回溯算法走入了死路。回溯到早前的某个点
    return;
```

　　如果当前这一点的周围已经没有尚未访问过的相邻点,这个递归回溯算法就遇到基本情况。在这种情况下, printMaze() 函数直接通过 return 语句返回。visit() 这样的函数没有返回值。它是通过副作用来造迷宫的,也就是说,它会在整个递归的过程中修改全局变量 maze 中的内容。等到最初触发的那一次 visit() 调用返回之后,这个全局变量中的内容就是一座已经完全造好的迷宫。

　　如果周围还有尚未访问过的点,那么 printMaze() 函数进入递归情况。用来处理这种情况的 Python 代码如下所示。

Python

```
else:
    # 递归情况
    # 随机选一个还没访问过的相邻点,并访问该点
    nextIntersection = random.choice(unvisitedNeighbors)
```

```
# 把接下来要访问的点设置成刚才选的那个点

if nextIntersection == NORTH:
    nextX = x
    nextY = y - 2
    maze[(x, y - 1)] = EMPTY # 将当前点与接下来要访问的那个点之间的这个点"挖开"，令二者相通
elif nextIntersection == SOUTH:
    nextX = x
    nextY = y + 2
    maze[(x, y + 1)] = EMPTY # 将当前点与接下来要访问的那个点之间的这个点"挖开"，令二者相通
elif nextIntersection == WEST:
    nextX = x - 2
    nextY = y
    maze[(x - 1, y)] = EMPTY # 将当前点与接下来要访问的那个点之间的这个点"挖开"，令二者相通
elif nextIntersection == EAST:
    nextX = x + 2
    nextY = y
    maze[(x + 1, y)] = EMPTY # 将当前点与接下来要访问的那个点之间的这个点"挖开"，令二者相通

hasVisited.append((nextX, nextY)) # 把接下来要访问的那个点标注为"已访问"
visit(nextX, nextY) # 从那个点开始，递归地访问下去
```

相应的 JavaScript 代码如下。

JavaScript

```
    } else {
        // 递归情况
        // 随机选一个还没访问过的相邻点，并访问该点
        let nextIntersection = unvisitedNeighbors[
        Math.floor(Math.random() * unvisitedNeighbors.length)];

        // 把接下来要访问的点设置成刚才选的那个点
        let nextX, nextY;
        if (nextIntersection === NORTH) {
            nextX = x;
            nextY = y - 2;
            // 将当前点与接下来要访问的那个点之间的这个点"挖开"，令二者相通
            maze[[x, y - 1]] = EMPTY;
        } else if (nextIntersection === SOUTH) {
            nextX = x;
            nextY = y + 2;
            // 将当前点与接下来要访问的那个点之间的这个点"挖开"，令二者相通
            maze[[x, y + 1]] = EMPTY;
        } else if (nextIntersection === WEST) {
            nextX = x - 2;
            nextY = y;
            // 将当前点与接下来要访问的那个点之间的这个点"挖开"，令二者相通
            maze[[x - 1, y]] = EMPTY;
        } else if (nextIntersection === EAST) {
            nextX = x + 2;
            nextY = y;
            // 将当前点与接下来要访问的那个点之间的这个点"挖开"，令二者相通
            maze[[x + 1, y]] = EMPTY;
        }
        hasVisited.push([nextX, nextY]); // 把接下来要访问的那个点标注为"已访问"
        visit(nextX, nextY);             // 从那个点开始，递归地访问下去
    }
  }
}
```

此时，unvisitedNeighbors列表或数组应该会包含 NORTH、SOUTH、WEST 与 EAST 这

4 个常量中的一个或多个值。printMaze() 函数从中随机选择一个值,作为接下来的移动方向,它稍后会以那个方向上面的相邻点作为参数,递归地调用自身,为此,这里先用 nextX 与 nextY 变量把那个相邻点的横坐标与纵坐标记录下来。

记录下来之后,先把 [nextX, nextY] 表示的相邻点添加到 hasVisited 变量指代的列表或数组之中(让递归回溯算法知道,它已经访问过此点了),再以该点的坐标作为参数,执行递归调用。等到程序进入那次递归调用之后,它会把 maze 迷宫结构中与 [nextX, nextY] 这一位置相对应的地点设为 EMPTY,这就相当于把那个点给挖开了。另外,在用 nextX 与 nextY 记录横坐标和纵坐标的过程中,已经顺便将当前地点与接下来要访问的那个点之间的那个点设置成 EMPTY,这相当于在二者之间凿开了一条通路。

等到那次递归调用返回时,算法已经从 [nextX, nextY] 表示的那一点开始,把其后所能挖开的各个点全挖开了。接下来,printMaze() 函数又会回到 while 循环的开头。此时,递归回溯算法又会重新考虑当前这一点的周围有没有尚未访问过的点。如果有,那么它还会从中随机选取一个并递归调用自身;如果没有,就直接返回,这意味着递归回溯算法会回到它进入当前点之前挖过的那个点。

总之,它要么从下一个点出发,把那个点之后所能挖开的点全部挖开,从而在迷宫之中凿出一些路,要么就会返回进入这次递归之前挖到的那个点。由于已经挖开的点越来越多,可供考虑的点越来越少,因此最后肯定能逐级返回最初触发 visit() 函数时指定的那个点,也就是迷宫的起点。此时,maze 变量中的内容就是该算法已经彻底挖好的这座迷宫。

11.6   触发递归调用链

visit() 递归函数需要用到两个全局变量。一个是 maze,它表示递归回溯算法要挖的迷宫。另一个是 hasVisited,该变量是一个列表或数组。其中,每个元素都由横坐标与纵坐标表示,首个元素是 (1, 1),这是程序采用的起点(意味着我们想从迷宫的左上角开始挖路)。用来触发整个递归过程的这几行 Python 代码如下所示。

Python

```
# 在尚未开挖的迷宫中凿出路径
hasVisited = [(1, 1)] # 从左上角开始挖路
visit(1, 1)

# 把递归回溯算法最终处理好的迷宫数据结构显示出来
printMaze(maze)
```

相应的 JavaScript 代码如下。

JavaScript

```
// 在尚未开挖的迷宫中凿出路径
let hasVisited = [[1, 1]]; // 从左上角开始挖路
visit(1, 1);

// 把递归回溯算法最终处理好的迷宫数据结构显示出来
printMaze(maze);
```

先把迷宫左上角的坐标——(1, 1)添加到 hasVisited 中，然后用同样的坐标调用 visit()。这次调用会引发一连串递归调用，让程序在迷宫之中挖出路径。等到这次调用返回时，hasVisited 中就会有程序在迷宫中所挖的每一个点的坐标，而 maze 表示这个已经完全造好的迷宫。

11.7 小结

递归不仅能用来走迷宫（也就是把迷宫当成树状结构来遍历），还能用来造迷宫，本章的递归回溯算法就是通过递归造迷宫的。这个算法会在迷宫中挖出路径，如果走入死路，就会回溯到早前的点，并试着沿其他方向继续挖路。等到该算法因为再也没有路可挖而被迫回到起点时，迷宫就彻底造好了。

所有空地之间均相通且不含回路的迷宫可以视为有向无环图，而这种图是一种树状的数据结构。造迷宫这样的问题正属于涉及树状结构而且需要回溯的问题，因此很适合用递归来解决，递归回溯算法就是利用这个思路来设计的。

延伸阅读

维基百科中关于 randomized depth-first search 的页面概述了迷宫生成问题，其中一段讲了递归回溯算法。

如果你对迷宫生成感兴趣，那么应该看看 Jamis Buck 写的 *Mazes for Programmers: Code Your Own Twisty Little Passages*（Pragmatic Bookshelf 出版社）。

第12章 解决滑块拼图问题 12

滑块拼图（sliding-tile puzzle，又称为数字推盘游戏）是一种小型的拼图谜题游戏。其中，由 15 个滑块构成的版本又称为 15 滑块拼图（15-puzzle），即在 4×4 的拼图板中放置 15 个滑块。由于还剩一个空的格子，因此玩家可以把与之相邻的滑块移动到这个格子中。游戏的目标是把这 15 个滑块上面的数字排好顺序，如图 12-1 所示。另外，一些滑块拼图用的不是一系列数字，而是一幅画，那种拼图要求玩家把画面复原。

顺便说一下，数学家已经证明，最难的 15 滑块拼图可以用 80 步解决。

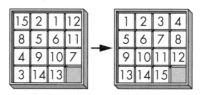

图 12-1　滑块拼图游戏的目标

12.1　递归地解决 15 滑块拼图问题

我们解决 15 滑块拼图问题所用的算法与走迷宫的和算法类似。从拼图的每一种状态出发，都有 4 个可以移动的方向，这就相当于在迷宫中你每走到一个地点都有 4 个方向。当解决 15 滑块拼图时，我们每移动一个滑块就相当于在解决相应的迷宫问题时往某个方向走了一步。

迷宫中的各点以及这些点之间的路径能够转化成一张有向无环图，而滑块拼图的某一个状态以及从该状态出发所做的移动也能够类似地转化。如图 12-2 所示，在树状结构中，每个节点都表示滑块拼图的一种状态，而相邻两个节点之间的边表示某一种移动方向（箭头所指的那个节点表示沿着某方向移动滑块，能够让拼图变成那样的状态），从每个节点最多能够延伸出 4 条边，因为空格的周围最多有可能出现 4 个可供考虑的滑块。根节点是指当前面对的这个 15 滑块拼图问题的起始节点，我们在树状结构中需要寻找这么一个节点，其中的每一个滑块都按照正确的顺序排列。根节点与这个节点之间的路径表示的就是这个滑块拼图的正确移动步骤。

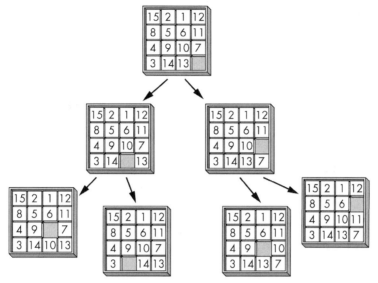

图 12-2　解决滑块拼图问题

　　有些智能的算法能够解决滑块拼图问题，但我们也可以采用普通的递归算法来实现，这个算法会探索整个树状结构，直至找到从根节点到目标节点（也就是其状态与完全拼好的拼图一致的那个节点）的路径。对这样的树状结构可以做深度优先搜索。然而，与以前讲的那种单连通迷宫（也就是任意两点之间均有通路但不含回路的迷宫）不同，滑块拼图的树状结构并不能像前者一样视为有向无环图。因为在这个树状图中连接两个节点的那条边是无向的，你可以把某个滑块滑入空格，并在下一步中将那个滑块按照反方向滑回去（这会让拼图回到两步之前的状态）。

　　图 12-3 演示了两个节点之间的无向边。由于递归算法可能会在这两个节点之间反复往返，因此它可能还没找到解法，就在递归层数过多的情况下发生栈溢出了。

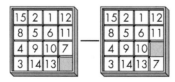

图 12-3　两个节点之间的无向边

　　为了优化算法，我们排除与上一步相反的移动方向（从而避开刚才说的那个问题）。但是，仅凭这项优化，不足以彻底防止栈溢出。因为这项优化只能让树状结构里的无向边变成有向边，而无法保证这个结构中一定没有回路，因为从下层节点可能会延伸出指向上层节点的边，令这个树状结构出现回路，从而无法成为有向无环图。图 12-4 演示了这样一种情况，如果你始终让拼图里的空格在 2 × 2 的范围内（例如右下角的那个范围内）反复往返，那么往返几圈之后，拼图就会回到早前的某个状态。

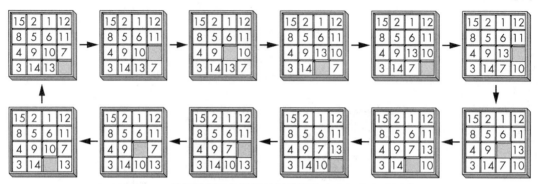

图 12-4 举例说明滑块拼图的树状结构中为何会出现回路

树状图中的这种回路意味着从下层节点延伸出了一条指向上层节点的边。如果递归算法陷入了这样的循环，就永远没有机会进入正确的解法所在的分支。这在程序中体现为死循环，会让程序因为递归层数过多而发生栈溢出。

尽管有这样的问题，但我们依然可以用递归来解决滑块拼图。我们只需要添加一种基本情况，让递归算法在这种情况下不再递归即可避免栈溢出。这种情况指的是，如果递归算法已经把我们目前规定的最大步数用完了，就让它回溯到早前的节点，并沿着其他的边继续探索。如果所有的边都探索完之后，还找不到解法，就说明它在这样的步数限制之下无法解开谜题。例如，如果我们先限定递归算法最多只能走 10 步，它就会把 10 步之内的各种走法都试一遍，如果这些走法都解不开谜题，程序就会把最大步数放宽到 11。假如还找不到解法，就继续放宽到 12，以此类推。于是，递归算法就不会一直处在死循环中了，因为如果递归算法进入回路，就会把所有的步数用完，从而回溯到早前的节点，并沿着其他的路径继续探索，那些路径上面或许会出现正确的解法。

12.2 完整的滑块拼图解决程序

我们把这个滑块拼图解决程序的代码先完整地看一遍。后面的几节分别讲解这段代码的各个部分。

把下面这段 Python 代码复制到名为 *slidingTileSolver.py* 的文件之中。

Python

```
import random, time

DIFFICULTY = 40 # 开始解决拼图谜题之前，先把这个拼图从拼好的状态（也就是标准状态）随机移动多少次
SIZE = 4 # 拼图板的尺寸是 SIZE × SIZE，每行每列都有 SIZE 个格子
random.seed(1) # 在 DIFFICULTY 固定的情况下，每一个随机数种子都对应一种打乱的拼图

BLANK = 0
UP = 'up'
DOWN = 'down'
LEFT = 'left'
RIGHT = 'right'


def displayBoard(board):
```

```
    """把拼图里的各个滑块显示到屏幕上"""
    for y in range(SIZE): # 迭代每一行
        for x in range(SIZE): # 迭代每一列
            if board[y * SIZE + x] == BLANK:
                print('__ ', end='') # 显示拼图中的这个空白格子
            else:
                print(str(board[y * SIZE + x]).rjust(2) + ' ', end='')
        print() # 每显示完一行，就在行尾输出一个换行符


def getNewBoard():
    """返回一个列表，以表示一个新的拼图（也就是各滑块之间顺序还没有打乱的拼图）"""
    board = []
    for i in range(1, SIZE * SIZE):
        board.append(i)
    board.append(BLANK)
    return board


def findBlankSpace(board):
    """返回一个由横坐标与纵坐标构成的列表，以表示空白格子位于第几列、第几行"""
    for x in range(SIZE):
        for y in range(SIZE):
            if board[y * SIZE + x] == BLANK:
                return [x, y]


def makeMove(board, move):
    """直接修改board参数表示的拼图，让空白格子旁边的相应滑块沿着move参数表示的方向移动一格"""
    bx, by = findBlankSpace(board)
    blankIndex = by * SIZE + bx

    if move == UP:
        tileIndex = (by + 1) * SIZE + bx
    elif move == LEFT:
        tileIndex = by * SIZE + (bx + 1)
    elif move == DOWN:
        tileIndex = (by - 1) * SIZE + bx
    elif move == RIGHT:
        tileIndex = by * SIZE + (bx - 1)

    # 交换blankIndex与tileIndex这两个下标所对应的元素值，以便让空白格子与它旁边那个相应的滑块互换位置
    board[blankIndex], board[tileIndex] = board[tileIndex], board[blankIndex]


def undoMove(board, move):
    """在沿着move参数表示的方向移动滑块之后调用这个函数，会让空白格子旁边的滑块沿着与那个方向相反的方向移动，从而抵
       消上一次移动的效果"""
    if move == UP:
        makeMove(board, DOWN)
    elif move == DOWN:
        makeMove(board, UP)
    elif move == LEFT:
        makeMove(board, RIGHT)
    elif move == RIGHT:
        makeMove(board, LEFT)


def getValidMoves(board, prevMove=None):
    """返回一个列表，以表示当前可以朝着哪几个方向移动滑块。调用方可以把上一步的移动方向传给prevMove参数，这样的话，
       该函数就会排除与此方向相反的方向，以免让拼图回到两步之前的状态"""

    blankx, blanky = findBlankSpace(board)

    validMoves = []
    if blanky != SIZE - 1 and prevMove != DOWN:
```

```
        # 空白格子不在最下面一行，因此它下方的滑块能够上移
        validMoves.append(UP)

    if blankx != SIZE - 1 and prevMove != RIGHT:
        # 空白格子不在最右边一列，因此它右侧的滑块能够左移
        validMoves.append(LEFT)

    if blanky != 0 and prevMove != UP:
        # 空白格子不在最上面一行，因此它上方的滑块能够下移
        validMoves.append(DOWN)

    if blankx != 0 and prevMove != LEFT:
        # 空白格子不在最左边一列，因此它左侧的滑块能够右移
        validMoves.append(RIGHT)

    return validMoves


def getNewPuzzle():
    """从标准状态出发，随机移动这些滑块，以打乱其顺序，并返回一个列表，以表示这个顺序已经打乱的拼图"""
    board = getNewBoard()
    for i in range(DIFFICULTY):
        validMoves = getValidMoves(board)
        makeMove(board, random.choice(validMoves))
    return board


def solve(board, maxMoves):
    """尝试在 maxMoves 限定的最大步数内，把 board 所表示的拼图拼好。如果能拼好，
    就返回 True；否则，返回 False"""
    print('Attempting to solve in at most', maxMoves, 'moves...')
    solutionMoves = [] # 一个可能由 UP（上）、DOWN（下）、LEFT（左）、RIGHT（右）这 4 种方向值构成的
                       # 列表，用于记录 attemptMove() 函数所找到的移动步骤
    solved = attemptMove(board, solutionMoves, maxMoves, None)

    if solved:
        displayBoard(board)
        for move in solutionMoves:
            print('Move', move)
            makeMove(board, move)
            print() # 空一行
            displayBoard(board)
            print() # 空一行

        print('Solved in', len(solutionMoves), 'moves:')
        print(', '.join(solutionMoves))
        return True # 返回 True，以表示拼图拼好了
    else:
        return False # 返回 False，以表示函数在 maxMoves 限定的最大步数内找不到解法


def attemptMove(board, movesMade, movesRemaining, prevMove):
    """这个函数会在 board 所表示的拼图中递归地尝试各种可能的移动方式，直至找到解法
    或用完所有步数。若找到了解法则返回 True，此时 movesMade 参数中有一系列
    方向值，沿着这些方向移动滑块，即可解开谜题；若找不到，则返回 False。如果
    movesRemaining 参数表示的目前剩余步数已经小于 0，就直接返回 False"""

    if movesRemaining < 0:
        # 基本情况 —— 当前可移动的步数已经小于 0
        return False

    if board == SOLVED_BOARD:
        # 基本情况 —— 谜题已经解开（拼图已经拼好）
        return True
```

```
    # 递归情况 ── 试着沿各种有效的方向分别移动滑块
    for move in getValidMoves(board, prevMove):
        # 沿着move表示的这个方向移动滑块
        makeMove(board, move)
        movesMade.append(move)

        if attemptMove(board, movesMade, movesRemaining - 1, move):
            # 如果拼图已经拼好，就返回True
            undoMove(board, move)  # 返回之前，我们先把这一步抵消掉，让board回到这次调用之前的样子
                                   # 等到整个递归过程彻底结束，拼图就能回到程序触发attemptMove()时的那个状态
                                   # 接下来我们可以按照movesMade中的走法，演示怎样将其拼好
            return True

        # 把这一步抵消掉，让拼图回到执行本轮循环之前的样子，以便在下一轮尝试另一个方向
        undoMove(board, move)
        movesMade.pop()  # 由于已经把这一步抵消，因此与之相应的移动方式也应该从记录移动步骤的movesMade中删除
    return False  # 基本情况 ── 尝试完各种方向之后，依然找不到解法


# 启动程序
SOLVED_BOARD = getNewBoard()
puzzleBoard = getNewPuzzle()
displayBoard(puzzleBoard)
startTime = time.time()

maxMoves = 10
while True:
    if solve(puzzleBoard, maxMoves):
        break  # 如果找到了解法，就跳出这个循环
    maxMoves += 1
print('Run in', round(time.time() - startTime, 3), 'seconds.')
```

把下面这段 JavaScript 代码复制到名为 *slidingTileSolver.html* 的文件中。

```
<script type="text/javascript">
const DIFFICULTY = 40;  // 开始解决拼图谜题之前，先把这个拼图从拼好的状态（也就是标准状态）随机移动多少次
const SIZE = 4;  // 拼图板的尺寸是SIZE × SIZE，每行每列都有SIZE个格子

const BLANK = 0;
const UP = "up";
const DOWN = "down";
const LEFT = "left";
const RIGHT = "right";


function displayBoard(board) {
    // 把拼图里的各个滑块显示到屏幕上
    document.write("<pre>");
    for (let y = 0; y < SIZE; y++) {  // 迭代每一行
        for (let x = 0; x < SIZE; x++) {  // 迭代每一列
            if (board[y * SIZE + x] == BLANK) {
                document.write('__ ');  // 显示拼图中的这个空白格子
            } else {
                document.write(board[y * SIZE + x].toString().padStart(2) + " ");
            }
        }
        document.write("<br />");  // 每显示完一行，就在行尾输出一个新行符
    }
    document.write("</pre>");
}


function getNewBoard() {
    // 返回一个数组，以表示一个新的拼图（也就是各滑块之间顺序还没有打乱的拼图）
    let board = [];
```

```
        for (let i = 1; i < SIZE * SIZE; i++) {
            board.push(i);
        }
        board.push(BLANK);
        return board;
    }


    function findBlankSpace(board) {
        // 返回一个由横坐标与纵坐标构成的数组，以表示空白格子位于第几列、第几行
        for (let x = 0; x < SIZE; x++) {
            for (let y = 0; y < SIZE; y++) {
                if (board[y * SIZE + x] === BLANK) {
                    return [x, y];
                }
            }
        }
    }


    function makeMove(board, move) {
        // 直接修改board参数所表示的拼图，让空白格子旁边的相应滑块沿着move参数所表示的方向移动一格
        let bx, by;
        [bx, by] = findBlankSpace(board);
        let blankIndex = by * SIZE + bx;

        let tileIndex;
        if (move === UP) {
            tileIndex = (by + 1) * SIZE + bx;
        } else if (move === LEFT) {
            tileIndex = by * SIZE + (bx + 1);
        } else if (move === DOWN) {
            tileIndex = (by - 1) * SIZE + bx;
        } else if (move === RIGHT) {
            tileIndex = by * SIZE + (bx - 1);
        }

        // 交换blankIndex与tileIndex这两个下标所对应的元素值，以便让空白格子与它旁边那个相应的滑块互换位置
        [board[blankIndex], board[tileIndex]] = [board[tileIndex], board[blankIndex]];
    }


    function undoMove(board, move) {
        // 在沿着move参数表示的方向移动滑块之后调用这个函数，会让空白格子旁边的滑块沿着与那个方向相反的方向移动，
        // 从而抵消上一次移动的效果
        if (move === UP) {
            makeMove(board, DOWN);
        } else if (move === DOWN) {
            makeMove(board, UP);
        } else if (move === LEFT) {
            makeMove(board, RIGHT);
        } else if (move === RIGHT) {
            makeMove(board, LEFT);
        }
    }


    function getValidMoves(board, prevMove) {
        // 返回一个数组，以表示当前可以朝着哪几个方向移动滑块。调用方可以把上一步的移动方向传给prevMove参数，这样的话，
        // 该函数就会排除与此方向相反的方向，以免让拼图回到两步之前的状态

        let blankx, blanky;
        [blankx, blanky] = findBlankSpace(board);

        let validMoves = [];
```

```
    if (blanky != SIZE - 1 && prevMove != DOWN) {
        // 空白格子不在最下面一行，因此它下方的滑块能够上移
        validMoves.push(UP);
    }
    if (blankx != SIZE - 1 && prevMove != RIGHT) {
        // 空白格子不在最右边一列，因此它右侧的滑块能够左移
        validMoves.push(LEFT);
    }
    if (blanky != 0 && prevMove != UP) {
        // 空白格子不在最上面一行，因此它上方的滑块能够下移
        validMoves.push(DOWN);
    }
    if (blankx != 0 && prevMove != LEFT) {
        // 空白格子不在最左边一列，因此它左侧的滑块能够右移
        validMoves.push(RIGHT);
    }
    return validMoves;
}


function getNewPuzzle() {
    // 从标准状态出发，随机移动这些滑块，以打乱其顺序，并返回一个数组，
    // 以表示这个顺序已经打乱的拼图
    let board = getNewBoard();
    for (let i = 0; i < DIFFICULTY; i++) {
        let validMoves = getValidMoves(board);
        makeMove(board, validMoves[Math.floor(Math.random() * validMoves.length)]);
    }
    return board;
}

function solve(board, maxMoves) {
    // 尝试在 maxMoves 所限定的最大步数内，把 board 所表示的拼图拼好。如果能拼好，就返回 True，否则，返回 False
    document.write("Attempting to solve in at most " + maxMoves + " moves...<br />");
    let solutionMoves = []; // 一个可能由 UP（上）、DOWN（下）、LEFT（左）、RIGHT（右）这 4 种方向值构成的
                            // 数组，用于记录 attemptMove() 函数所找到的移动步骤
    let solved = attemptMove(board, solutionMoves, maxMoves, null);

    if (solved) {
        displayBoard(board);
        for (let move of solutionMoves) {
            document.write("Move " + move + "<br />");
            makeMove(board, move);
            document.write("<br />"); // 空一行
            displayBoard(board);
            document.write("<br />"); // 空一行
        }
        document.write("Solved in " + solutionMoves.length + " moves:<br />");
        document.write(solutionMoves.join(", ") + "<br />");
        return true; // 返回 True，以表示拼图拼好了
    } else {
        return false; // 返回 False，以表示函数在 maxMoves 限定的最大步数内找不到解法
    }
}


function attemptMove(board, movesMade, movesRemaining, prevMove) {
    // 这个函数会在 board 表示的拼图中递归地尝试各种可能的移动方式，直至找到解法
    // 或用完所有步数。若找到了解法，则返回 True，此时 movesMade 参数中有一系列
    // 方向值，沿着这些方向移动滑块，即可解开谜题；若找不到，则返回 False。如果
    // movesRemaining 参数表示的目前剩余步数已经小于 0，就直接返回 False

    if (movesRemaining < 0) {
        // 基本情况 —— 当前可移动的步数已经小于 0
        return false;
    }
```

```
        if (JSON.stringify(board) == SOLVED_BOARD) {
            // 基本情况 —— 谜题已经解开（拼图已经拼好）
            return true;
        }

        // 递归情况 —— 试着沿各种有效的方向分别移动滑块
        for (let move of getValidMoves(board, prevMove)) {
            // 沿着 move 所表示的这个方向移动滑块
            makeMove(board, move);
            movesMade.push(move);

            if (attemptMove(board, movesMade, movesRemaining - 1, move)) {
                // 如果拼图已经拼好，就返回 True
                undoMove(board, move); // 返回之前，先把这一步抵消掉，让 board 回到这次调用之前的样子，
                                       // 等到整个递归过程彻底结束，拼图就能回到程序触发 attemptMove() 时的那个状态，
                                       // 接下来，按照 movesMade 中的走法，演示怎样将其拼好

                return true;
            }

            // 把这一步抵消掉，让拼图回到执行本轮循环之前的样子，以便在下一轮尝试另一个方向
            undoMove(board, move);
            movesMade.pop(); // 由于已经把这一步抵消，因此与之相应的移动方式也应该从记录移动步骤的 movesMade 中删除
        }
        return false; // 基本情况 —— 尝试完各种方向之后，依然找不到解法
}


// 启动程序
const SOLVED_BOARD = JSON.stringify(getNewBoard());
let puzzleBoard = getNewPuzzle();
displayBoard(puzzleBoard);
let startTime = Date.now();

let maxMoves = 10;
while (true) {
    if (solve(puzzleBoard, maxMoves)) {
        break; // 如果找到了解法，就跳出这个循环
    }
    maxMoves += 1;
}
document.write("Run in " + Math.round((Date.now() - startTime) / 100) / 10 + " seconds.<br />");
</script>
```

这个程序会输出下面这样的信息。

```
 7  1  3  4
 2  5 10  8
__  6  9 11
13 14 15 12
Attempting to solve in at most 10 moves...
Attempting to solve in at most 11 moves...
Attempting to solve in at most 12 moves...
--省略--
 1  2  3  4
 5  6  7  8
 9 10 11 __
13 14 15 12

Move up

 1  2  3  4
 5  6  7  8
 9 10 11 12
```

```
13 14 15 __

Solved in 18 moves:
left, down, right, down, left, up, right, up, left, left, down,
right, right, up, left, left, left, up
Run in 39.519 seconds.
```

注意，浏览器在显示含 JavaScript 代码的网页时，必须先把代码执行完毕，才能显示出此段代码输出的网页内容（而不像控制台界面在运行 Python 程序时那样，能够在执行代码的过程中随时输出信息）。浏览器把代码运行完之前，网页看上去好像卡在了那里，而且浏览器可能会问你要不要停止加载该网页。你可以不理会这个警告，一直等着浏览器把网页中的 JavaScript 程序执行完毕，从而解开这个拼图谜题。然后，你就能看到它在网页中的输出信息了。

程序中的递归函数 attemptMove() 会尝试朝各个方向移动滑块，而且会针对每一个方向继续往下尝试（直至把拼图拼好或把步数用完）。该函数每发现一个能够移动滑块的方向，就会试着朝这个方向移动，如果这样移动之后，确实能够立刻或者在若干步骤之后把拼图拼好，就返回 True，以表示朝着这个方向移动是能够解开拼图谜题的。否则，它会继续尝试另一种走法（也就是说，尝试朝另一个方向移动滑块）。如果所有方向都试过之后还解不开谜题，就返回 False，以表示在当前的最大步数限制下找不到拼图的正确解法。我们稍后会详细讲解这个函数。

程序采用 Python 中的列表或 JavaScript 中的数组数据结构表示这个滑块拼图。其中，值为 0 的那个元素相当于拼图中的空白格子。程序采用 board 变量指代这个结构。如果某个格子（可能是滑块，也可能是空白格子）在拼图中的坐标是 (x,y)（该格子在拼图中位于第 y 行、第 x 列，行号、列号均从 0 开始），程序就用 board[y * SIZE + x] 这样的写法查询这个格子的内容（若查出来的值是 0，则表示这个格子是空白的，没有滑块；若不是 0，则表示这个格子上面有滑块，滑块中的数字与该值相同），如图 12-5（a）与（b）所示。例如，对于 4×4 的滑块拼图来说，SIZE 是 4，如果我们要查位于 (3,1) 这个位置（或者说，要查看位于第 1 行、第 3 列）的格子是什么内容，就应该写 board[1 * 4 + 3]。

这样设计的好处在于，我们能够用一维的（或者线性的）列表或数组保存二维网格之中的内容。这个技巧不仅对本章的项目有用，而且能够用来存储任何一种二维数据结构，例如，对于一幅二维图像，为什么不直接用二维的数据结构（如二维数组）表示二维的拼图或图像呢？因为有些场合要求我们必须使用一维的数据结构表示二维的物体，例如，在处理二维图像时，我们可能就必须先把这幅图像化成一维的字节流，再加以处理。

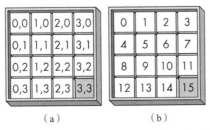

图 12-5 格子的横、纵坐标与格子的下标是有对应关系的

下面举几个示例，看看怎样用这种数据结构表示滑块拼图所处的某种状态。图 12-1 中有两种状态。左侧的状态表示已经打乱顺序的拼图，这个状态用一维列表或数组表示，可以写成如下形式。

```
[15, 2, 1, 12, 8, 5, 6, 11, 4, 9, 10, 7, 3, 14, 13, 0]
```

右侧的状态表示拼图已经拼好的样子。这个状态可以用一维列表或数组表示成下面这样。

```
[1, 2, 3, 4, 5, 6, 7, 8, 9, 10, 11, 12, 13, 14, 15, 0]
```

这个程序中的每一个函数都假定你采用这种格式描述拼图状态。

对于 4 × 4 版本的滑块拼图（也就是 15 滑块拼图），有许多移动滑块的方式。在每一种方式下，还会逐层衍生出许多需要考虑的情况，所以有时要在一台普通的笔记本计算机上面把一个打乱顺序的 4 × 4 滑块拼图给拼好，可能需要好几周。如果遇到这种比较难解的滑块拼图，你可以把 SIZE 常量从 4 减小到 3，这样它就变成了 3 × 3 版本的滑块拼图。用刚才的数据结构，这种拼图的标准状态（也就是已经拼好的那个状态）可以写成如下形式。

```
[1, 2, 3, 4, 5, 6, 7, 8, 0].
```

12.3　设定程序需要使用的常量

程序开头定义了它在后面会用到的常量，这样定义是为了让代码更清晰。Python 程序的这段代码如下所示。

Python

```
import random, time

DIFFICULTY = 40 # 开始解决拼图谜题之前，先把这个拼图从拼好的状态（也就是标准状态）随机移动多少次
SIZE = 4 # 拼图板的尺寸是SIZE × SIZE，每行每列都有SIZE个格子
random.seed(1) # 在DIFFICULTY固定的情况下，每一个随机种子值都对应一种打乱的拼图

BLANK = 0
UP = 'up'
DOWN = 'down'
LEFT = 'left'
RIGHT = 'right'
```

与之相应的 JavaScript 代码如下。

JavaScript

```
<script type="text/javascript">
const DIFFICULTY = 40; // 开始解决拼图谜题之前，先把这个拼图从拼好的状态（也就是标准状态）随机移动多少次
const SIZE = 4; // 拼图板的尺寸是SIZE × SIZE，每行每列都有SIZE个格子

const BLANK = 0;
const UP = "up";
const DOWN = "down";
const LEFT = "left";
const RIGHT = "right";
```

为了让程序每次执行时都产生同一组随机数，我们在 Python 程序中把随机种子值固定为 1。这样，程序每次都会把这个拼图打乱到同一种状态，这对调试很有帮助。你也可以把种子值

改成其他整数，让程序每次都从另外一种打乱的状态开始解题。JavaScript 语言没有这样的随机种子值，因此 *slidingTileSolver.html* 程序不提供对应的功能。

SIZE 常量决定了拼图板的尺寸。你可以随意修改它的值，这里设置为 4，因为 4 × 4 的拼图（也就是 15 滑块拼图）比较常见，你还可以将其设为 3，令程序解决 3 × 3 的拼图（也就是 8 滑块拼图），那种拼图解起来比较快，便于你测试代码。BLANK 常量的值指我们在拼图数据结构中采用哪种元素表示空白格子，按照上一节中的设计思路，这个值应该设置为 0。接下来，定义 UP、DOWN、LEFT、RIGHT 这 4 个常量，这是为了在代码中明确地表示出移动滑块的方向，这与为了表示在迷宫中挖路的方向而定义 NORTH、SOUTH、WEST、EAST 这 4 个常量是同一个道理。

12.4　用适当的数据结构表示滑块拼图的状态

我们给滑块拼图设计的数据结构其实就是一个由整数构成的列表或数组（每个下标对应的整数值都表示相应格子上的那个滑块之中写的数字，若是 0，则表示那个格子中没有滑块）。这样设计是为了让程序中的函数能够采用同一种方式操纵这套结构，从而显示拼图、寻找空白格子或移动滑块。程序中的 displayBoard()、getNewBoard()、findBlankSpace() 与其他一些函数都是这么操纵这套数据结构的。

12.4.1　显示拼图

第一个函数是 displayBoard()，它用来把拼图显示到屏幕上面。这个函数的 Python 代码如下所示。

Python

```python
def displayBoard(board):
    """把拼图里的各个滑块显示到屏幕上"""
    for y in range(SIZE): # 迭代每一行
        for x in range(SIZE): # 迭代每一列
            if board[y * SIZE + x] == BLANK:
                print('__ ', end='') # 显示拼图中的这个空白格子
            else:
                print(str(board[y * SIZE + x]).rjust(2) + ' ', end='')
        print() # 每显示完一行，就在行尾输出一个换行符
```

相应的 JavaScript 代码如下。

```javascript
function displayBoard(board) {
    // 把拼图里的各个滑块显示到屏幕上
    document.write("<pre>");
    for (let y = 0; y < SIZE; y++) { // 迭代每一行
        for (let x = 0; x < SIZE; x++) { // 迭代每一列
            if (board[y * SIZE + x] == BLANK) {
                document.write('__ '); // 显示拼图中的这个空白格子
            } else {
                document.write(board[y * SIZE + x].toString().padStart(2) + " ");
            }
        }
    }
```

```
        document.write("<br />");
    }
    document.write("</pre>");
}
```

这个双层嵌套的 for 循环用来迭代拼图中的每一行与每一列。外层循环针对的是行坐标，内层循环针对的是列坐标。为什么要这样写呢？因为程序需要先把当前这一行的各列输出完，然后换行，接下来才能开始输出下一行。为此，我们要通过外层循环把当前这一行的行坐标（或者行号）固定下来，并通过内层循环改变列坐标（也就是列号）。

内层循环中的 if 语句首先判断位于当前这一行与这一列的格子是不是空白格子。如果是，就输出两条下画线以及一个空格；如果不是，就进入 else 块，这会让程序输出这个格子上面的数字以及一个空格。给数字的后面添加空格是为了把这个数字与它右侧的那个数字区分开。如果某个格子上面的数字只有一位，那么 rjust() 或 padStart() 方法会在它的左侧添加一个空格，让一位数字的宽度与两位数字的宽度一致，于是这些一位数字在垂直方向上就能与那些两位数字保持右对齐了。

例如，用我们设计的数据结构表示图 12-1 左侧那个已经打乱的拼图。

```
[15, 2, 1, 12, 8, 5, 6, 11, 4, 9, 10, 7, 3, 14, 13, 0]
```

把这个数据结构传给 displayBoard() 函数，会让程序显示出下面的信息。

```
15  2  1 12
 8  5  6 11
 4  9 10  7
 3 14 13 __
```

12.4.2　创建一个新的数据结构

getNewBoard() 函数能够返回一个新的拼图数据结构，以表示各滑块之间的顺序尚未打乱的拼图（也就是已经拼好的拼图）。getNewBoard() 函数的 Python 代码如下所示。

Python

```python
def getNewBoard():
    """返回一个列表，以表示一个新的拼图（也就是各滑块之间顺序还没有打乱的拼图）"""
    board = []
    for i in range(1, SIZE * SIZE):
        board.append(i)
    board.append(BLANK)
    return board
```

对应的 JavaScript 代码如下。

JavaScript

```javascript
function getNewBoard() {
    // 返回一个数组，以表示一个新的拼图（也就是各滑块之间顺序还没有打乱的拼图）
    let board = [];
    for (let i = 1; i < SIZE * SIZE; i++) {
        board.push(i);
    }
    board.push(BLANK);
    return board;
}
```

getNewBoard()函数会根据SIZE常量的值返回一个相应尺寸的数据结构，以表示一个处于初始状态（也就是标准状态）的拼图（例如，如果SIZE是3，就表示3×3的拼图；如果是4，就表示4×4的拼图）。函数中的for循环会从1开始，一直迭代到SIZE的平方（但不包含该平方本身），并把这些数依次添加到数据结构中，最后添加0（也就是BLANK常量表示的那个值），以便将拼图右下角的格子留空。

12.4.3　寻找拼图中的空白格子所在的位置

我们写的第3个函数是findBlankSpace()，它让程序能够找到拼图中的空白格子所在的横坐标与纵坐标（也就是列号与行号）。这个函数的Python代码是这么写的。

Python

```python
def findBlankSpace(board):
    """返回一个由横坐标与纵坐标构成的列表，以表示空白格子位于第几列、第几行"""
    for x in range(SIZE):
        for y in range(SIZE):
            if board[y * SIZE + x] == BLANK:
                return [x, y]
```

对应的JavaScript代码如下。

JavaScript

```javascript
function findBlankSpace(board) {
    // 返回一个由横坐标与纵坐标构成的数组，以表示空白格子位于第几列、第几行
    for (let x = 0; x < SIZE; x++) {
        for (let y = 0; y < SIZE; y++) {
            if (board[y * SIZE + x] === BLANK) {
                return [x, y];
            }
        }
    }
}
```

这个findBlankSpace()函数与之前的displayBoard()类似，也使用双层的for循环。这个双层的for循环会遍历拼图数据结构中的每个格子。如果board[y * SIZE + x]的值与表示空白格子的那个值相等，就说明它找到空白格子的位置，此时函数将这个格子的横坐标与纵坐标（也就是列号及行号）放在Python列表或JavaScript数组中，返回给调用方，调用方收到的这个列表或数组有两个整型元素。

12.4.4　移动滑块

接下来，我们要编写makeMove()函数，这个函数接收两个参数。一个表示拼图数据结构，另一个表示移动方向。后者的值可能是UP、DOWN、LEFT或RIGHT，用于表示把拼图中的相关滑块朝着上方、下方、左方或右方移动。由于这段代码会多次用到空白（blank）格子的横坐标与纵坐标（也就是列号及行号），因此我们把这两个坐标简写为bx与by（以缩短代码篇幅）。

为了移动滑块，我们要找到这个滑块在拼图数据结构中的下标，并将该下标对应的元素值与

空白格子所在下标的元素值（也就是 0）互换。makeMove() 函数的 Python 代码如下所示。

Python

```python
def makeMove(board, move):
    """直接修改board参数表示的拼图，让空白格子旁边的相应滑块沿着move参数表示的方向移动一格"""
    bx, by = findBlankSpace(board)
    blankIndex = by * SIZE + bx

    if move == UP:
        tileIndex = (by + 1) * SIZE + bx
    elif move == LEFT:
        tileIndex = by * SIZE + (bx + 1)
    elif move == DOWN:
        tileIndex = (by - 1) * SIZE + bx
    elif move == RIGHT:
        tileIndex = by * SIZE + (bx - 1)

    # 交换blankIndex与tileIndex这两个下标对应的元素值，以便让空白格子与它旁边那个相应的滑块互换位置
    board[blankIndex], board[tileIndex] = board[tileIndex], board[blankIndex]
```

相应的 JavaScript 代码如下所示。

```javascript
function makeMove(board, move) {
    // 直接修改board参数表示的拼图，让空白格子旁边的相应滑块沿着move参数表示的方向移动一格
    let bx, by;
    [bx, by] = findBlankSpace(board);
    let blankIndex = by * SIZE + bx;

    let tileIndex;
    if (move === UP) {
        tileIndex = (by + 1) * SIZE + bx;
    } else if (move === LEFT) {
        tileIndex = by * SIZE + (bx + 1);
    } else if (move === DOWN) {
        tileIndex = (by - 1) * SIZE + bx;
    } else if (move === RIGHT) {
        tileIndex = by * SIZE + (bx - 1);
    }

    // 交换blankIndex与tileIndex这两个下标所对应的元素值，以便让空白格子与它旁边那个相应的滑块互换位置
    [board[blankIndex], board[tileIndex]] = [board[tileIndex], board[blankIndex]];
}
```

　　makeMove() 函数中的 if 结构会根据 move 参数表示的移动方向，确定应该移动的那个滑块在拼图数据结构中的下标。然后，makeMove() 函数会用空白格子所在的下标查询这个格子的元素值（这个值在代码中写为 board[blankindex]，它与程序开头定义的 BLANK 常量值相同），并将该值与根据滑块的下标而查到的元素值（这个值在代码中写为 board[tileIndex]）互换，从而实现"移动滑块"的效果（也就是把滑块与空白格子互换位置）。makeMove() 函数不用返回任何值，因为它是通过原地修改 board 参数表示的拼图而实现移动的。

　　在编写 Python 代码时，我们可以通过 a, b = b, a 这样的写法交换 a 与 b 这两个变量的值。然而，在编写 JavaScript 代码时，需要将这两个变量先"包裹"成数组，再交换，也就是要写成 [a, b] = [b, a]。JavaScript 版本的 makeMove() 函数最后需要使用这种写法，交换 board[blankIndex] 与 board[tileIndex] 的值。

12.4.5 撤销某次移动

接下来，还需要实现一个函数，用于撤销某次移动，因为递归算法在回溯时必须执行这一操作。这实际上就相当于朝着与刚才相反的方向移动。undoMove()函数的 Python 代码如下所示。

Python

```python
def undoMove(board, move):
    """在沿着move参数表示的方向移动滑块之后调用这个函数，会让空白格子旁边的滑块沿着与那个方向相反的方向移动，
    从而抵消上一次移动的效果"""
    if move == UP:
        makeMove(board, DOWN)
    elif move == DOWN:
        makeMove(board, UP)
    elif move == LEFT:
        makeMove(board, RIGHT)
    elif move == RIGHT:
        makeMove(board, LEFT)
```

相应的 JavaScript 代码如下。

JavaScript

```javascript
function undoMove(board, move) {
    // 在沿着move参数表示的方向移动滑块之后调用这个函数，会让空白格子旁边的滑块沿着与那个方向相反的方向移动，
    // 从而抵消上一次移动的效果
    if (move === UP) {
        makeMove(board, DOWN);
    } else if (move === DOWN) {
        makeMove(board, UP);
    } else if (move === LEFT) {
        makeMove(board, RIGHT);
    } else if (move === RIGHT) {
        makeMove(board, LEFT);
    }
}
```

由于我们已经通过 makeMove() 函数实现了移动滑块（也就是将滑块与空白格子互换位置）的功能，因此这里只需要找到与 move 参数相反的方向，并以那个方向作为参数调用 makeMove() 即可。例如，假如我们先通过 makeMove(someBoard, someMove) 操纵 someBoard 表示的拼图结构，让其中的滑块朝着 someMove 表示的方向移动一格，那么接下来调用 undoMove(someBoard, someMove) 能够把滑块移动回去。

12.5 设定新的拼图谜题

为了制造新的拼图谜题，我们不能仅随机地排列这些滑块，因为其中某些排列方式是无效的，这种排列方式根本无法使拼图回到标准状态。我们必须从标准状态（也就是尚未打乱的状态）出发，随机将滑块移动许多次，才能确保移动之后形成的拼图谜题是可以解开的。解决这个拼图谜题的过程实际上相当于把当初设定拼图谜题时所用的那些移动操作撤销一遍。

有时，并非每一个方向都能移动。例如，如果拼图处于图 12-6 所示的状态（也就是说，它

的空白格子位于右下角），那么我们就无法朝着左侧或上方移动滑块，因为在这种状态下空白格子的右侧与下方根本就没有滑块可移动。于是，我们只能朝着右侧或下方移动滑块，但如果我们在前一步刚刚把写有数字 7 的滑块向上移动一格，这次就必须把"下"这个方向从有效的移动方向中排除掉，因为那会使拼图回到两步之前的状态，从而有可能令算法陷入循环。

图 12-6   如果空白格子位于拼图右下角，就只能向下或向右移动滑块了

为了知道有效的移动方向，编写一个名为 getValidMoves() 的函数，让这个函数接收表示拼图数据结构的 board 参数，然后告诉我们当前能够朝着哪些方向移动滑块。

Python

```python
def getValidMoves(board, prevMove=None):
    """返回一个列表，以表示当前可以朝着哪几个方向移动滑块。调用方可以把上一步的移动方向传给prevMove参数，
    这样的话，该函数就会排除与此方向相反的方向，以免让拼图回到两步之前的状态"""

    blankx, blanky = findBlankSpace(board)

    validMoves = []
    if blanky != SIZE - 1 and prevMove != DOWN:
        # 空白格子不在最下面一行，因此它下方的滑块能够上移
        validMoves.append(UP)

    if blankx != SIZE - 1 and prevMove != RIGHT:
        # 空白格子不在最右边一列，因此它右侧的滑块能够左移
        validMoves.append(LEFT)

    if blanky != 0 and prevMove != UP:
        # 空白格子不在最上面一行，因此它上方的滑块能够下移
        validMoves.append(DOWN)

    if blankx != 0 and prevMove != LEFT:
        # 空白格子不在最左边一列，因此它左侧的滑块能够右移
        validMoves.append(RIGHT)

    return validMoves
```

对应的 JavaScript 代码如下。

JavaScript

```javascript
function getValidMoves(board, prevMove) {
    // 返回一个数组，以表示当前可以朝着哪几个方向移动滑块。调用方可以把上一步的移动方向传给prevMove参数，
    // 这样的话，该函数就会排除与此方向相反的方向，以免让拼图回到两步之前的状态

    let blankx, blanky;
    [blankx, blanky] = findBlankSpace(board);
```

```
let validMoves = [];
if (blanky != SIZE - 1 && prevMove != DOWN) {
    // 空白格子不在最下面一行，因此它下方的滑块能够上移
    validMoves.push(UP);
}
if (blankx != SIZE - 1 && prevMove != RIGHT) {
    // 空白格子不在最右边一列，因此它右侧的滑块能够左移
    validMoves.push(LEFT);
}
if (blanky != 0 && prevMove != UP) {
    // 空白格子不在最上面一行，因此它上方的滑块能够下移
    validMoves.push(DOWN);
}
if (blankx != 0 && prevMove != LEFT) {
    // 空白格子不在最左边一列，因此它左侧的滑块能够右移
    validMoves.push(RIGHT);
}
return validMoves;
}
```

　　getValidMoves()函数首先调用findBlankSpace()函数，以寻找空白格子所在的位置，并把调用所得到的横、纵坐标分别保存到blankx与blanky变量之中。接下来，函数将validMoves变量设置为一个空白的Python列表或JavaScript数组，用于存放有效的移动方向。

　　参照图12-5，如果空白格子的纵坐标（也就是行号）为0，那么意味着空白格子处在拼图的上沿。如果不为0，则说明这个格子不在拼图的上沿。此时我们还要判断，前一个动作是否为UP（上移），如果不是，那么意味着这次可以把空白格子上方的那个滑块向下移动。因此，我们将DOWN这个移动方向添加到表示有效移动方向的validMoves之中（参见代码中的第3个if结构，如果是UP，就不添加这个方向，因为那样会让拼图重新回到两步之前的状态）。

　　与之类似，如果横坐标（也就是列号）为0，那么表明空白格子位于拼图左沿（若不为0，则表明它不在拼图的左沿）；如果纵坐标为SIZE - 1，那么表明空白格子位于拼图的下沿（若不为SIZE - 1，则表明它不在拼图的下沿）。如果横坐标为SIZE - 1，那么表明空白格子位于拼图的右沿（若不为SIZE - 1，则表明它不在拼图的右沿）。用SIZE - 1这样的写法判断空白格子是否位于拼图的下沿或右沿，以适应各种尺寸的拼图，无论是3×3、4×4还是其他尺寸，我们都能这么判断。getValidMoves()函数会根据空白格子的位置与上一步的移动方向，依次判断能否朝着上、左、下、右这4个方向移动滑块，并把其中的有效方向添加到validMoves中。

　　写好getValidMoves()函数之后，利用它实现getNewPuzzle()函数，这个函数需要返回一个拼图数据结构，以表示各滑块之间已经打乱顺序的状态，程序正要从该状态复原拼图。这样的状态不能仅仅通过随机排列各滑块生成，因为那种做法可能会产生某些无效的状态，导致程序根本不可能将拼图恢复到拼好的状态。为了避免这个问题，getNewPuzzle()函数是这样做的，它从拼好的状态（也就是各滑块之间保持有序的那个状态）出发，随机移动一定的步数。解决这个拼图谜题的过程其实就是把这一系列移动操作撤销一遍。getNewPuzzle()函数的Python代码如下所示。

Python

```python
def getNewPuzzle():
    """从标准状态（也就是各滑块之间顺序尚未打乱的状态）出发，随机移动这些滑块，以打乱其顺序，并返回一个列表，以表示这
       个顺序已经打乱的拼图"""
    board = getNewBoard()
    for i in range(DIFFICULTY):
        validMoves = getValidMoves(board)
        makeMove(board, random.choice(validMoves))
    return board
```

对应的 JavaScript 代码如下。

```javascript
function getNewPuzzle() {
    // 从标准状态出发，随机移动这些滑块，以打乱其顺序，并返回一个数组，
    // 以表示这个顺序已经打乱的拼图
    let board = getNewBoard();
    for (let i = 0; i < DIFFICULTY; i++) {
        let validMoves = getValidMoves(board);
        makeMove(board, validMoves[Math.floor(Math.random() * validMoves.length)]);
    }
    return board;
}
```

  getNewPuzzle()函数首先调用 getNewBoard()，以获得一个处在标准状态（也就是已经拼好）的拼图。接着，该函数进入 for 循环，每次执行该循环时，它都把拼图的状态传递给 getValidMoves()，以查询当前能够朝着哪几个方向移动滑块。然后，该函数从这些方向中随机选取一个，并将其传给 makeMove()，以实现移动。Python 版的 getNewPuzzle()函数直接利用 random.choice()函数完成随机选取，JavaScript 版的 getNewPuzzle()函数结合 Math.floor()与 Math.random()函数来完成。无论 validMoves 列表或数组中有 UP、DOWN、LEFT、RIGHT 这 4 个方向中的几个，函数都能从中随机地选出一个。

  DIFFICULTY 常量的值决定 for 循环会把 makeMove()调用多少次。这个值越大，拼图就越乱。尽管有可能出现后一次移动碰巧与前一次移动相反的情况（例如，刚刚向左移动滑块之后，又立刻向右移动），但只要移动的次数足够多，就能够将这些滑块彻底打乱。为了测试起来较快捷，把 DIFFICULTY 设置成 40，让程序能在一分钟左右的时间内找出正确的解法。如果想更加真实地模拟现实中的 15 滑块拼图，那么应该把 DIFFICULTY 设置为 200。

  getNewPuzzle()函数把拼图数据结构创建好并将其中的滑块打乱之后，会把这个数据结构返回给调用方。

12.6　递归地解决滑块拼图谜题

  我们已经把创建及操纵拼图数据结构的各种函数都写好了。接下来，编写递归函数，以解决滑块拼图谜题。这个函数会分别尝试朝每一个有效的方向移动，并且会针对移动之后的状态递归地尝试，看看沿着这个方向往下移动能不能把拼图拼好（也就是让拼图返回当初的有序状态）。

  这个尝试移动拼图的函数叫作 attemptMove()，它会判断拼图是不是已经拼好了。如果没有，就针对当前的每一个有效方向，分别递归地调用自身，看看朝着那个方向移动滑块能不能最终将谜题解开。这个函数有许多种基本情况。第一种基本情况指的是拼图已经处于拼好的

状态，此时函数返回 True。第二种基本情况是指该函数发现自己已经把指定的步数用完，此时它返回 False。第三种基本情况是指它在沿着某个方向递归调用自身之后，发现递归调用的结果为 True，此时它同样返回 True（以表示朝着这个方向移动，最终是能够解开谜题的）。如果针对每一种有效方向所做的递归调用全返回 False，就遇到了第四种基本情况，此时 attemptMove() 函数应该返回 False。

12.6.1　用 solve() 函数触发算法并演示算法给出的答案

　　solve() 函数接收一个表示拼图状态的数据结构，以及一个表示最大步数的整数。如果递归算法在解题过程中用完所有的步数，就会回溯到之前的步骤，继续尝试沿着其他方向移动滑块。solve() 函数首先触发 attemptMove() 函数，以启动解决拼图谜题的算法，如果该函数返回 True，那么 solve() 函数就把算法找到的这一系列步骤依次执行一遍，从而向用户演示这样移动拼图能够将其复原。如果返回的是 False，则表明递归算法在当前限定的最大步数内无法解开谜题（于是，solve() 函数同样返回 False）。

　　solve() 函数的前几行 Python 代码如下所示。

Python

```
def solve(board, maxMoves):
    """尝试在maxMoves限定的最大步数内把board表示的拼图拼好。如果能拼好，
    就返回True；否则，返回False"""
    print('Attempting to solve in at most', maxMoves, 'moves...')
    solutionMoves = [] # 一个可能由UP（上）、DOWN（下）、LEFT（左）、RIGHT（右）这4种方向值构成的
                       # 列表（以记录attemptMove()函数找到的移动步骤）
    solved = attemptMove(board, solutionMoves, maxMoves, None)
```

对应的 JavaScript 代码如下。

```
function solve(board, maxMoves) {
    // 尝试在maxMoves限定的最大步数内把board表示的拼图拼好。如果能拼好，
    // 就返回True；否则，返回False
    document.write("Attempting to solve in at most " + maxMoves + " moves...<br />");
    let solutionMoves = []; // 一个可能由UP（上）、DOWN（下）、LEFT（左）、RIGHT（右）这4种方向值构成的
                            // 数组（以记录attemptMove()函数找到的移动步骤）
    let solved = attemptMove(board, solutionMoves, maxMoves, null);
```

　　solve() 函数有两个参数：一个是表示拼图数据结构的 board 参数，另一个是表示最大移动步数的 maxMoves 参数，该函数要在该步数的限制之内试着解决谜题。solutionMoves 列表或数组是由 UP、DOWN、LEFT、RIGHT 这4种值构成的，用来表示每一步的移动方向，依次按这些方向移动滑块，就能将拼图拼好。attemptMove() 函数会在整个递归过程中原地修改 solutionMoves，把它尝试的步骤记入其中。如果 solve() 函数触发 attemptMove() 之后，发现它返回的是 True，那么说明 attemptMove() 找到解决办法。此时，solutionMoves 中的这一系列值表示的就是把拼图拼好所需经过的步骤。

　　solve() 函数创建完 solutionMoves 之后，开始调用 attemptMove()，并把调用的结果保存在 solved 变量之中，这个结果可能是 True，也可能是 False。solve() 函数的其余代码用来分别处理这两种情况。

Python

```
if solved:
    displayBoard(board)
    for move in solutionMoves:
        print('Move', move)
        makeMove(board, move)
        print() # 空一行
        displayBoard(board)
        print() # 空一行

    print('Solved in', len(solutionMoves), 'moves:')
    print(', '.join(solutionMoves))
    return True # 返回 True，以表示拼图拼好了
else:
    return False # 返回 False，以表示函数在 maxMoves 限定的最大步数内找不到解法
```

相应的 JavaScript 代码如下。

JavaScript

```
if (solved) {
    displayBoard(board);
    for (let move of solutionMoves) {
        document.write("Move " + move + "<br />");
        makeMove(board, move);
        document.write("<br />"); // 空一行
        displayBoard(board);
        document.write("<br />"); // 空一行
    }
    document.write("Solved in " + solutionMoves.length + " moves:<br />");
    document.write(solutionMoves.join(", ") + "<br />");
    return true; // 返回 True，以表示拼图拼好了
} else {
    return false; // 返回 False，以表示函数在 maxMoves 限定的最大步数内找不到解法
}
}
```

　　如果 attemptMove() 能找到一种解法，那么程序会把 solutionMoves 列表或数组中的所有步骤依次执行一遍，每移动一次滑块，程序就输出拼图在执行完这次移动后所处的状态。这么做是想告诉用户，按照 attemptMove() 收集到的这套步骤来移动，确实能够将拼图拼好。最后，solve() 函数会让自己像 attemptMove() 一样，也返回 True。如果 attemptMove() 找不到解法，那么 solve() 函数就像它一样返回 False 即可。

12.6.2　在 attemptMove() 函数中实现核心算法

　　现在看 attemptMove()，这个递归函数是滑块拼图算法的核心。拼图当前的各种移动方式以及从这些方式逐层衍生出的后续步骤会形成树状图，而 attemptMove() 函数每次尝试朝着某个方向移动滑块相当于沿着树中的某条边从一个节点走到下一个节点。attemptMove() 递归调用自身相当于从那个节点出发，继续尝试往下走。从某次递归调用中返回相当于回溯到之前的节点。如果一直回溯到根节点，那么意味着，最初触发的 attemptMove() 已经执行完毕。此时，程序会回到 solve() 函数触发 attemptMove() 的地方，继续往下执行。

　　attemptMove() 函数的前几行 Python 代码如下所示。

Python

```python
def attemptMove(board, movesMade, movesRemaining, prevMove):
    """这个函数会在board表示的拼图中递归地尝试各种可能的移动方式，直至找到解法
    或用完所有步数。若找到解法，则返回True，此时movesMade参数中有一系列
    方向值，沿着这些方向移动滑块，即可解开谜题；若找不到，则返回False。如果
    movesRemaining参数表示的目前剩余步数已经小于0，就直接返回False"""

    if movesRemaining < 0:
        # 基本情况 —— 当前可移动的步数已经小于0
        return False

    if board == SOLVED_BOARD:
        # 基本情况 —— 谜题已经解开（拼图已经拼好）
        return True
```

与之相应的 JavaScript 代码如下。

JavaScript

```javascript
function attemptMove(board, movesMade, movesRemaining, prevMove) {
    // 这个函数会在board表示的拼图中递归地尝试各种可能的移动方式，直至找到解法
    // 或用完所有步数。若找到解法，则返回True，此时movesMade参数中有一系列
    // 方向值，沿着这些方向移动滑块，即可解开谜题；若找不到，则返回False。如果
    // movesRemaining参数表示的目前剩余步数已经小于0，就直接返回False

    if (movesRemaining < 0) {
        // 基本情况 —— 当前可移动的步数已经小于0
        return false;
    }

    if (JSON.stringify(board) == SOLVED_BOARD) {
        // 基本情况 —— 谜题已经解开（拼图已经拼好）
        return true;
    }
```

attemptMove()函数有 4 个参数。第 1 个参数是 board，表示待解决的这个滑块拼图。第 2 个参数是 movesMade，这是一个列表或数组，attemptMove()函数会在整个递归过程中原地修改它，给其中添加 UP、DOWN、LEFT 或 RIGHT 这 4 种值（以表示自己在每一步中尝试的移动方向）。如果 attemptMove()能够把拼图拼好，那么 movesMade 中所包含的就是函数在把拼图拼好的过程中经历的这一系列移动步骤。movesMade 表示的这个列表或数组是由 solve()函数在刚开始触发 attemptMove()时传入的，solve()函数采用 solutionMoves 变量指代它。

solve()函数当初触发 attemptMove()时，把其中的 maxMoves 变量当作第 3 个参数（也就是 movesRemaining 参数）传入进来。在递归函数调用中，attemptMove()会把 movesRemaining 的当前值减 1，并将减 1 之后的值当作下一次递归时的 movesRemaining 参数。这样的话，movesRemaining 表示的剩余移动步数就会在逐层递归的过程中渐渐变小。如果它变得比 0 还小，那么 attemptMove()函数就不再继续递归调用，而直接返回 False。

attemptMove()函数的最后一个参数是 prevMove，它有可能是 UP、DOWN、LEFT 或 RIGHT 这 4 种值中的一种（也有可能是 None 或 null）。这个参数用来表示上一次调用 attemptMove()时尝试的移动方向。设计这个参数是为了提醒函数，这次执行时不要尝试与之相反的方向，以免抵消上一步的移动效果（如果是 None，则表示没有上一步）。Python 与 JavaScript 版的 solve()函数最初触发 attemptMove()时，向这个参数传入的值分别是

None 与 null，这是因为当时的移动是首次尝试的移动，并没有"上一步"可言。

attemptMove() 函数开头的这部分代码想检查两种基本情况：如果 movesRemaining 小于 0，那么返回 False；如果 board 表示的拼图状态是已经拼好的状态，那么返回 True。SOLVED_BOARD 常量中保存着已经拼好的拼图所处的状态，我们可以把 board 的内容与之相比，以确定拼图是否拼好。

attemptMove() 函数接下来的这部分代码用来分别尝试每一个有效的移动方向。Python 版的代码如下所示。

Python

```
# 递归情况 —— 试着沿各种有效的方向分别移动滑块
for move in getValidMoves(board, prevMove):
    # 沿着 move 表示的这个方向移动滑块
    makeMove(board, move)
    movesMade.append(move)

    if attemptMove(board, movesMade, movesRemaining - 1, move):
        # 如果拼图已经拼好，就返回 True
        undoMove(board, move) # 返回之前，先把这一步抵消掉，让 board 回到这次调用之前的样子
                              # 等到整个递归过程彻底结束，拼图就能回到程序触发 attemptMove() 时的那个状态，
                              # 接下来，按照 movesMade 中的走法，演示怎样将其拼好
        return True
```

与之相应的 JavaScript 代码如下。

JavaScript

```
// 递归情况 —— 试着沿各种有效的方向分别移动滑块
for (let move of getValidMoves(board, prevMove)) {
    // 沿着 move 表示的这个方向移动滑块
    makeMove(board, move);
    movesMade.push(move);

    if (attemptMove(board, movesMade, movesRemaining - 1, move)) {
        // 如果拼图已经拼好，就返回 True
        undoMove(board, move); // 返回之前，先把这一步抵消掉，让 board 回到这次调用之前的样子
                               // 等到整个递归过程彻底结束，拼图就能回到程序触发 attemptMove() 时
                               // 的那个状态，接下来，按照 movesMade
                               // 中的走法，演示怎样将其拼好
        return true;
    }
}
```

for 循环会将 getValidMoves() 返回的每一个有效移动方向轮流赋给 move 变量。针对当前这个移动方向，调用 makeMove() 函数，传入表示拼图的 board 变量以及表示移动方向的 move 变量，让该函数朝着这个方向移动滑块。为了实现移动，该函数会修改 board，让修改后的 board 反映出拼图在做完这次移动之后所处的状态。然后，将 move 添加到 movesMade 列表或数组之中（以记录目前正在尝试的这条移动路径）。

接下来，attemptMove() 函数递归调用自身，以探索做完这次移动之后，还能不能在限定的最大步数之内把这个拼图拼好。在递归调用中，该函数会把 board 与 movesMade 这两个变量照原样传入，而第 3 个参数—— movesRemaining 参数传递的是 movesRemaining - 1，因为该函数当前已经用掉了一步，接下来的最大步数应该比当前少 1。另外，该函数还会把当前尝试的这个移动方向（也就是 move 变量的值）当作第 4 个参数传入，让程序不要在下一

步中尝试相反的方向，因为那会抵消这次的移动效果。

如果递归调用返回的结果是 True，那么整个递归调用过程找到的这一系列正确步骤会出现在 movesMade 这个列表或数组之中。返回 True 之前，我们需要调用 undoMove() 函数，让 board 退回上一步的状态。等到每一级递归调用全返回 True 之后，board 就会回到开始运用算法之前的那种状态。此时，程序会从 solve() 函数当初触发 attemptMove() 的那里继续往下执行，程序看到 attemptMove() 返回的是 True，于是就明白，算法找到正确的答案，程序会把 movesMade 中记录的正确步骤依次执行一遍，让用户看到，这样做确实能将拼图拼好。

attemptMove() 函数最后还有这样一段 Python 代码。

Python

```python
# 把这一步抵消掉，让拼图回到执行本轮循环之前的样子，以便在下一轮尝试另一个方向
undoMove(board, move)
movesMade.pop() # 由于我们已经把这一步抵消了，因此与之相应的移动方式也应该从记录移动步骤的
                # movesMade 中删除
return False # 基本情况 —— 尝试完各种方向之后，依然找不到解法
```

与之相应的 JavaScript 代码如下。

JavaScript

```javascript
// 把这一步抵消掉，让拼图回到执行本轮循环之前的样子，以便在下一轮尝试另一个方向
undoMove(board, move);
movesMade.pop(); // 由于我们已经把这一步抵消了，因此与之相应的移动方式也应该从记录移动步骤的
                 // movesMade 中删除
}
return false; // 基本情况 —— 尝试完各种方向之后，依然找不到解法
}
```

如果递归调用 attemptMove() 得到的结果是 False，那么说明这样移动滑块之后，算法从移动过的状态出发找不到正确的解法。此时，调用 undoMove() 函数，把这一步的移动效果抵消掉，并将这一步从记录解法的 movesMade 列表或数组中删除。

针对之前确定的每一个有效方向，都执行刚才讲解的这套逻辑。如果我们通过递归调用 attemptMove() 函数分别尝试了这些方向，但依然没能在规定的最大步数内找到解法，就让函数返回 False。

12.7　反复启动 solve() 函数并逐渐放宽步数限制

solve() 函数是用来触发 attemptMove() 的，以便让算法能够递归地执行下去。然而，要正确地启动 solve()，必须在程序中增加一些设置。用来增加这些设置的 Python 代码如下所示。

Python

```python
# 启动程序
SOLVED_BOARD = getNewBoard()
puzzleBoard = getNewPuzzle()
displayBoard(puzzleBoard)
startTime = time.time()
```

相应的 JavaScript 代码如下。

JavaScript

```javascript
// 启动程序
const SOLVED_BOARD = JSON.stringify(getNewBoard());
let puzzleBoard = getNewPuzzle();
displayBoard(puzzleBoard);
let startTime = Date.now();
```

这段代码首先创建 SOLVED_BOARD 常量,并把调用 getNewBoard() 函数得到的返回值赋给它,让该常量表示一个已经拼好的滑块拼图。为什么不在刚开始写程序时,就直接定义这个常量呢?因为要把调用 getNewBoard() 函数得到的结果赋给它,而这个函数当时还没有写好。

其次,调用 getNewPuzzle() 函数,这样调用会得到一个随机打乱的拼图,把这个拼图保存在 puzzleBoard 变量中。如果你想让程序解决某个特定的 15 滑块拼图,而不是解决这种随机打乱的拼图,就把调用 getNewPuzzle() 函数的代码删除,改成一个列表或数组,以表示待解决的这个拼图。

最后,程序把 puzzleBoard 表示的拼图显示出来,并把当前的时间记录在 startTime 变量之中。于是,程序就能够在找到解法之后,计算整个求解过程总共花了多少时间。整个程序的最后一段 Python 代码如下所示。

Python

```python
maxMoves = 10
while True:
    if solve(puzzleBoard, maxMoves):
        break # 如果找到了解法,就跳出这个循环
    maxMoves += 1
print('Run in', round(time.time() - startTime, 3), 'seconds.')
```

与之相应的 JavaScript 代码如下。

```javascript
let maxMoves = 10;
while (true) {
    if (solve(puzzleBoard, maxMoves)) {
        break; // 如果找到了解法,就跳出这个循环
    }
    maxMoves += 1;
}
document.write("Run in " + Math.round((Date.now() - startTime) / 100) / 10 + " seconds.<br />");
</script>
```

程序先试着把最大步数设置为 10,看看能不能在 10 步之内将 puzzleBoard 变量表示的拼图拼好。程序进入无限的 while 循环之后,会调用 solve() 函数。如果 solve() 函数找到解法,就会把这个解法显示在屏幕上,并返回 True。此时,程序跳出 while 循环,并显示整个求解过程所花的时间。

如果 solve() 找不到解法,那么会返回 False,此时程序递增 maxMoves,也就是将最大步数调高 1,然后继续调用 solve()。这样写会让程序逐渐放宽步数限制,让算法能够多尝试几次,以寻找正确的解法。程序会像这样反复调用 solve(),直至某次调用返回 True。

12.8　小结

　　15 滑块拼图很适合用来演示如何用递归解决实际问题。这种滑块拼图在逐步移动的过程中出现的各个状态能够形成一张树状图，于是我们可以运用递归在这张图中执行深度优先搜索，以寻找一条从起始状态（也就是各滑块已经打乱的状态）到最终状态（也就是所有滑块均保持有序的那种状态）的路径。然而，我们并不能直接运用纯递归算法，必须做出一些调整。

　　为什么不能直接运用纯递归算法呢？因为对于 15 滑块拼图 有许多种移动方式，沿着每一种方式考虑下去，又有许多种可能，这些状态构成的并不是有向无环图。在这样的树状图中，不但相邻两个节点之间的边是无向的（因为你可以把滑块沿着刚刚移动过来的方向移回去），而且还有可能存在回路（因为经过一系列移动之后，你有可能让拼图回到早前的某种状态）。为此，我们必须确保递归算法不会把上一步的移动效果抵消掉，假如无法保证这一点，递归算法就会在这两种状态之间来回重复。另外，还需要限定最大步数，让递归算法在用完限定步数之后，不再继续递归，而回到之前的节点并沿着其他方向尝试。假如不做这个限制，递归算法一旦进入回路，就有可能陷入这条路径中，并且递归层数过多会引发栈溢出。

　　递归不一定是解决滑块拼图的最佳方法。除那种相当简单的拼图之外，大部分滑块拼图要求递归算法必须考虑许多种走法，对于一台普通的笔记本计算机来说，这会花费相当长的时间。然而，笔者还喜欢以 15 滑块拼图为例来讲解递归，因为这能够很好地演示怎样将有向无环图与深度优先搜索等理论与实际的问题联系起来。15 滑块拼图这样的滑块拼图其实在 100 多年前就已经出现了。然而，有了计算机之后，我们能够利用这个强大的工具来探索各种技巧，以研究这个有趣的问题。

延伸阅读

　　维基百科中的 15 puzzle 词条不仅详细解释了 15 滑块拼图的历史，还讲述了与之有关的数学知识。

　　笔者写的 *The Big Book of Small Python Projects*（No Starch 出版社）中，有一段 Python 代码，它可以实现一个能玩的滑块拼图游戏。

第 13 章

分形图案制作器

13

第 9 章讲了怎样用 Python 的 turtle 模块绘制几种常见的分形图案。除那些图案之外，你还可以绘制自己需要的其他一些分形，这正是本章的这个项目所要实现的目标。我们要用 Python 的 turtle 模块编写一款分形图案制作器（fractal art maker），这个程序只需要用少量的代码，就能通过简单的图案制作复杂的分形。

虽然你能够定义新的函数，以设计自己的分形，但是本章的项目自带 9 种示例图案。在示例代码上面直接修改，就能创建出完全不同的分形了。你也可以从头开始绘制自己构思的某种分形。

提示

要详细了解 turtle 模块中各个函数的用法，请参见第 9 章。

13.1　程序内置的几种分形

你可以指挥计算机绘制出无数种分形。图 13-1（a）～（i）展示了本章的分形图案制作器程序打算绘制的 9 种分形。这些分形都是以某函数绘制的正方形或等边三角形为基础图案制作的。通过大小、位置与角度等方面的微调和递归，我们能够制作出与简单的基础图案差别很大的形状。

这些分形都能通过分形图案制作器生成，你只需要调整程序开头的 DRAW_FRACTAL 常量，然后重新运行分形图案制作器，就能够切换程序绘制的图案，这个常量可以取 1~9 的整数，每一个整数对应一种分形。另外，你还可以把 DRAW_FRACTAL 设置为 10 或 11，这会让程序绘制基本的正方形与等边三角形，如图 13-2（a）和（b）所示，刚才那 9 种分形都是以这两种图案为基础绘制出来的。

这两种图案都很简单，左边的图案是一个外框为黑色的正方形，它的填充色会在白色与灰色之间切换（每深入递归一层，填充色就切换一次），右边的图案是一个外框为黑色的等边三角形，它不用填充。程序里的 drawFractal() 函数会使用这些基本的图案绘制出各种美妙的分形。

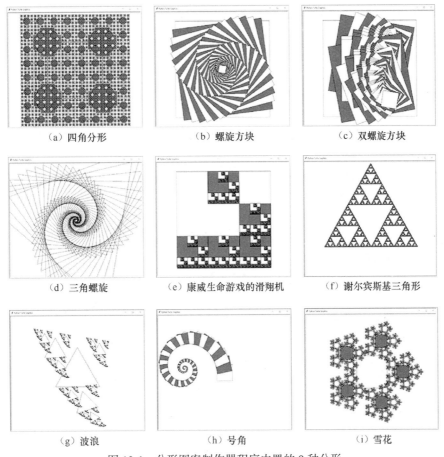

（a）四角分形　　　　　　（b）螺旋方块　　　　　　（c）双螺旋方块

（d）三角螺旋　　　　（e）康威生命游戏的滑翔机　　　（f）谢尔宾斯基三角形

（g）波浪　　　　　　　　（h）号角　　　　　　　　（i）雪花

图 13-1　分形图案制作器程序内置的 9 种分形

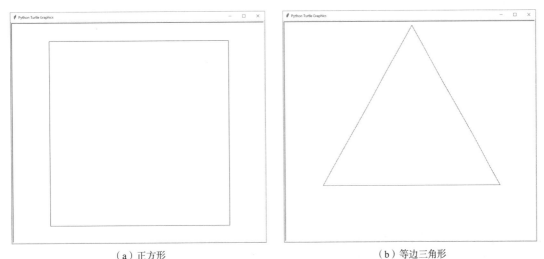

（a）正方形　　　　　　　　　　　　　（b）等边三角形

图 13-2　由 drawFilledSquare() 与 drawTriangleOutline() 绘制的两种基本图形

13.2　分形图案制作器程序所采用的算法

　　这个分形图案制作器程序有两大组件。第一个组件是用来绘制基本图形的函数，第二个组件是用来递归调用前者的 drawFractal() 函数。

　　第一个组件用来绘制某种基本图形。这款分形图案绘制器程序支持两种基本图形，也就是图 13-2 演示的那两种，它们分别由 drawFilledSquare() 与 drawTriangleOutline() 这两个图形绘制函数绘制。此外，你也可以自己编写函数，让它绘制某种基本图形（然后以此为基础，制作分形）。程序会把图形绘制函数当作参数传给递归绘制分形的 drawFractal() 函数，这就好比我们在文件查找器中把表示匹配逻辑的函数当作参数，传给递归走查文件的 walk() 函数。

　　程序在触发 drawFractal() 时必须以一个图形绘制函数作为参数。除此之外，程序还可以提供一个参数，用来表示递归调用 drawFractal() 时绘制的下一级图案在尺寸、位置以及角度等方面的变化。至于怎样描述这些变化，本章后面再详细讲解。这里先展示一个示例，也就是第 7 种分形，这种分形像波浪。

　　为了绘制这个波浪状的分形图案，程序要将 drawTriangleOutline() 当成图形绘制函数（这个图形绘制函数用来绘制一个等边三角形）传给 drawFractal()。在程序中调用 drawFractal() 时，还会传入另一个参数，这个参数所描述的规则会促使 drawFractal() 在调用完图形绘制函数之后执行 3 次递归。图 13-3（a）与（b）演示了在程序触发 drawFractal() 函数时由该函数本身绘制的那个大三角形与 3 次递归调用绘制的 3 个小三角形。

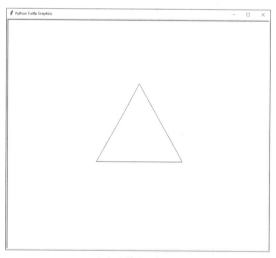

（a）大等边三角形

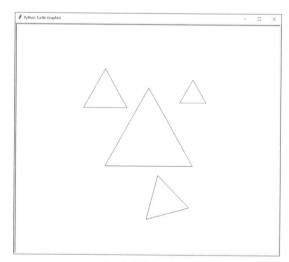

（b）3 个小等边三角形

图 13-3　大等边三角形以及 3 个小等边三角形

　　第一次递归调用 drawFractal() 会让它通过 drawTriangleOutline() 绘制出一个小的等边三角形，这个等边三角形的边长为原来的一半，且位于原等边三角形的左上方。第二次递归调用会让 drawFractal() 绘制出另一个小的等边三角形，这个等边三角形的边长为原三角形的30%，且位于原等边三角形的右上方。第三次递归调用又会制造出一个小等边三角形，这个等边三角形的边长是原来的一半，而且角度比原来的三角形偏了15°。

这3次递归调用又会分别产生3次对drawFractal()函数的调用操作，从而绘制出3组更小的等边三角形，于是，屏幕中就会多出9个等边三角形。每一组这样的小等边三角形都是在原来那个等边三角形的基础上，通过调整尺寸、位置与相对角度而绘制出来的。其中，左上角的那个小等边三角形的边长肯定是原来的一半，而下方那个小等边三角形的角度肯定比原来的偏15°。图13-4（a）与（b）演示了程序在前两次递归的过程中绘制的等边三角形。

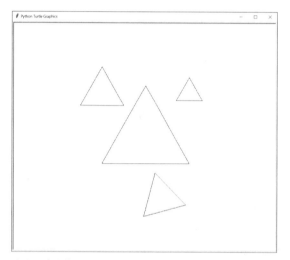

（a）程序在第一次递归的过程中会绘制的3个小的等边三角形　　　　（b）程序在第二次递归的过程中绘制的等边三角形

图13-4　程序在前两次递归的过程中绘制的等边三角形

对drawFractal()的这9次调用不仅会让屏幕上多出9个等边三角形，而且其中的每一次调用又会继续触发3次调用，使程序在下一级递归中总共绘制出27个新的等边三角形。这样一直递归下去，最后会导致等边三角形的边长过短（在本例中，这指的是小于1），从而令drawFractal()不再继续执行新的递归。这就是我们给drawFractal()函数设计的其中一种基本情况。另一种基本情况是指当前的递归深度已经超过我们想要的最大深度。无论遇到的是哪一种情况，drawFractal()都不会再往下递归，于是最后我们就会看到图13-5这样的波浪式分形。每个等边三角形周围会分别出现3个等边三角形，而那3个等边三角形里的每一个又会继续像这样衍生3个更小的等边三角形，如此递归下去，最后就有了这个波浪式分形。

图13-1演示的9种实例图案都是由这个分形图案制作器绘制出来的，它所使用的图形绘制函数只有两种。之所以能绘制出这么多复杂的分形，仅仅是因为每次传给drawFractal()这个递归函数的参数稍有区别而已。下面我们看一下分形图案制作器程序的代码，以了解这些代码是怎么做到这一点的。

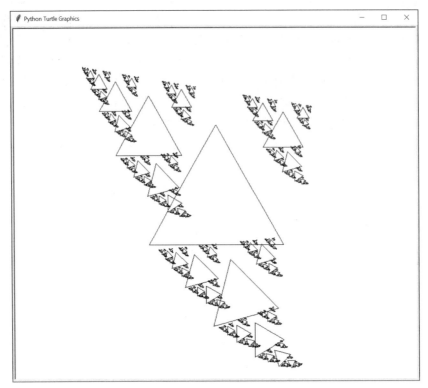

图 13-5   波浪式分形

13.3   分形图案制作器程序的完整代码

把下面这些代码输入一份新的文件，并将其命名为 *fractalArtMaker.py*。由于程序需要使用 Python 内置的 `turtle` 模块，因此本章的项目没有对应的 JavaScript 代码。

Python

```python
import turtle, math

DRAW_FRACTAL = 1 # 可以设置成1～11的整数，修改之后重新运行程序，就能看到另一种图案

turtle.tracer(5000, 0) # 如果觉得程序画得太慢，就增大第一个参数的值
turtle.hideturtle()

def drawFilledSquare(size, depth):
    size = int(size)

    # 开始绘制之前，先把海龟移动到待绘制的这个正方形的右上角
    turtle.penup()
    turtle.forward(size // 2)
    turtle.left(90)
    turtle.forward(size // 2)
    turtle.left(180)
    turtle.pendown()
```

```
    # 在白与灰这两种填充色之间切换（外框的颜色始终是黑色）
    if depth % 2 == 0:
        turtle.pencolor('black')
        turtle.fillcolor('white')
    else:
        turtle.pencolor('black')
        turtle.fillcolor('gray')

    # 绘制正方形
    turtle.begin_fill()
    for i in range(4): # 绘制4条线段，以表示正方形的4条边
        turtle.forward(size)
        turtle.right(90)
    turtle.end_fill()


def drawTriangleOutline(size, depth):
    size = int(size)

    # 计算等边三角形的高，这是为了把海龟移动到等边三角形顶部的那个顶点
    height = size * math.sqrt(3) / 2
    turtle.penup()
    turtle.left(90) # 让海龟面朝上方
    turtle.forward(height * (2/3)) # 把海龟移动到等边三角形顶部的那个顶点
    turtle.right(150) # 让海龟面朝右下角的那个顶点
    turtle.pendown()

    # 绘制等边三角形的3条边
    for i in range(3):
        turtle.forward(size)
        turtle.right(120)


def drawFractal(shapeDrawFunction, size, specs, maxDepth=8, depth=0):
    if depth > maxDepth or size < 1:
        return # 基本情况

    # 开始执行其他操作之前，先保存海龟现在的位置与方向
    initialX = turtle.xcor()
    initialY = turtle.ycor()
    initialHeading = turtle.heading()

    # 调用图形绘制函数，以绘制基本图形
    turtle.pendown()
    shapeDrawFunction(size, depth)
    turtle.penup()

    # 递归情况
    for spec in specs:
        # specs参数是一个由字典构成的列表，其中的每个字典都用来描述一条递归调用规则，这条规则最多有4项，分别
        # 用sizeChange、xChange、yChange、angleChange作为键，以指定尺寸、横坐标、纵坐标和角度的变化方式。
        # 其中，前3项的值都是缩放倍数，sizeChange与size的乘积是下一轮递归时的尺寸，angleChange与海龟当前
        # 的起始角度之和决定了下一轮递归时海龟的方向，从(initialX, initialY)这一点出发，沿着该方向推进
        # xChange * size个单位，左转90°之后再推进yChange * size个单位，到达下一轮递归使用的起始点
        sizeCh = spec.get('sizeChange', 1.0)
        xCh = spec.get('xChange', 0.0)
        yCh = spec.get('yChange', 0.0)
        angleCh = spec.get('angleChange', 0.0)
```

```
                  # 把海龟重置到初始位置并根据当前这个字典描述的这条递归规则调整其位置与方向
                  turtle.goto(initialX, initialY)
                  turtle.setheading(initialHeading + angleCh)
                  turtle.forward(size * xCh)
                  turtle.left(90)
                  turtle.forward(size * yCh)
                  turtle.right(90)

                  # 执行递归调用
                  drawFractal(shapeDrawFunction, size * sizeCh, specs, maxDepth,
                  depth + 1)


if DRAW_FRACTAL == 1:
    # 绘制四角分形
    drawFractal(drawFilledSquare, 350,
        [{'sizeChange': 0.5, 'xChange': -0.5, 'yChange': 0.5},
         {'sizeChange': 0.5, 'xChange': 0.5, 'yChange': 0.5},
         {'sizeChange': 0.5, 'xChange': -0.5, 'yChange': -0.5},
         {'sizeChange': 0.5, 'xChange': 0.5, 'yChange': -0.5}], 5)
elif DRAW_FRACTAL == 2:
    # 绘制螺旋方块
    drawFractal(drawFilledSquare, 600, [{'sizeChange': 0.95,
        'angleChange': 7}], 50)
elif DRAW_FRACTAL == 3:
    # 绘制双螺旋方块
    drawFractal(drawFilledSquare, 600,
        [{'sizeChange': 0.8, 'yChange': 0.1, 'angleChange': -10},
         {'sizeChange': 0.8, 'yChange': -0.1, 'angleChange': 10}])
elif DRAW_FRACTAL == 4:
    # 绘制三角螺旋
    drawFractal(drawTriangleOutline, 20,
        [{'sizeChange': 1.05, 'angleChange': 7}], 80)
elif DRAW_FRACTAL == 5:
    # 按照康威生命游戏的滑翔机绘制分形
    third = 1 / 3
    drawFractal(drawFilledSquare, 600,
        [{'sizeChange': third, 'yChange': third},
         {'sizeChange': third, 'xChange': third},
         {'sizeChange': third, 'xChange': third, 'yChange': -third},
         {'sizeChange': third, 'yChange': -third},
         {'sizeChange': third, 'xChange': -third, 'yChange': -third}])
elif DRAW_FRACTAL == 6:
    # 绘制谢尔宾斯基三角形
    toMid = math.sqrt(3) / 6
    drawFractal(drawTriangleOutline, 600,
        [{'sizeChange': 0.5, 'yChange': toMid, 'angleChange': 0},
         {'sizeChange': 0.5, 'yChange': toMid, 'angleChange': 120},
         {'sizeChange': 0.5, 'yChange': toMid, 'angleChange': 240}])
elif DRAW_FRACTAL == 7:
    # 绘制波浪
    drawFractal(drawTriangleOutline, 280,
        [{'sizeChange': 0.5, 'xChange': -0.5, 'yChange': 0.5},
         {'sizeChange': 0.3, 'xChange': 0.5, 'yChange': 0.5},
         {'sizeChange': 0.5, 'yChange': -0.7, 'angleChange': 15}])
elif DRAW_FRACTAL == 8:
    # 绘制号角
    drawFractal(drawFilledSquare, 100,
        [{'sizeChange': 0.96, 'yChange': 0.5, 'angleChange': 11}], 100)
```

```
    elif DRAW_FRACTAL == 9:
        # 绘制雪花
        drawFractal(drawFilledSquare, 200,
            [{'xChange': math.cos(0 * math.pi / 180),
              'yChange': math.sin(0 * math.pi / 180), 'sizeChange': 0.4},
             {'xChange': math.cos(72 * math.pi / 180),
              'yChange': math.sin(72 * math.pi / 180), 'sizeChange': 0.4},
             {'xChange': math.cos(144 * math.pi / 180),
              'yChange': math.sin(144 * math.pi / 180), 'sizeChange': 0.4},
             {'xChange': math.cos(216 * math.pi / 180),
              'yChange': math.sin(216 * math.pi / 180), 'sizeChange': 0.4},
             {'xChange': math.cos(288 * math.pi / 180),
              'yChange': math.sin(288 * math.pi / 180), 'sizeChange': 0.4}])
    elif DRAW_FRACTAL == 10:
        # 绘制带有填充色的正方形
        turtle.tracer(1, 0)
        drawFilledSquare(400, 0)
    elif DRAW_FRACTAL == 11:
        # 绘制只有边框而无填充色的等边三角形
        turtle.tracer(1, 0)
        drawTriangleOutline(400, 0)
    else:
        assert False, 'Set DRAW_FRACTAL to a number from 1 to 11.'

    turtle.exitonclick() # 在窗口中任意单击，以退出程序
```

运行这个程序，你会得到图 13-1 演示的那 9 种分形中的第一种。你可以修改源代码开头的 DRAW_FRACTAL 常量，把它的值设置为 2 ~ 9 的某个整数，然后重新运行程序，这样就能看到图 13-1 演示的其他某种分形。掌握了程序的原理之后，你还可以自编一个图形绘制函数，把它传给 drawFractal()，以绘制自己所设计的分形图案。

13.4 设定常量并配置海龟的参数

程序的前几行代码用来执行一些基本的步骤，以设定这个海龟绘图程序所要用到的参数。

Python

```
import turtle, math

DRAW_FRACTAL = 1 # 可以设置成1 ~ 11的整数，修改之后重新运行程序，就能看到另一种图案

turtle.tracer(5000, 0) # 如果觉得程序画得太慢，就增大第一个参数的值
turtle.hideturtle()
```

程序首先导入 turtle 模块，因为它需要用海龟来绘图。另外，它还导入了 math 模块，因为绘制谢尔宾斯基三角形要用到其中的 math.sqrt() 函数，绘制雪花要用到其中的 math.cos() 与 math.sin() 函数。

DRAW_FRACTAL 常量可以取 1 ~ 9 的整数，这会让程序画出它内置的 9 种分形中的某一种。另外，该常量也能设为 10 或 11，这会让程序分别调用我们编写的两个图形绘制函数，以产生两种基本的图形，也就是正方形与等边三角形。

然后，调用 turtle 模块中的几个函数，为接下来的绘图做准备。turtle.tracer(5000, 0) 这条语句可以加快程序绘制分形的速度。参数 5000 告诉 turtle 模块，先处理完 5000 条绘制指令，再把这些指令绘制出的结果渲染到屏幕上（而不要每处理一条就渲染一次），参数 0

告诉 turtle 模块，在前后两条绘制指令之间，暂停 0 ms。假如不这么做，那么 turtle 模块每执行完一条绘制指令，就会把绘制出的图像渲染一次，如果用户只想看到最终的图案，而不太关注每一步的具体绘制过程，这就会让程序的绘图速度特别慢。

如果你就想让程序画得慢一些，以便观察它是怎么制作这些线条的，那么可以把这条语句改成 turtle.tracer(1, 10)。在制作自己的分形或调试绘制过程中出现的错误时，这么设置是很有帮助的。

然后，调用 turtle.hideturtle()。这样做是为了把表示海龟当前的位置与朝向的那个小等边三角形隐藏起来。由于我们并不想让表示海龟的那个标志出现在最终绘制好的分形中，因此这里先调用这个函数，以隐藏该标志。

13.5　编写图形绘制函数

drawFractal() 函数需要以一个图形绘制函数作为参数，以便用它来绘制分形图案中的每一个部件。这个图形绘制函数所绘制的通常是某种简单的图形，如正方形或三角形。drawFractal() 会在递归调用自身的过程中用图形绘制函数把整个分形图案中的每个部件分别绘制出来，让这些部件合成美丽而复杂的图案。

这个分形图案制作器中的图形绘制函数需要具备两个参数，也就是 size 与 depth。size 参数是指它绘制的正方形或等边三角形的边长。为什么要指定这个参数呢？因为有了这个参数，我们就可以根据它计算自己要传给 turtle.forward() 的值，并让海龟按照该值推进，这样每一次递归就能够在上一次的 size 基础上缩放，使每次递归过程中绘制出的图案在长度上按一致的比例变化。假如不设计这个参数，我们在用 turtle.forward() 推进海龟时，就要写出 turtle.forward(100) 或 turtle.forward(200) 这样的代码（这会让海龟在程序执行每一层递归时，都前进固定的距离，而无法实现出按比例变化的效果），所以我们不能用 100 或 200 这样的固定值作为参数，而应该采用 turtle.forward(size) 或 turtle.forward(size * 2) 等写法来让海龟推进一个基本长度或两个基本长度。另外，Python 的 turtle 模块会把传给 turtle.forward() 函数的参数值理解成距离单位（unit）的数量，这不一定恰好等同于像素数，例如，turtle.forward(1) 的意思是推进 1 单位，这未必刚好推进 1 像素。

图形绘制函数的第 2 个参数是指 drawFractal() 在调用它时所处的递归深度。主程序刚触发 drawFractal() 时，会把递归深度设置为 0，于是 drawFractal() 在调用图形绘制函数时，也会将 depth 参数设置为 0（以表示自己在执行第 0 层递归时，调用这个图形绘制函数）。在准备执行下一层递归时，drawFractal() 会把当前的 depth 加 1，并将结果作为新的 depth 值传入。以绘制波浪状的分形为例，程序一开始绘制窗口中间那个大等边三角形时，所处的递归深度为 0，因此 drawFractal() 传给图形绘制函数的 depth 参数值也是 0。等到程序绘制大等边三角形周边的那 3 个小等边三角形时，它所处的递归深度为 1，因此 drawFractal() 传给图形绘制函数的 depth 参数值也是 1。等到程序分别绘制每个小等边三角形周边那 3 个更小的等边三角形时，它所处的递归深度为 2，因此 drawFractal() 传给图形绘制函数的 depth 参数值也是 2（程序总共会执行 9 次递归深度为 2 的图形绘制函数调用操作），以此类推。

你以后编写自己的图形绘制函数时，可以不使用这个 depth 参数。然而，该参数能够让基本图形呈现出有趣的变化。例如，程序中有一个名叫 drawFilledSquare() 的图形绘制函数，它用来绘制基本的正方形，它就通过 depth 参数在白色与灰色这两种填充色之间切换，让函数在递归深度为偶数时绘制白色的正方形，在递归深度为奇数时绘制灰色的正方形。请注意，如果你要自己给这款分形图案制作器编写图形绘制函数，那么一定要让它接收 size 与 depth 这两个参数（因为调用该函数的 drawFractal() 在执行调用时会传入这样两个参数值）。

13.5.1 drawFilledSquare() 函数

drawFilledSquare() 函数用来绘制边长为 size 且带填充色的正方形。为了给正方形填充颜色，要在开始绘制它的 4 条边之前调用 turtle.begin_fill()，并在绘制完毕之后调用 turtle.end_fill()，这个正方形的外框颜色固定为黑色，填充色在 depth 参数为偶数时是白色，在该参数为奇数时是灰色。由于它绘制的正方形是实心的，因此后面画上去的正方形会覆盖以前画上去的正方形。

这款分形图案制作器中的每一个图形绘制函数都必须接收 size 与 depth 这两个参数，drawFilledSquare() 也是如此。

```
def drawFilledSquare(size, depth):
    size = int(size)
```

调用方传给 drawFilledSquare() 的 size 参数可能是一个浮点数，这有时会让 turtle 模块的绘制效果显得不够对称或不够均衡。为了解决这个问题，写一行代码，把 size 转换为整数，以便将它的小数部分去掉。

drawFilledSquare() 函数开始绘制正方形之前，始终假设海龟目前正处在将要绘制的这个正方形中心。因此，我们必须先把海龟移动到正方形的一角（这里指定为右上角，也就是处在海龟右上方的那个顶点），再朝着某个方向开始绘制（我们在这里想让它从右上角开始，先向下方绘制）。这里的上下左右是以海龟本身为基准的，而未必是绘图窗口的上下左右。

```
# 开始绘制之前，先把海龟移动到待绘制的这个正方形的右上角
turtle.penup()
turtle.forward(size//2)
turtle.left(90)
turtle.forward(size//2)
turtle.left(180)
turtle.pendown()
```

drawFractal() 函数在调用图形绘制函数之前，始终会让画笔与画布相贴。这使图形绘制函数能够直接开始绘图（而不用先调整画笔），但问题是 drawFilledSquare() 函数并不想立刻就画图，而想先移动到右上角，然后从那个地方开始画，因此必须先调用 turtle.penup() 把画笔抬起来，否则，海龟会在从中心点往右上角移动的过程中画出线条。为了把海龟移动到位，先让它向前推进半条边长那么远（也就是移动 size//2 个单位），这样它会到达即将绘制的这个

正方形的右界。然后，令海龟左转 90°，以便让它面朝上方。接下来，让它往前推进 size//2 个单位，这样海龟就到达右上角。但是，它此时面朝上方，这并不是我们想要的方向，因此我们令它左转 180°，让它面朝下方。最后，把画笔放下来，这样就可以开始画图。

　　注意，刚才说的右上以及上方都是以海龟自身为基准的（海龟一开始朝着哪个方向，哪个方向就是 "右"）。无论海龟在刚开始进入这个函数时朝向何方，右上都指从那个方向开始逆时针旋转 45° 的方向，而上方都指从那个方向开始逆时针旋转 90° 的方向。换句话说，无论海龟一开始的方向角（也就是海龟的方向与屏幕正右方之间的夹角）是 0°、90°、42°，还是其他什么度数，这个函数都会绘制出相应的正方形（这个正方形的一组对边与海龟的起始方向平行，另一组对边与之垂直）。你在编写自己的图形绘制函数时，同样应该坚持这个原则，也就是要通过 turtle.forward() 函数推进海龟的位置，并通过 turtle.left() 与 turtle.right() 函数调整海龟的方向，而不要直接用 turtle.goto() 之类的函数把海龟移动到某个固定的位置，也不要用 turtle.setheading() 之类的函数让海龟朝着某个固定的角度，二者会导致绘制出来的图形始终朝着同一个角度，而无法根据海龟的起始方向加以变化。

　　把海龟的位置与方向处理好之后，要根据 depth 参数，判断这个正方形的填充色是白色还是灰色。

Python

```python
# 在白色与灰色这两种填充色之间切换（外框的颜色始终是黑色）
if depth%2 == 0:
    turtle.pencolor('black')
    turtle.fillcolor('white')
else:
    turtle.pencolor('black')
    turtle.fillcolor('gray')
```

　　如果参数 depth 是偶数，那么 depth%2==0 的结果就是 True，于是我们通过 turtle.fillcolor() 把填充色设置为白色；否则，就将填充色设置为灰色。无论怎么填充，正方形的外框始终是黑色的，这种颜色（也就是画笔颜色）通过 turtle.pencolor() 设置。如果你要修改这里的配色，那么可以将其改为某种常见的颜色名称，如 'red'（红色）或 'yellow'（黄色）。另外，还可以采用 HTML 颜色码的形式来指定颜色，这种颜色码以 # 号开头，后面跟着 6 位十六进制数，如 #24FF24（酸橙绿）或 #AD7100（棕色）。

　　在 Html Colors 网站上面能找到许多种颜色及其 HTML 颜色码。本书是黑白印刷的，所以我们只用黑色、白色、灰色绘图，你在计算机上自己绘制分形时可以让颜色丰富一些。

　　设置好颜色之后，我们就可以正式绘制这个正方形的 4 条边了。

```python
# 绘制正方形
turtle.begin_fill()
for i in range(4): # 绘制4条线段，以表示正方形的4条边
    turtle.forward(size)
    turtle.right(90)
turtle.end_fill()
```

　　这里必须让 turtle 模块知道，我们要绘制的是带填充色的形状，而不是那种只有外框的形状，为此，在绘制之前，先调用 turtle.begin_fill() 函数（表示我们即将绘制这个待填充的图形）。

接下来，`drawFilledSquare()`函数进入 `for` 循环，每次执行该循环，它都先把海龟推进 `size` 个单位，然后令其右转 90°。这样执行 4 轮之后，正方形就画出来了。最后，调用 `turtle.end_fill()`，给这个正方形填充颜色，这样的话，屏幕上就会出现一个带填充色的正方形。

13.5.2 `drawTriangleOutline()`函数

程序里的第二个图形绘制函数用来绘制一个有外框但无填充色的等边三角形，它的边长与 `size` 参数的值相同。这个函数会让等边三角形的一个顶点朝上，并让另外两个顶点分别位于左下角与右下角。图 13-6 演示了等边三角形中的各种距离。

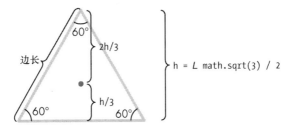

图 13-6　边长为 `size` 的等边三角形中的各种距离

开始绘制之前，我们必须先根据边长（size），计算出等边三角形的高（height）。根据几何知识，边长为 L 的等边三角形的高 h 等于 $\sqrt{3}L/2$。在即将编写的这个函数中，size 参数就相当于 L，因此我们可以用下面这行代码计算出高，并将其赋给表示该值的 `height` 变量。

```
height = size * math.sqrt(3) / 2
```

另外，等边三角形的中心与边之间的垂直距离是高的 1/3，与顶点之间的距离是高的 2/3。有了这条信息，我们就能根据高，计算出中心与上方那个顶点之间有多远，从而将海龟正确地移动到那里，以便由该顶点出发，开始绘制三角形。

Python

```
def drawTriangleOutline(size, depth):
    size = int(size)

    # 计算三角形的高，这是为了把海龟移动到等边三角形顶部的那个顶点
    height = size * math.sqrt(3) / 2
    turtle.penup()
    turtle.left(90)  # 让海龟面朝上方
    turtle.forward(height * (2/3))  # 把海龟移动到三角形顶部的那个顶点
    turtle.right(150)  # 让海龟面朝右下角的那个顶点
    turtle.pendown()
```

为了把海龟从中心移动到上方的顶点，首先让它左转 90°，以便面朝上方，我们把海龟的初始方向视为正右方。如果那个方向与屏幕的正右方重合，那么海龟的方向角就是 0°。但无论是否如此，我们都以海龟而非屏幕的初始方向为基准来画图。接下来，让海龟推进 height * (2/3) 个单位。此时海龟已经到达这个顶点，但它的方向依然是朝上的。为了绘制右侧的那条边，我们必须先让海龟右转 90°，让它从朝上变为朝右，再右转 60°，这样才能让它对着右下

角的那个顶点。因此，我们总共要让它右转 90° + 60° = 150°，turtle.right(150) 里的 150 就是这么得来的。

　　现在，应该让海龟正式开始画图了。于是，我们调用 turtle.pendown()，令画笔与画布相贴。然后，通过 for 循环绘制等边三角形的 3 条边。

Python

```
# 绘制三角形的 3 条边
for i in range(3):
    turtle.forward(size)
    turtle.right(120)
```

　　实际的绘制操作其实就是先让海龟推进 size 个单位，然后右转 120°，并把这组操作重复 3 次。最后一次右转 120° 之后，海龟又回到它刚开始绘制等边三角形时的那个方向。图 13-7（a）～（d）演示了海龟是如何推进与旋转的。

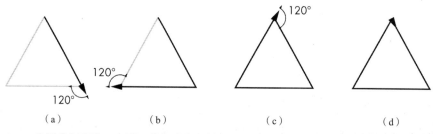

（a）　　　　　　　（b）　　　　　　　（c）　　　　　　　（d）

图 13-7　为了绘制等边三角形，我们让海龟推进 3 次，每推进一次，我们都让它右转 120°

　　drawTriangleOutline() 函数要绘制的是一个仅有外框而无填充色的等边三角形，因此它不用像 drawFilledSquare() 那样，在开始绘制之前与绘制完毕之后，分别调用 turtle.begin_fill() 与 turtle.end_fill()。

13.6　在递归过程中反复执行图形绘制函数

　　我们已经把程序中的两个图形绘制函数写好了，现在需要看看分形图案制作器项目的主要函数—— drawFractal()。这个函数有 3 个必须指定的参数与一个可选的参数，它们分别是 shapeDrawFunction、size、specs 及 maxDepth。

　　shapeDrawFunction 参数应该是某种图形绘制函数，例如，刚才的 drawFilledSquare() 或者 drawTriangleOutline()。size 参数表示本函数将要传给图形绘制函数的 size 值。一般来说，我们可以先试着用 100 ~500 的某个数作为初始的 size 并让程序在逐层递归的过程中扩大或缩小这个值，不过具体应该选哪个数还要看图形绘制函数绘制的究竟是一个什么样的基本图形，有时可能要多尝试几次，才能找到合适的起始值。

　　specs 参数应该是一个由字典构成的列表。其中，每一个字典都是一条递归规则，用来描述 drawFractal() 在执行此项递归时，应该如何在当前这一级递归的基础上，改变基本图形的大小、位置与角度。本节稍后会讲述这种递归规则具体应该如何设计并解析。

如果不限制递归深度，那么 drawFractal() 就会一直递归下去，直至程序发生栈溢出。为了防止这种现象出现，我们设计了 maxDepth 参数，让它决定 drawFractal() 最多能递归几次。该参数的默认值是 8，但你也可以给它传入别的值，以增加或降低最大的递归深度。

在这 4 个参数之外，其实还有第 5 个参数，也就是 depth。设计这个参数是为了让 drawFractal() 能够知道程序正在做的是第几级递归，它的默认值为 0。主程序触发 drawFractal() 时，并不需要指定该参数（等到 drawFractal() 递归调用自身时，才需要传入该参数，以表示递归的深度）。

13.6.1　准备工作

drawFractal() 函数首先要判断它有没有遇到两种基本情况。

Python

```
def drawFractal(shapeDrawFunction, size, specs, maxDepth=8, depth=0):
    if depth > maxDepth or size < 1:
        return # 基本情况
```

第一种基本情况是指 depth（当前的递归深度）已经大于 maxDepth（最大递归深度），此时函数不用继续递归，而应该直接返回。第二种基本情况是指 size（基本图形的尺寸）已经小于 1，这样的图形太小，根本无法显示在屏幕上，因此 drawFractal() 函数也不用继续递归，它同样应该直接返回。

接下来，把海龟的位置（也就是横坐标与纵坐标）以及它的方向角分别记录到 initialX、initialY 与 initialHeading 这 3 个变量中。这样无论当前这一层的图形绘制函数在画完图之后，让海龟留在了什么样的位置与角度上，我们都可以先将它还原到执行该函数之前的样子，再执行下一级递归（这样才能正确地运用 specs 中的递归规则，因为那些规则描述的变化是针对本级递归的初始状态的，而不是针对调用完图形绘制函数之后的状态的）。

Python

```
# 开始执行其他操作之前，先保存海龟现在的位置与方向
initialX = turtle.xcor()
initialY = turtle.ycor()
initialHeading = turtle.heading()
```

turtle.xcor() 与 turtle.ycor() 函数返回海龟在屏幕上的绝对横坐标与绝对纵坐标（坐标原点在窗口左下角）。turtle.heading() 函数返回海龟目前朝向的角度（屏幕的正右方是 0°）。

接下来的几行代码用来执行程序通过 shapeDrawFunction 参数传入的图形绘制函数。

```
# 调用图形绘制函数，以绘制基本图形
turtle.pendown()
shapeDrawFunction(size, depth)
turtle.penup()
```

由于在这里程序传递给 shapeDrawFunction 参数的值实际上是一个函数，因此 shapeDrawFunction(size, depth) 这样的写法就相当于以 size 及 depth 作为参数，执行这个函数。先让画笔与画布相贴，再执行 shapeDrawFunction()，并且在执行完毕之后，

又把画笔抬起来，这样做能够确保程序在进入图形绘制函数时，其画笔始终处于与画布相贴的状态，使编写图形绘制函数的人不用再专门执行一次 `turtle.pendown()`，而可以直接开始绘图。另外，这也让编写图形绘制函数的人不用再因为担心画笔状态会干扰接下来的代码，而专门在函数末尾执行一次 `turtle.penup()` 以抬起画笔。

13.6.2　解析字典之中的递归规则

通过 `shapeDrawFunction()` 调用完图形绘制函数之后，`drawFractal()` 函数剩下的任务就是根据 `specs` 列表中的各个字典描述的规则，执行下一级递归调用。`drawFractal()` 会针对 `specs` 之中的每一个字典执行一次递归。如果 `specs` 列表中只有一个字典，那么程序在这一级只会向下触发一次对 `drawFractal()` 的递归。但如果 `specs` 中有 3 个字典，那么程序在这一级要分别向下做 3 次对 `drawFractal()` 的递归。而那 3 次递归又会各自衍生出 3 次更深的递归。

`specs` 参数中的每个字典都是一条规则，让程序知道应该怎样执行递归，`specs` 中有多少个字典，就要分别执行多少次递归。字典中可能会出现 `sizeChange`、`xChange`、`yChange` 与 `angleChange` 这 4 个键。它们分别表示接下来递归调用 `drawFractal()` 时图形的尺寸、海龟的横坐标、海龟的纵坐标以及海龟的方向如何调整。表 13-1 解释了这 4 个键。

表 13-1　描述递归规则的字典中有可能出现的 4 个键

键名	默认键值	键值的含义
sizeChange	1.0	下次递归使用的图形尺寸（对于本项目中的两个图形绘制函数来说，这个尺寸指图形的边长）相对于当前尺寸缩放的比例
xChange	0.0	下次递归使用的横坐标相对于当前横坐标增加的比例
yChange	0.0	下次递归使用的纵坐标相对于当前纵坐标增加的比例
angleChange	0.0	下次递归使用的起始角度相对于当前起始角度增加的角度

下面我们以绘制四角分形为例，看看应该怎么指定这些用来描述递归规则的字典。为了绘制这样的分形，在调用 `drawFractal()` 时，应该给 `specs` 参数传入下面这个列表。

Python

```
[{'sizeChange': 0.5, 'xChange': -0.5, 'yChange': 0.5},
 {'sizeChange': 0.5, 'xChange': 0.5, 'yChange': 0.5},
 {'sizeChange': 0.5, 'xChange': -0.5, 'yChange': -0.5},
 {'sizeChange': 0.5, 'xChange': 0.5, 'yChange': -0.5}]
```

`specs` 列表中有 4 个字典，这意味着 `drawFractal()` 在绘制完当前这个基本图形之后（对于四角分形来说，该图形是指正方形），要分别执行 4 次递归，以便以这个正方形的 4 个顶点（也就是 4 个角）为中心，分别绘制 4 个小的正方形。图 13-8（a）～（f）演示了递归绘制四角分形的过程（每一级递归所绘制的正方形的填充色都与相邻的两级不同，填充色会在白色与灰色之间切换）。

为了判定下次递归时的正方形应该画多大，程序需要把 sizeChange 键对应的值与当前的 size 参数相乘。以 specs 列表中的第一个字典为例，它的 sizeChange 键的值是 0.5，于是程序在执行与这个字典相对应的这次递归时，就会把正方形的边长指定为 350 * 0.5，也就是 175 个单位长度。这意味着，下次绘制的正方形的边长是这次的二分之一。假如 sizeChange 键的值是 2.0，那么下次绘制的正方形的边长是这次的两倍。如果字典中没有键名为 sizeChange 的条目，程序就把图形尺寸的缩放系数默认视为 1.0，也就是不改变图形的大小。

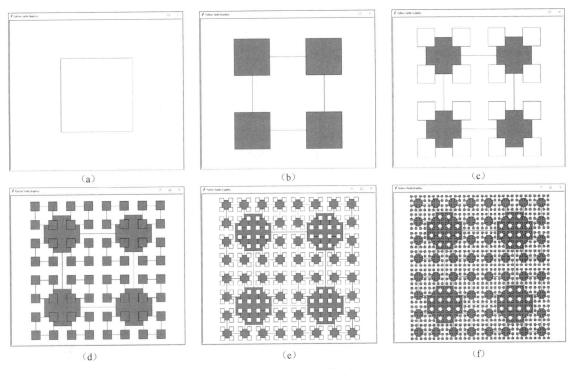

图 13-8　绘制四角分形的过程

我们还以 specs 列表中的第一个字典为例，程序为了判定下次递归时使用的横坐标（也就是判定下次要画的那个正方形的中心的横坐标），需要把 xChange 键的值（也就是 -0.5）与当前的 size 值相乘。size 是 350，因此这意味着，下次绘制正方形时海龟所处位置的横坐标应该是这次绘制正方形之前的那个初始横坐标与 -175 之和。yChange 键的值是 0.5，这意味着下次绘制时海龟所处位置的纵坐标应该是这次绘制正方形之前的那个初始纵坐标与 175 之和，把这与 xChange 所描述的变化结合起来，意思就是让下一个正方形的中心出现在当前这个正方形的左上角。于是，程序在绘制那个小正方形时，就会把当前这个正方形的左上角当成那个正方形的中心。

看看 specs 列表中的其他 3 个字典，你会发现，它们的 sizeChange 键的值都是 0.5。这 4 个字典之间的区别只在于 xChange 与 yChange 值的正负号，另外那 3 个字典中设置的值会让当前这个正方形的另外 3 个角也各出现一个小的正方形。于是，程序在执行下一级递归时，就会以当前这个正方形的 4 个角为中心，绘制出 4 个小的正方形。

这个 specs 列表中的 4 个字典都不包含 angleChange 条目，因此程序会把这个值默认视为 0.0°（也就是说，绘制那些小正方形时所使用的角度与绘制当前这个正方形时的初始角度相同）。假如字典中有这一条目，而且它的值是正数，那么下一级递归中绘制的图形相当于在当前图形的基础上逆时针旋转。若条目的值是负数，则相当于顺时针旋转。

列表中有多少个字典，在执行下一级递归时，程序就会针对本级递归所画的每一个图形，执行多少次递归。假如我们把 specs 列表中的第一个字典删除，那么 drawFractal() 在绘制完基本图形之后，就只会执行 3 次递归调用，绘制的四角分形如图 13-9 所示。

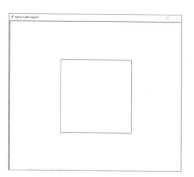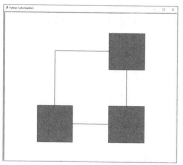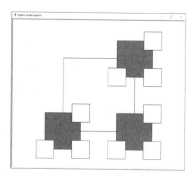
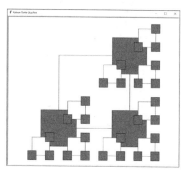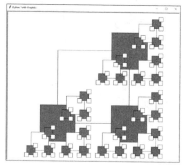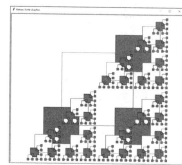

图 13-9　把 specs 列表中的首个字典删除，会让程序绘制出这样的四角分形

13.6.3　根据字典所描述的规则执行递归

现在我们看看 drawFractal() 是怎么用代码实现上一节描述的递归效果的。

Python

```
# 递归情况
for spec in specs:
    # specs 参数是一个由字典构成的列表，其中的每个字典都用来描述一条递归调用规则。这条规则最多可能有 4 个条目，
    # 分别以 sizeChange、xChange、yChange、angleChange 为键规定尺寸、起始横坐标、起始纵坐标与角度
    # 方面的变化，其中，前三者的值都是缩放倍数。sizeChange 与 size（当前尺寸）的乘积是下一次递归时的尺寸，
    # angleChange 与海龟当前的起始角度之和，决定了下一次递归时的海龟方向，从（initialX,initialY）这一点
    # （也就是当前的起始点）出发，沿着该方向推进 xChange * size 个单位，左转 90°之后再推进 yChange* size
    # 个单位，就到达下一次递归使用的起始点
    sizeCh = spec.get('sizeChange', 1.0)
```

```
xCh = spec.get('xChange', 0.0)
yCh = spec.get('yChange', 0.0)
angleCh = spec.get('angleChange', 0.0)
```

　　for 循环会把 specs 列表中的每个字典轮流赋给 spec 变量，这样我们能够在每次循环时处理一个字典（也就是一条递归规则）。我们用 get() 方法从字典中查询 sizeChange、xChange、yChange 与 angleChange 这 4 个键的值，并将其分别赋给 4 个变量（那 4 个变量的名称与这 4 个键类似，只把 Change 简写成 Ch）。如果字典中没有这个键，那么 get() 方法会把它的第二个参数当成默认值。

　　然后，我们把海龟的位置重置为程序刚开始调用 drawFractal() 时的值。这样做是为了确保接下来递归时，能够基于这个位置计算，而不会受到前面几轮循环的干扰。假如不这么做，那么接下来的递归可能就会按照海龟之前绘制完某个图形时所处的位置来计算。重置完毕之后，结合解析出来的规则，根据初始角度与 angleCh 调整海龟的朝向，根据 xCh 与 yCh 调整海龟的坐标。

Python

```
# 把海龟重置到初始位置并根据当前这个字典描述的这条递归规则调整其位置与方向
turtle.goto(initialX, initialY)
turtle.setheading(initialHeading + angleCh)

turtle.forward(size * xCh)
turtle.left(90)
turtle.forward(size * yCh)
turtle.right(90)
```

　　横坐标与纵坐标的变化是相对于海龟自身的朝向而言的。如果海龟的方向角是 0°，也就是说，它自身的朝向与 x 轴正向（即屏幕的正右方）重合，那么横坐标的变化自然也是沿着 x 轴正向的。但如果海龟的方向不是 0°，例如，海龟的方向是 45°，那么横坐标的变化针对斜 45° 方向。在这种情况下，让海龟向"右"移动实际上意味着向屏幕的右上方移动，因为这个"右"是针对海龟自己的朝向（而不是针对屏幕）的（我们始终把海龟一开始朝着的那个方向叫作"右"）。

　　通过 turtle.forward(size * xCh) 让海龟推进 size * xCh 个单位实际上就是让海龟按照它自己的朝向往前走那么多个单位（假如把沿着海龟的初始方向推进叫作"右移"，那么这就相当于让它朝"右"走那么多个单位）。若 xCh 为负数，则这样做的效果是让海龟沿着与自身朝向相反的方向移动（也就是所谓"左"移）。接下来，调用 turtle.left(90)，让海龟朝它自己的左边旋转 90°，使它的朝向与旋转之前的朝向垂直，然后调用 turtle.forward(size * yCh) 让海龟推进（或者说，朝"上"走）size * yCh 个单位，这样的话，它就来到程序绘制下一个图形时使用的起始点。然而，为了调整海龟的朝向，刚才调用了一次 turtle.left(90)，因此这里要调用 turtle.right(90) 让海龟重新回到之前的朝向。

　　图 13-10（a）～（d）演示了刚才那段代码中最后 4 行的效果：无论海龟的初始方向角的度数是多少，这 4 行代码都会让它先朝着这个方向（也就是"右"方）推进（这里假设移动 100 个单位距离），然后左转 90°，再朝着旋转之后的方向（该方向是"上"方，与旋转前的那个

方向垂直）推进（这里依然假设移动 100 个单位距离），最后右转 90°，以确保方向角与推进之前相同。

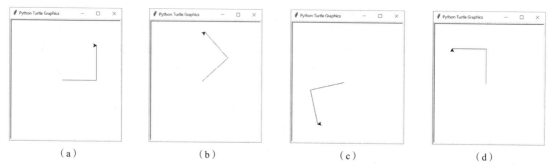

　　（a）　　　　　　　　（b）　　　　　　　　（c）　　　　　　　　（d）

图 13-10　程序在 4 种不同的初始方向下如何执行刚才那几行代码

　　现在，我们已经把海龟的位置与朝向设置好。接下来，就令 drawFractal() 递归调用自身，以便让海龟绘制接下来的图形。

Python

```
# 执行递归调用
drawFractal(shapeDrawFunction, size * sizeCh, specs, maxDepth,
depth + 1)
```

　　在递归函数调用中，shapeDrawFunction、specs 与 maxDepth 这 3 个参数都是照原样传入的。然而，size 参数的值是 size * sizeCh，因为我们要把下一级递归在图形尺寸方面的变化考虑进来。另外，depth 参数的值要写成 depth + 1，因为程序在执行递归时还会调用图形绘制函数，那时必须让 drawFractal() 函数知道，程序的递归深度已经增加了一层（而且下一级 drawFractal() 还要根据这个参数的值，判断是否已经超过最大的递归深度）。

13.7　设计递归的规则与参数

　　既然你已经知道了如何编写图形绘制函数，以及如何让 drawFractal() 在递归调用的过程中反复执行该函数，我们就需要针对分形图案制作器所要内置的 9 种示例图案，设计相应的规则与参数，并将其传给 drawFractal()，从而实现绘制。这 9 种示例图案参见图 13-1。

13.7.1　四角分形

　　第 1 种图案是四角分形。首先，绘制一个大的正方形。然后，让 drawFractal() 按照指定的规则在这个正方形的 4 个角分别绘制一个小的正方形（接下来，针对每一个这样的小正方形，分别绘制 4 个更小的正方形，以此类推）。

Python

```
if DRAW_FRACTAL == 1:
    # 绘制四角分形
    drawFractal(drawFilledSquare, 350,
        [{'sizeChange': 0.5, 'xChange': -0.5, 'yChange': 0.5},
         {'sizeChange': 0.5, 'xChange': 0.5, 'yChange': 0.5},
         {'sizeChange': 0.5, 'xChange': -0.5, 'yChange': -0.5},
         {'sizeChange': 0.5, 'xChange': 0.5, 'yChange': -0.5}], 5)
```

当调用 `drawFractal()` 时，把最大的递归深度设置为 5，因为再往下递归，会让线条过于密集，令我们无法分辨出图案的细节。

13.7.2 螺旋方块

螺旋方块（spiral square）也从一个大的正方形开始，但在下一次递归时，只在本轮图形的基础上多绘制一个正方形（而不像四角分形那样，针对本轮的每个图形分别绘制 4 个正方形）。

Python

```
elif DRAW_FRACTAL == 2:
    # 绘制螺旋方块
    drawFractal(drawFilledSquare, 600, [{'sizeChange': 0.95,
        'angleChange': 7}], 50)
```

下一层递归的正方形要比本层的正方形略小，而且要旋转 7°。所有正方形的中心都一致（换句话说，下一层递归的正方形的中心的横坐标与纵坐标不需要在本轮递归的这个正方形基础上有所变化），因此我们不用在这个表示递归规则的字典中添加键名为 xChange 或 yChange 的条目。默认的最大递归深度为 8，这个深度无法很好地生成这种分形，所以我们将最大递归深度增加到 50，以便产生一种炫目的效果。

13.7.3 双螺旋方块

双螺旋方块（double spiral square）与螺旋方块类似，只不过在下一层递归中会针对本层的每一个方块分别绘制两个小一些的方块（而不是一个）。这就产生了一种有意思的效果，因为在两个小方块后绘制的那个方块会盖住先绘制的那个。

Python

```
elif DRAW_FRACTAL == 3:
    # 绘制双螺旋方块
    drawFractal(drawFilledSquare, 600,
        [{'sizeChange': 0.8, 'yChange': 0.1, 'angleChange': -10},
         {'sizeChange': 0.8, 'yChange': -0.1, 'angleChange': 10}])
```

在即将绘制的两个小方块之中，有一个比当前的方块略高，而且要旋转 −10°，另一个比当前的方块略低，而且要旋转 10°。

13.7.4 三角螺旋

三角螺旋其实就是螺旋方块的变体，只不过它的基本图形是等边三角形，而非正方形，因此我们要把图形绘制函数指定为 `drawTriangleOutline()`，而不是 `drawFilledSquare()`。

Python

```
elif DRAW_FRACTAL == 4:
    # 绘制三角螺旋
    drawFractal(drawTriangleOutline, 20,
        [{'sizeChange': 1.05, 'angleChange': 7}], 80)
```

另外，与绘制方块分形时不同，这次我们打算从小往大画，也就是先画一个边长（size）为 20 个单位距离的等边三角形，然后逐级增加等边三角形的边长。为此，我们要把 sizeChange 这个键的值设计成大于 1.0 的数，这样才能让这些等边三角形越画越大。由于这次我们从小往大画，因此 size 在递归的过程中会越来越大，使程序不会遇到 size 小于 1 的那种情况，这样程序只会因为遇到另一种基本情况（也就是超过最大的递归深度）而不再继续递归。

13.7.5　康威生命游戏的滑翔机

康威生命游戏（Conway's game of life）是一种知名的细胞自动机（cellular automaton）。虽然这个游戏的规则很简单，但是它能够在二维的网格上面产生出许多种模式。其中一种叫作滑翔机（glider），它要占据 3 × 3 的空间（也就是 9 个格子），在这 9 个格子中，有 5 个格子是它本身的图案。

Python

```
elif DRAW_FRACTAL == 5:
    # 按照康威生命游戏的滑翔机绘制分形
    third = 1 / 3
    drawFractal(drawFilledSquare, 600,
        [{'sizeChange': third, 'yChange': third},
         {'sizeChange': third, 'xChange': third},
         {'sizeChange': third, 'xChange': third, 'yChange': -third},
         {'sizeChange': third, 'yChange': -third},
         {'sizeChange': third, 'xChange': -third, 'yChange': -third}])
```

我们绘制这个滑翔机分形时，会从一个大的正方形开始，把它视为 3 × 3 的 9 个格子，并在其中的 5 个格子中绘制小正方形，然后针对每一个小正方形，继续做这样的划分与绘制。代码中的 third 变量有助于我们描述下一级递归中的 5 个小正方形在尺寸、横坐标与纵坐标等方面与当前这一级相比所发生的变化。

笔者写的 *The Big Book of Small Python Projects*（No Starch 出版社）一书讲了如何用 Python 实现康威生命游戏。

13.7.6　谢尔宾斯基三角形

虽然我们在第 9 章中已经画过谢尔宾斯基三角形了，但是现在这款分形图案制作器能够用

drawTriangleOutline()作为图形绘制函数,画出同样的分形。因为这种分形其实就是在一个大的等边三角形中绘制 3 个小的等边三角形(然后针对每一个小等边三角形,在其中绘制 3 个更小的等边三角形,并以此类推)。

Python

```python
elif DRAW_FRACTAL == 6:
    # 绘制谢尔宾斯基三角形
    toMid = math.sqrt(3) / 6
    drawFractal(drawTriangleOutline, 600,
        [{'sizeChange': 0.5, 'yChange': toMid, 'angleChange': 0},
         {'sizeChange': 0.5, 'yChange': toMid, 'angleChange': 120},
         {'sizeChange': 0.5, 'yChange': toMid, 'angleChange': 240}])
```

在本次递归中,绘制的这个等边三角形的中点与下一次中那 3 个小等边三角形的中心之间的距离都是 size * math.sqrt(3)/6 个单位距离(该距离用 toMid 变量表示),只不过其中一个小等边三角形的中心位于该等边三角形中心的上方,因此只需要把起始点的纵向变化系数设置为 toMid 即可,而另外那两个小等边三角形的中心分别位于该等边三角形中心的左下方与右下方。因此,你必须先把 angleChange 分别指定为 120 与 240,再按 toMid 进行"纵"向的变化[①],这样才能让程序在执行那两次递归时,把海龟正确地移动到相应小等边三角形的起始点。

13.7.7 波浪

波浪分形绘制起来相对比较简单,也就是在大等边三角形周围分别绘制 3 个尺寸与角度有所区别的小等边三角形(然后针对每个小等边三角形执行这样的递归,并以此类推)。

Python

```python
elif DRAW_FRACTAL == 7:
    # 绘制波浪
    drawFractal(drawTriangleOutline, 280,
        [{'sizeChange': 0.5, 'xChange': -0.5, 'yChange': 0.5},
         {'sizeChange': 0.3, 'xChange': 0.5, 'yChange': 0.5},
         {'sizeChange': 0.5, 'yChange': -0.7, 'angleChange': 15}])
```

13.7.8 号角

号角(hornor)分形有点像羊角。

---

① 当 angleChange 为 120° 时,把 yChange 设置为 toMid 实际上相当于沿着当前中心的 210° 方向推进 toMid * size 个单位,以此作为下次递归的中心。同理,当 angleChange 为 240° 时,把 yChange 设置为 toMid 实际上相当于沿着当前中心的 330° 方向(或者说,−30° 方向)推进 toMid * size 个单位,以此作为下次递归的中心。——译者注

Python

```
elif DRAW_FRACTAL == 8:
    # 绘制号角
    drawFractal(drawFilledSquare, 100,
        [{'sizeChange': 0.96, 'yChange': 0.5, 'angleChange': 11}], 100)
```

　　这种简单的分形是由正方形构成的，后一个正方形比前一个略小，其中心比前一个正方形的中心偏上，而且有 11° 的旋转角度。我们把最大递归深度设置为 100，这样能够让绘制出的号角图案多转几圈。

13.7.9　雪花

　　最后一种分形图案是雪花（snowflake）。在正方形的周围画 5 个小正方形，这 5 个小正方形的中心与大正方形的中心之间的距离相等，而且相邻两条连线之间的夹角相同，即可绘制雪花。于是，这 5 个小正方形的中心就能形成一个正五边形，针对每个小正方形继续做这样的递归，就能形成雪花图案。这其实与四角分形的制作思路类似，只不过它要针对每个正方形递归 5 次，而不是 4 次。

Python

```
elif DRAW_FRACTAL == 9:
    # 绘制雪花
    drawFractal(drawFilledSquare, 200,
        [{'xChange': math.cos(0 * math.pi / 180),
          'yChange': math.sin(0 * math.pi / 180), 'sizeChange': 0.4},
         {'xChange': math.cos(72 * math.pi / 180),
          'yChange': math.sin(72 * math.pi / 180), 'sizeChange': 0.4},
         {'xChange': math.cos(144 * math.pi / 180),
          'yChange': math.sin(144 * math.pi / 180), 'sizeChange': 0.4},
         {'xChange': math.cos(216 * math.pi / 180),
          'yChange': math.sin(216 * math.pi / 180), 'sizeChange': 0.4},
         {'xChange': math.cos(288 * math.pi / 180),
          'yChange': math.sin(288 * math.pi / 180), 'sizeChange': 0.4}])
```

　　当为这种分形设计递归规则时，需要用到三角函数中的余弦与正弦函数，这两个函数在 Python 语言之中分别用 math.cos() 与 math.sin() 表示，我们要调用这两个函数，计算下一次递归的起始点与当前起始点在横坐标与纵坐标方面的差值。圆周角是 360°，由于 5 个小正方形要均衡地分布在大正方形周围，因此我们把它们的中心分别放置在相对于大正方形中心的 0°、72°、144°、216° 与 288° 方向上。对于其中的每个角度来说，其余弦值与当前边长的乘积就是下一次递归时的起始横坐标与当前起始横坐标之间的差量，其正弦值与当前边长的乘积则是下一次递归时的起始纵坐标与当前起始纵坐标之间的差量，因此要把 xChange 和 yChange 分别指定为 math.cos(...) 与 math.sin(...)，但这两个函数用的是弧度而不是角度，所以必须将这些度数乘以 math.pi/180，以将其转化为弧度。

这样就会让 5 个小的正方形均衡地环绕在大正方形周围，而其中的每一个小正方形周围又会有 5 个更小的正方形，以此类推，最后会形成晶体状的图案，这个图案很像雪花。

13.7.10 作为基本图形的正方形或等边三角形

为了让程序的功能更完整，我们还允许用户把 DRAW_FRACTAL 常量设置为 10 或 11，以便在海龟绘图窗口之中单独观察用 drawFilledSquare() 或 drawTriangleOutline() 函数绘制的基本图形。这两种图形的边长均设置为 400。

Python

```
elif DRAW_FRACTAL == 10:
    # 绘制带填充色的正方形
    turtle.tracer(1, 0)
    drawFilledSquare(400, 0)
elif DRAW_FRACTAL == 11:
    # 绘制只有外框而无填充色的三角形
    turtle.tracer(1, 0)
    drawTriangleOutline(400, 0)
turtle.exitonclick() # 在窗口中任意单击，以退出程序
```

程序根据 DRAW_FRACTAL 的值，绘制完这 9 种分形或两种基本图形里的某一种之后，会调用 turtle.exitonclick()，使海龟绘图窗口等待用户的单击操作。用户在窗口中的任意位置单击鼠标之后，程序就结束了。

13.8 自己设计分形

如果调用 drawFractal() 函数时传递的是自编的递归规则，你就能够看到自己设计的分形。在设计分形时，你不仅需要考虑在生成这种分形的过程中需要针对当前这一层的每个基本图形分别执行多少次递归，还要考虑下一层的基本图形在尺寸、位置与方向等方面如何变化（并据此来撰写递归的规则）。你可以使用程序自带的这两种图形绘制函数画基本图形，也可以自己开发新的图形绘制函数。

例如，如果你给程序内置的 9 种分形图案编写代码时在本来应该画正方形的地方画三角形，在本来应该画三角形的地方画正方形（也就是说，你在调用 drawFractal() 时，在本来应该传入 drawFilledSquare() 的地方传入 drawTriangleOutline()，在本来应该传入 drawTriangleOutline() 的地方传入 drawFilledSquare()），那么这 9 种内置的分形就会变成图 13-11（a）～（i）这样。其中有些图案好像没什么意思，但会有一些会产生出乎意料的奇妙效果。

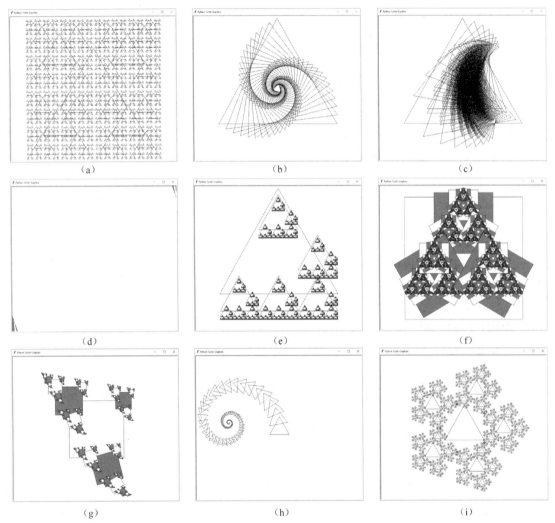

图 13-11　在互换了这两种图形绘制函数之后，由分形图案制作器绘制的 9 种内置分形图案

13.9　小结

　　这款分形图案制作器程序让我们看到递归的潜力是无穷的。像 drawFractal() 这样一个简单的递归函数只要与某种图形绘制函数相搭配，就能够（按照预先设计的递归规则）产生许多种复杂的几何图案。

　　这个 drawFractal() 函数是分形图案制作器的核心，它能够以另一个函数（也就是刚说的图形绘制函数）作为参数。程序会让 drawFractal() 调用该函数，以绘制基本图形，然后根据指定的规则，用其中的每一个字典触发一次递归，并依照其中的相关键值，调整这次递归的图形尺寸、起始位置以及初始角度，这样就能够通过多次绘制基本图形生成最终的分形图案。

　　你可以写出许多种图形绘制函数，而且能够针对每一种基本图形设计不同的递归规则，这样组合之后，有无数种搭配方式。在做这个项目时，请你尽情发挥创造力，尝试各种基本图形与递归规则。

延伸阅读

　　有些网站也能用于制作分形。例如，Visnos 网站就有一个 Interactive Fractal Tree 页面，该页面能够生成二叉树分形，网页中有滑块，可用于调整角度与尺寸等参数。每次用浏览器访问 Procedural Snowflake 网站，都能看到新的雪花状分形。Nico 制作的 Fractal Machine 网站能用于创建分形动画。另外，你也可以直接在网页浏览器中搜索 fractal maker（分形制作器）或 fractal generator online（在线分形生成器）。

## 第 14 章

画中画制作器

德罗斯特效应（Droste effect）是一种递归式的艺术手法，其中的德罗斯特源自德罗斯特品牌的一种盒装可可粉在 1904 年所用的封面，这是一个来自荷兰的品牌。包装盒上面的图像是一位手托餐盘的护士，餐盘中有一小盒可可粉，那个盒子的封面与大包装盒的封面类似，也是一位手托餐盘的护士，那个餐盘中还有一盒更小的可可粉，如图 14-1 所示。

在本章中，我们要开发一款画中画（Droste）制作器程序，它不仅能够根据任意一幅画或一张照片，生成与刚才那个包装盒封面类似的递归图像，例如，生成游客正在博物馆欣赏展品的画面，那件展品描述的同样是这位游客在看这件展品，还可以生成一只猫在计算机显示器前的画面，而显示器显示的同样是一只位于计算机显示器前面的猫。另外，你还可以让该程序生成与这些完全不同的画中画效果。

你可以用 Microsoft Paint（也就是 Windows 操作系统自带的"画图"）或 Adobe Photoshop 等图形处理软件，准备这幅作为基本素材的图像，你需要将放置递归图像的那一部分填充为品红色。然后，Python 程序就会通过 Pillow 图像库读取该图像，并以此制作递归效果。

首先，我们看看怎样安装 Pillow 库，并了解这款画中画制作器程序所使用的算法是如何运作的。然后，我们会看到该程序的 Python 源代码。最后，我们会解释代码。

14.1 安装 Pillow 库

本章的项目要用到一个名叫 Pillow 的图形库。这个库使 Python 程序能够创建并修改 PNG、JPEG 以及 GIF 等格式的图像文件。它有许多函数，这些函数可以用来调整图像的大小，复制或裁切图像的内容。此外，Pillow 库还支持其他一些常用的图像处理操作。

如果你使用的操作系统是 Windows，就打开命令提示符窗口，并在其中执行 `py -m pip`

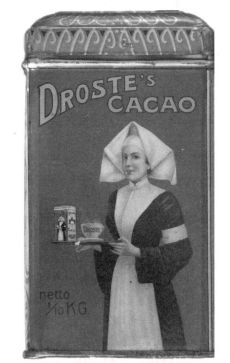

图 14-1　德罗斯特可可粉的盒子
上面印的递归式图像

install --user pillow命令。如果你用的是 macOS 或 Linux 系统，就打开终端窗口，然后运行 **python3 -m pip install --user pillow**命令。这条命令会让 Python 使用 pip 安装器从官方网站 Python Package Index 下载 pillow 库并安装该库。

要想验证这个库是否安装正确，可以进入交互式的 Python 环境，然后执行 from PIL import Image 语句。虽然这个 Python 库本身的名字是 Pillow，但是它的模块名叫作 PIL，也就是 Pillow 这个词前 3 个字母的大写形式，因此，我们在 from ... import ... 语句中要写 PIL 而不是 Pillow。如果 Python 系统没有报错，就说明这个库安装好了。

要了解 Pillow 库的官方文档，请参见 Read the Docs 网站。

14.2 把基本图像准备好

接下来，我们要准备一幅基本图像，并把其中需要呈现递归效果的那个区域填充为特定的颜色，这种颜色的 RGB 值是 (255, 0, 255)。RGB 是一种表示颜色的形式，它用 R（红）、G（绿）、B（蓝）这 3 个分量来表示某种颜色。刚才说的这种特定颜色是品红色，计算机图形领域通常用这种颜色来标注图片中应该渲染为透明的区域，这就好比拍视频时经常用绿幕（green screen）来表示需要在后期制作时抠掉的区域一样，这款画中画制作器程序会把原始图像中的这个品红区域替换为该图像的缩小版。当然，替换之后，在这幅缩小版的图像中，还会出现一个品红区域，只不过比原来小一些。于是，我们就这样一直替换下去，直至遇到基本情况，这个基本情况是指图像已经缩小得看不到品红区域了，此时算法就完成了任务。

图 14-2（a）～（d）演示了这个用缩小版图像替换品红区域的递归处理过程。在本例中，原始图像是一位站在博物馆中欣赏艺术品的游客，这件艺术品中有一个品红色的部分，程序要把这一部分替换成缩小版的图像。

注意，这个品红区域中所有像素的 RGB 值必须是 (255, 0, 255)。某些图形处理软件在填充某个区域时，可能会运用渐退效果（fading effect，或者淡入淡出效果），让图片看起来更自然。例如，如果你用 Photoshop 的 Brush（油漆桶）工具将某个区域填充为品红色，那么位于该区域边缘的那些像素可能并不是纯正的品红色，而有偏差。因此你有时可能要用 Pencil（铅笔）工具来填充或描边才行，这个工具不会运用渐退效果，你让它使用哪种颜色，它就会把像素画成哪种颜色。另外，如果你用的图形处理程序不允许你精确地指定颜色的 RGB 值，那么你可以从 Invent with Python 网站中的 magenta 色块中复制图像内容，然后将其粘贴到需要涂成品红色的那个区域中。

原始图像中品红区域的尺寸与形状可以自由调整，并不一定非要设置为标准的矩形，也不一定非要设置为一整块连续的区域。例如，图 14-2（a）～（d）中的这个品红区域就不是标准的矩形区域，因为游客的图像盖住了矩形左下方的那一部分，从而形成一种游客正在欣赏艺术品的效果，这也令矩形区域中的这一部分像素并不呈现品红色。如果你阅读的是黑白印刷的纸质书，那么请注意，带品红色像素的区域指的就是观察这件展品的游客所面对的区域。

如果你要让画中画制作器采用你自己制作的原始图像，而不是刚才提到的那幅示例图像，那么需要注意，你应该把文件保存成 PNG 格式，不要保存成 JPEG 格式。因为 JPEG 用的是有损压缩（lossy compression）技术，它会轻微地降低图像品质，以减少该图像占用的空间。这种压缩技术不会影响图像的整体质量，也就是说，人眼通常很难看出压缩后的图片在质量上变低了。但问题是，对于纯品红色（也就是 RGB 值为 (255, 0, 255) 的那种颜色）的像素来说，有损压缩技术可能会把像素的颜色改成另外一种品红色（从而令画中画制作器无法正确识别）。对于 PNG 格式，用的是无损压缩（lossless compression）技术，因此就不会有这个问题。

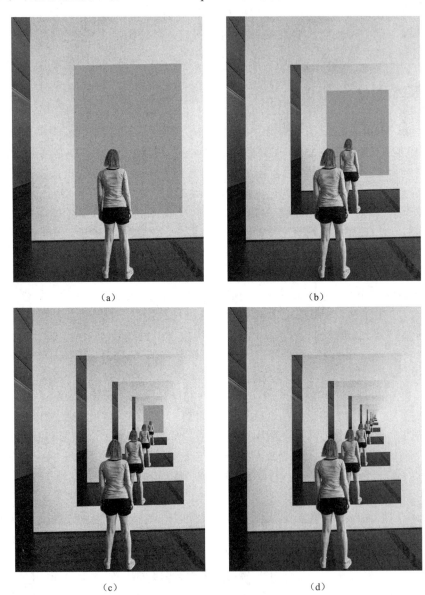

（a）   （b）

（c）   （d）

图 14-2   把原始图像中的品红色像素替换成缩小版的图像，并对缩小版中的品红色像素递归地执行替换操作

14.3 画中画制作器程序的完整代码

下面就是 *drostemaker.py* 程序的全部源代码，由于这款程序依赖的 Pillow 库是 Python 语言特有的，因此本书不提供等效的 JavaScript 版本。

```python
from PIL import Image


def makeDroste(baseImage, stopAfter=10):
    # 如果 baseImage 参数是一个表示图像文件名的字符串，就根据该字符串加载图片，并把加载的图片赋给 baseImage
    if isinstance(baseImage, str):
        baseImage = Image.open(baseImage)

    if stopAfter == 0:
        # 基本情况
        return baseImage
    # 在 RGBA 或 RGB 颜色格式中，洋红色的 R、B、A 分量都是最大值，G 分量是 0
    if baseImage.mode == 'RGBA':
        magentaColor = (255, 0, 255, 255)
    elif baseImage.mode == 'RGB':
        magentaColor = (255, 0, 255)

    # 查询原始图像的宽度与高度，并在其中寻找品红色像素出现的矩形区域
    baseImageWidth, baseImageHeight = baseImage.size
    magentaLeft = None
    magentaRight = None
    magentaTop = None
    magentaBottom = None

    for x in range(baseImageWidth):
        for y in range(baseImageHeight):
            if baseImage.getpixel((x, y)) == magentaColor:
                if magentaLeft is None or x < magentaLeft:
                    magentaLeft = x
                if magentaRight is None or x > magentaRight:
                    magentaRight = x
                if magentaTop is None or y < magentaTop:
                    magentaTop = y
                if magentaBottom is None or y > magentaBottom:
                    magentaBottom = y

    if magentaLeft is None:
        # 基本情况：图像中没有品红色像素
        return baseImage

    # 取得缩小版的原始图像
    magentaWidth = magentaRight - magentaLeft + 1
    magentaHeight = magentaBottom - magentaTop + 1
    baseImageAspectRatio = baseImageWidth / baseImageHeight
    magentaAspectRatio = magentaWidth / magentaHeight

    if baseImageAspectRatio < magentaAspectRatio:
        # 原始图像比较长而矩形区域比较宽，我们以宽度为基准来缩小原始图像，让缩小版的
        # 图像与矩形区域等宽，并根据两者宽度之比，计算缩小后的高度，使缩小版图像的
        # 宽度与高度之比与原始图像的保持一致
        widthRatio = magentaWidth / baseImageWidth
        resizedImage = baseImage.resize((magentaWidth,
        int(baseImageHeight * widthRatio) + 1), Image.NEAREST)
```

```
    else:
        # 原始图像比较宽而矩形区域比较长，我们以高度为基准来缩小原始图像，让缩小版的
        # 图像与矩形区域等高，并根据两者高度之比，计算缩小后的宽度，使缩小版
        # 图像的宽度与高度之比与原始图像的保持一致

        heightRatio = magentaHeight / baseImageHeight
        resizedImage = baseImage.resize((int(baseImageWidth *
        heightRatio) + 1, magentaHeight), Image.NEAREST)

    # 针对矩形区域中的每一个品红色像素，用缩小版图像中的相应像素替换它
    for x in range(magentaLeft, magentaRight + 1):
        for y in range(magentaTop, magentaBottom + 1):
            if baseImage.getpixel((x, y)) == magentaColor:
                pix = resizedImage.getpixel((x - magentaLeft, y - magentaTop))
                baseImage.putpixel((x, y), pix)

    # 递归情况
    return makeDroste(baseImage, stopAfter=stopAfter - 1)


recursiveImage = makeDroste('museum.png')
recursiveImage.save('museum-recursive.png')
recursiveImage.show()
```

运行程序之前，先确认原始图像文件与 *drostemaker.py* 程序文件位于同一个目录之中。这个程序会用 **museum-recursive.png** 作为文件名保存它制作的递归式图像，并通过图像查看器展示该图像。如果你想用自己指定的原始图像来运行程序，那么首先要在原始图像中留出一个带品红色像素的区域（然后将该文件保存在 *drostemaker.py* 所处的目录之中），接下来修改程序末尾的 `makeDroste('museum.png')` 语句，将其中的文件名替换为这个原始图像的文件名。最后，你还可以修改 `save('museum-recursive.png')` 语句中的文件名，让程序把它制作的递归式图像保存成另外的名字。

14.4　在执行递归替换之前先做一些准备工作

画中画制作器程序只有一个函数——`makeDroste()`，它以 Pillow 库的 Image 对象或某图像文件的文件名作为参数。该函数会根据这个图像本身，递归地替换其中的品红色像素，并把最终的替换结果当作 Pillow 库的 Image 对象，返回给调用方。

Python

```
from PIL import Image


def makeDroste(baseImage, stopAfter=10):
    # 如果 baseImage 参数是一个表示图像文件名的字符串，就根据该字符串加载图片，并把加载的图片赋给 baseImage
    if isinstance(baseImage, str):
        baseImage = Image.open(baseImage)
```

程序首先从 Pillow 库中导入 Image 类（Pillow 库的模块名是 PIL，因此我们在 import 语句中要写 PIL，而不能写 Pillow）。然后，我们开始定义 `makeDroste()` 函数。定义之前，需要判断 baseImage 参数是不是字符串，如果是，就加载该字符串表示的图像文件，并把加载的结果（也就是一个用来表示这幅图像的 Image 对象）赋给 baseImage。

接下来，判断 stopAfter 参数是不是 0。如果是，那么意味着算法已经遇到其中一种

基本情况。于是，`makeDroste()`函数就把这个表示基本图像的 `Image` 对象返回给调用方
（此时的 `Image` 对象表示的基本图像，是一幅已经完成递归替换的基本图像，这正是用户想
要看到的最终结果）。

Python

```python
if stopAfter == 0:
    # 基本情况
    return baseImage
```

如果调用函数时未指定 `stopAfter` 参数，那么该参数就取默认值 10。`makeDroste()`
稍后在递归调用自身时，会把 `stopAfter - 1` 的值当作下一层递归的 `stopAfter` 参数，这
样的话，该参数每次递归时都会比原来小 1，最后会减小为 0，使函数遇到基本情况。

如果程序触发 `makeDroste()` 时向 `stopAfter` 参数传递 0，那么该函数立刻就会返
回一幅与原始图像相同的图像。如果向参数传递 1，那么会让这个函数先把图像中的品红
区域替换为缩小版的图像，然后执行递归，这次函数会发现 `stopAfter` 已经减小为 0，因
而立刻返回这张只替换了一层的图像。同理，向 `stopAfter` 参数传递 2 会让函数执行两
次递归，以此类推（一开始向 `stopAfter` 传递的是几，就意味着函数最多会在几轮替换
之后停止递归）。

设计这个参数是为了防止函数在基本图像中的品红区域过大时递归层数太深而发生栈溢
出。另外，有了这个参数，我们还能灵活控制函数对基本图像执行递归替换的次数，例如，
可以给它传入比默认值 10 小一些的值。例如，图 14-2（a）～（c）演示的就是 `stopAfter`
参数一开始取 0、1、3 时由 `makeDroste()` 函数创建的递归式图像。

接下来，需要判断这幅基本图像采用的颜色模式。它用的可能是 RGB 模式，也可能是
RGBA 模式，前者用红（red）、绿（green）、蓝（blue）这 3 个分量来表示每个像素的颜色，后
者还使用 alpha 分量来表示像素的透明度。这段代码如下所示。

Python

```python
# 在RGBA或RGB模式中，洋红色的R、B、A分量都是最大值，G分量是0
if baseImage.mode == 'RGBA':
    magentaColor = (255, 0, 255, 255)
elif baseImage.mode == 'RGB':
    magentaColor = (255, 0, 255)
```

画中画制作器需要知道图像的颜色模式，这样才能正确地表示品红色，并于稍后根据该颜
色识别原始图像之中的品红色像素。R、G、B 这 3 个分量的取值范围都是 0～255，对于品红
色来说，它的红色分量与蓝色分量都取最大值，绿色分量取最小值（因此，在 RGB 模式下，
这种颜色的值是(255, 0, 255)）。如果用的是 RGBA 模式，那么还要考虑 A 分量，也就是透明度。
该分量为 0，意味着像素完全透明；该分量为 255，意味着像素完全不透明（我们要求用户把待
替换的像素设置为完全不透明的品红色，因此，在 RGBA 模式下，我们要找的这种品红色像素
的颜色值是(255, 0, 255, 255)）。刚才那段代码的意思就是，根据 `baseImage.mode` 表示的颜色
模式，把正确的元组赋给 `magentaColor` 变量，使该变量能够表示品红色（这样我们就可以
断定颜色值与该变量相等的像素是品红色像素）。

14.5　寻找有品红色像素出现的矩形区域

在用基本图像递归地替换品红色像素之前，我们首先要把这个矩形区域的边界确定下来。这要求我们必须从图像中找出位置最靠左、最靠右、最靠上与最靠下的品红色像素（由前两者的横坐标与后两者的纵坐标确定的区域就是我们要找的矩形区域）。

原始图像中的品红色像素并不一定非要形成一个标准的矩形，但是程序在替换这些像素时，需要先拿到一幅缩小版的图像。为了制作这幅图像，我们必须根据原始图像中这些品红色像素的分布情况，绘制一个矩形，用该矩形决定如何缩小原始图像。例如，图 14-3（a）中的白色矩形正是我们要找的矩形。图 14-3（b）演示的是程序用《蒙娜丽莎》(Mona Lisa) 作为原始图像，生成的递归效果，程序会依照这个矩形决定应该用何种比例缩小原始图像，并把其中的品红色像素替换成缩小版图像中的相应像素。

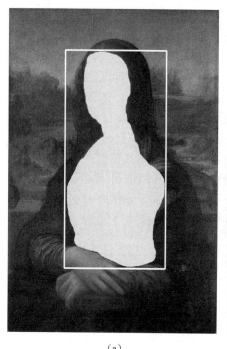 

(a)　　　　　　　　　　　　　　(b)

图 14-3　基本图像中有品红色像素的矩形区域，以及程序根据这幅基本图像制作出的递归效果

为了计算图像的缩小比例与缩小后的图像应该出现的位置，程序需要从表示基本图像的 baseImage 对象（这是一个 Image 型的对象）中，获取 size 属性。该属性是一个元组，其中两个元素分别表示宽度与高度。接下来，程序初始化 4 个变量—— magentaLeft、magentaRight、magentaTop 与 magentaBottom，它们分别用来表示有品红色像素的这个矩形区域的 4 条边界，这 4 个变量的初始值都是 None（用来表示目前还没发现品红色像素）。

Python

```
# 查询原始图像的宽度与高度，并在其中寻找品红色像素出现的矩形区域
baseImageWidth, baseImageHeight = baseImage.size
magentaLeft = None
magentaRight = None
magentaTop = None
magentaBottom = None
```

然后，程序会执行这样一段代码，用相应的横坐标或纵坐标替换刚才那 4 个变量。

Python

```
for x in range(baseImageWidth):
    for y in range(baseImageHeight):
        if baseImage.getpixel((x, y)) == magentaColor:
            if magentaLeft is None or x < magentaLeft:
                magentaLeft = x
            if magentaRight is None or x > magentaRight:
                magentaRight = x
            if magentaTop is None or y < magentaTop:
                magentaTop = y
            if magentaBottom is None or y > magentaBottom:
                magentaBottom = y
```

这个双层的 for 循环会用 x 与 y 这两个变量遍历原始图像中每一个像素的横坐标和纵坐标。每遇到一个像素，就判断这个像素的颜色与 magentaColor 变量中存储的颜色是否相同。如果相同，就意味着这是一个品红色像素。于是，我们再判断它的横坐标是不是比 magentaLeft 记录的目前最靠左的那个品红色像素更小。如果更小，就把 magentaLeft 的值更新为 x。另外 3 条 if 语句分别用来判断并更新矩形区域的右边界、上边界与下边界。

执行完这个双层 for 循环之后，magentaLeft、magentaRight、magentaTop 与 magentaBottom 就把品红色像素所处的这个矩形区域的 4 条边界记录下来了。如果图像中根本没有品红色像素，那么这 4 个变量就全保持初始值 None，因此我们可以根据其中任何一个变量（例如 magentaLeft）是否为 None，判定图像中是否没有品红色像素。

Python

```
if magentaLeft is None:
    # 基本情况：图像中没有品红色像素
    return baseImage
```

如果 magentaLeft 变量在循环结束之后依然保持初始值 None，那么说明图像中没有品红色像素（其实，在这种情况下，这 4 个变量应该都是 None，这里只选了其中一个来判断）。此时，递归算法遇到了另外一种基本情况，由于每次递归调用 makeDroste() 都会让图像中的品红色区域越来越小，因此最后总会遇到该区域消失不见的情况，也就是不再有品红色像素的情况。makeDroste() 函数在这种情况下返回 baseImage，也就是已经彻底替换完毕的这幅基本图像（baseImage 变量的类型对应 Pillow 库的 Image 类型）。

14.6　缩小基本图像

我们需要缩小基本图像，让这幅缩小后的图像能够把品红色像素出现的矩形区域刚好完全覆

盖住。如图 14-4（a）所示，在制作基本图像时，我们把显示器屏幕所在的这块地方涂成了品红色（让猫的头部挡住的那一块除外。图 14-4（b）演示了根据原始图像制作的缩小版图像，为了让大家看清楚程序的替换原理，我们把这张小图做得稍微透明一些，并将其叠放在原始图像的上方。其实在真正运行程序时，这张缩小版图像中只有一部分内容会出现在替换结果中，因为程序只会用它来替换原始图像中的品红色像素，虽然有些像素（例如，猫的头部所在的像素）也位于矩形区域内，但由于其颜色不是品红色，因此程序不会用缩小版图像中的相应内容来替换这些像素。最终的效果如图 14-4（c）所示。

图 14-4 缩小基本图像

　　确定这个有品红色像素出现的矩形区域之后，我们不能直接把基本图像缩小得与该矩形完全相同，因为二者的宽高比未必一致。也就是说，原始图像的宽度除以高度的结果未必等于矩形区域的宽度除以高度的结果。假如在宽高比不同的情况下，直接将前者缩得与后者一样小，就相当于把图像的内容拉伸或挤压，如图 14-5（a）与（b）所示。

我们应该做的是，在保持原始图像宽高比的前提下尽量缩小它，同时让缩小后的图像能把矩形区域完全覆盖住。这意味着，我们有时需要根据矩形区域的宽度，缩小原始图像，这会让缩小版图像的高度等于或大于矩形的高度；有时需要根据矩形区域的高度，缩小原始图像，这会让缩小版图像的宽度等于或大于矩形的宽度（只有正确地判断出是应该根据宽度还是高度缩放，才能让缩小后的图像满足我们刚才说的那个要求）。

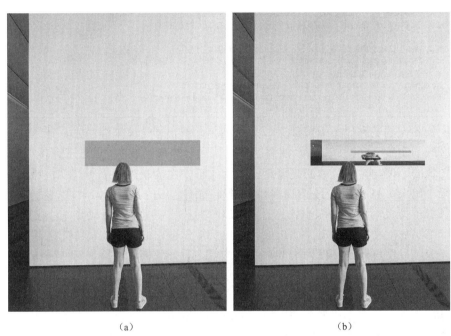

（a）　　　　　　　　　　　　　　　（b）

图 14-5　直接把原始图像缩小到与矩形区域等宽且等高，可能导致其内容遭到拉伸或挤压

为了正确地判断应该如何缩放原始图像，我们需要先把原始图像与矩形区域的宽高比分别计算出来。

Python

```
# 取得缩小版的原始图像
magentaWidth = magentaRight - magentaLeft + 1
magentaHeight = magentaBottom - magentaTop + 1
baseImageAspectRatio = baseImageWidth / baseImageHeight
magentaAspectRatio = magentaWidth / magentaHeight
```

有了矩形区域右边界的横坐标（magentaRight）与左边界的横坐标（magentaLeft），我们就能计算出该区域的宽度。给两者相减的结果加 1 是为了正确地算出宽度。例如，如果右边界的横坐标是 11，而左边界的横坐标是 10，那么二者相减的结果是 1，但实际上，这个区域的宽度应该是 2，因此最后结果要加 1。也就是说，要写成 magentaRight - magentaLeft+ 1，而不是 magentaRight - magentaLeft。

由于宽高比指的是宽度除以高度的结果，因此该比值较大的图像看上去较宽，该比值较小的图像看上去较长。宽高比恰好是 1.0 的图像看上去是一个标准的正方形。接下来的这几行代码会对比原始图像的宽高比与矩形区域的宽高比（看看前者是否比后者长，从而决定是应该按照宽度还是按照高度来缩小）。

```
if baseImageAspectRatio < magentaAspectRatio:
    # 原始图像比较长而矩形区域比较宽，我们以宽度为基准来缩小原始图像，让缩小版
    # 图像与矩形区域等宽，并根据两者宽度之比，计算缩小后的高度，使缩小版
    # 图像的宽度与高度之比与原始图像的保持一致
    widthRatio = magentaWidth / baseImageWidth
    resizedImage = baseImage.resize((magentaWidth,
    int(baseImageHeight * widthRatio) + 1), Image.NEAREST)
else:
    # 原始图像比较宽而矩形区域比较长，我们以高度为基准来缩小原始图像，让缩小版
    # 图像与矩形区域等高，并根据两者高度之比，计算缩小后的宽度，使缩小版
    # 图像的宽度与高度之比与原始图像的保持一致
    heightRatio = magentaHeight / baseImageHeight
    resizedImage = baseImage.resize((int(baseImageWidth *
    heightRatio) + 1, magentaHeight), Image.NEAREST)
```

如果原始图像的宽高比小于矩形区域的宽高比，就根据宽度来缩小它，让缩小版图像的宽度与矩形区域的宽度相同。如果原始图像的宽高比大于矩形区域的宽高比，就根据高度缩小它，让缩小版图像的高度与矩形区域的高度相同。如果以宽度为基准来缩小，就把原始图像的高度与宽度的缩小比例（widthRatio）相乘，以确定缩小之后的高度；如果以高度为基准来缩小，就把原始图像的宽度与高度的缩小比例（heightRatio）相乘，以确定缩小之后的宽度。这样做既能让缩小后的图像刚好覆盖住矩形区域，又能保证它的宽高比与缩小之前的一致。

确定是应该以宽度还是高度为基准来缩小图像之后，我们就调用 resize() 方法，从而创建一个新的 Image 对象，用来表示缩小后的图像。这个方法的第一个参数是由宽度与高度构成的元组，用来表示新图像的尺寸。第二个参数选择 Pillow 库的 Image.NEAREST 常量，用于告诉 resize() 方法，应该采用最近邻插值（nearest-neighbor interpolation）算法来缩小图像。假如不这么做，那么该方法就有可能把原始图像中某些像素的颜色混合起来，以决定新图像中的相应像素应该是什么颜色，这会产生平滑效果。

那样的平滑效果并不是这款程序所要求的效果，因为那会让 resize() 方法在缩小图片时，把原图中的品红色像素与其周边的非品红色像素混合起来，并用混合后的颜色决定缩小版图像中的相应像素应该取什么值。然而，makeDroste() 函数需要根据纯品红色（也就是 RGB 值为 (255, 0, 255) 的颜色）判定待替换的像素，即使某像素的颜色值只与这种颜色差一点点，makeDroste() 也会将它排除掉。这意味着，平滑地缩小原图会让小图中的品红色区域带粉色的轮廓，使 makeDroste() 在执行下一层递归时，无法将这个轮廓线周边的像素正确地判定为品红色像素。采用最近邻插值算法来缩小原图就不会有这个混合像素颜色的问题了，如果 resize() 在缩小原图时认定小图之中某个像素的颜色应该是品红色，那么一定会将此像素设置为纯品红色（也就是 RGB 值为 (255, 0, 255) 的颜色）。

14.7　递归地替换图中的品红色像素

把原始图像缩小到位之后，我们就要用这幅缩小版的图像覆盖原始图像中的矩形区域。但

我们并不会把整张小图全覆盖上去，而只用小图之中的相应像素替换矩形区域中那些品红色像素。替换时先对准位置，也就是要让小图的左上角与矩形区域的左上角重合，我们在这个前提下执行替换。

Python

```
# 针对矩形区域中的每一个品红色像素，用缩小版图像中的相应像素替换它
for x in range(magentaLeft, magentaRight + 1):
    for y in range(magentaTop, magentaBottom + 1):
        if baseImage.getpixel((x, y)) == magentaColor:
            pix = resizedImage.getpixel((x - magentaLeft, y - magentaTop))
            baseImage.putpixel((x, y), pix)
```

这个双层 for 循环会用 x 与 y 这两个变量遍历矩形区域中每个像素的横坐标与纵坐标。图中的品红色像素占据的区域并不一定是个标准的矩形区域，换句话说，矩形区域中的这些像素未必都是品红色像素，因此我们必须判断位于当前坐标处的这个像素是不是品红色像素。如果是，就从小图之中查出相应位置上的像素是什么颜色，并用那种颜色值替换原始图像中的这个像素具备的颜色值。这个双层 for 循环执行完毕之后，矩形区域里的所有品红色像素就全换成缩小版图像中的相应像素。

然而，在缩小版的图像中，可能仍然有品红色像素。如果那样，那些像素就会出现在替换之后的基本图像中，如图 14-2（b）所示。为此，我们需要以这个已经替换过一层的基本图像作为参数，递归调用 makeDroste()。

Python

```
# 递归情况
return makeDroste(baseImage, stopAfter - 1)
```

这个递归算法就是通过刚才这行代码来实现递归调用的，而这也正是 makeDroste() 函数的最后一行代码。程序执行下一层递归时，会对缩小版的图像继续做缩小操作，并用其中（也就是这幅经过两次缩小的基本图像之中）的相应像素替换缩小版图像中的粉红色像素。注意，在递归调用时，向 stopAfter 参数传递的值是 stopAfter - 1，这样做能够让该参数的值逐渐减小，假如图像中的品红色像素一直都没有彻底替换完，那么当 stopAfter 参数减小为 0 时，该算法就会遇到另一种基本情况，从而不再继续递归。

最后，编写这个画中画制作器程序的主代码。首先，把表示原始图像的文件名的 'museum.png' 字符串传给刚才编写的 makeDroste() 函数，并将该函数返回的对象赋给 recursiveImage 变量（这个变量的类型对应 Pillow 库的 Image 类型，用来表示函数制作的这幅递归式图像）。接下来，在变量上面调用 save() 方法，将这幅图像保存成一份新的文件，该文件的名字为 *museum-recursive.png*。然后，调用 show() 方法，把这幅递归式的画中画图像展现在一个新的视窗中，供用户查看。

Python

```
recursiveImage = makeDroste('museum.png')
recursiveImage.save('museum-recursive.png')
recursiveImage.show()
```

你可以随意修改这几行代码中提到的文件名，使用计算机中的其他图片作为原始图像，或

者把程序制作出的递归式图像另存成其他的名字。

这个 makeDroste() 函数有必要采用递归方法来实现吗？简单地说，根本没必要。因为我们面对的这个问题并不涉及树状结构，而且算法也不需要回溯，这两点提醒我们，用递归方法来编写这些代码可能小题大做了。

14.8   小结

本章的这个项目是一个能够产生画中画效果的画中画制作器，它会把原始图片装饰为像德罗斯特可可粉的盒子封面一样的效果。该程序将纯洋红色（也就是 RGB 值为（255, 0, 255）的那种颜色）的像素视为待替换的像素，并用缩小版原始图像中的相应像素替换这些像素。由于替换之后可能依然有品红色像素，因此程序会对这个出现品红色像素的矩形区域继续做这样的替换，从而产生一种递归式的效果（也就是让大画面中出现内容相同的小画面，小画面中又会出现同样内容但尺寸更小的画面）。

如果图像中已经没有品红色像素需要替换，或者 stopAfter 参数已经降为 0（该参数表示最多还需要替换几次），递归算法就遇到基本情况。否则，它会把本次递归替换后的图像当作参数传递给 makeDroste() 自身，让它对其中有品红色像素的区域继续做替换，从而生成更深一级的画中画效果。

你可以自己找一张图片并修改，在其中添加一些品红色像素，然后以这张图片作为原始图片，运行 画中画制作器程序。本章提到了 3 个示例：第 1 个示例是一位站在博物馆中欣赏艺术品的游客，而这件艺术品展示的同样是这位游客在欣赏该艺术品时的画面；第 2 个示例是一只出现在计算机显示器前面的猫，这个显示器显示的同样是这只位于这台显示器前面的猫；第 3 个示例是一个递归版的《蒙娜丽莎》，蒙娜丽莎的脸部是一幅小画，这幅画依然是《蒙娜丽莎》本身。除这 3 个示例之外，你还可以自己发挥，用这款程序制作出许许多多的画中画效果。

延伸阅读

维基百科上的 Droste effect 词条不仅讲了本章提到的德罗斯特可可粉，还提供了其他一些关于德罗斯特效应的示例。荷兰艺术家 M. C. Escher 有一件名为 *Print Gallery* 的作品，这件作品就很好地说明了大场景里的一部分与整个场景相同的情况，详情参见维基百科。